商務大數據分析

案例分析與 AI 應用趨勢

黃正傑　編著

 全華圖書股份有限公司　印行

國家圖書館出版品預行編目資料

商務大數據分析：案例分析與 AI 應用趨勢/
黃正傑著. -- 初版. -- 新北市：全華圖書股
份有限公司, 2023.12
    面；　公分
ISBN 978-626-328-776-1(平裝)

1.CST: 大數據　2.CST: 資料探勘　3.CST:
商業資料處理　4.CST: 人工智慧
312.74　　　　　　　　　　112019243

商務大數據分析：案例分析與 AI 應用趨勢

作者／黃正傑

執行編輯／王詩蕙

封面設計／盧怡瑄

發行人／陳本源

出版者／全華圖書股份有限公司

郵政帳號／0100836-1 號

印刷者／宏懋打字印刷股份有限公司

圖書編號／06519

初版一刷／2023 年 12 月

定價／新台幣 420 元

ISBN／978-626-328-776-1(平裝)

ISBN／978-626-328-775-4(PDF)

全華圖書／www.chwa.com.tw

全華網路書店 Open Tech／www.opentech.com.tw

若您對書籍內容、排版印刷有任何問題，歡迎來信指導 book@chwa.com.tw

臺北總公司(北區營業處)
地址：23671 新北市土城區忠義路 21 號
電話：(02) 2262-5666
傳真：(02) 6637-3695、6637-3696

南區營業處
地址：80769 高雄市三民區應安街 12 號
電話：(07) 381-1377
傳真：(07) 862-5562

中區營業處
地址：40256 臺中市南區樹義一巷 26 號
電話：(04) 2261-8485
傳真：(04) 3600-9806(高中職)
　　　(04) 3601-8600(大專)

　　自 ChatGPT 問世以來，人工智慧 AI 又進入新一個新時代，不只能夠「辨識」、「認知」還能夠「生成」知識。人工智慧如此迅速的發展，不僅僅是表面上的大數據累積、數據分析模型、雲端運算技術，更是一種數據驅動思維的轉變。

　　本書目的不僅讓讀者能夠理解大數據的基礎概念及預測分析、人工智慧的基礎概念與演算方法。更重要的是，引導讀者從應用情境、商業分析的角度，思考可能數據分析問題，以發展預測分析、人工智慧問題解決方法，諸如：群組、分類、相似、異常、關聯、關係、鏈結、認知等。具備數據驅動思維後，應用、管理領域人員才能夠容易地與統計學家、數據科學家等進行更有效地對話，加快智慧應用發展。

　　在實作練習上，本書提供 Python 語言範例，並從問題解析、數據理解、數據準備與數據分析的方向，讓讀者可以循序地了解大數據、人工智慧的分析與模型建立步驟。此外，選用統一發票網頁爬蟲、房價預測、零售店銷售預測、電影推薦、股票預測、星際大戰電影人物解析、圖片辨識等實際資料集範例，可以提高讀者興趣並能以接近真實的數據進行練習。

　　本書為理解大數據、人工智慧技術與方法起點，可作為商管學生、商業人士理解大數據、人工智慧實務與應用技術方法的初步，也可作為資訊學院學生從應用角度理解大數據、人工智慧技術的開始。

　　本書共分十五章，包括以下內容：

第一章　大數據發展沿革：介紹大數據發展歷程與大數據定義、4V 特徵等。

第二章　大數據行業價值：說明大數據的價值循環、資訊經濟價值及不同行業的應用案例。

第三章　大數據商業模式創新：說明數據化、開放資料、大數據生態系以及商業模式創新案例。

第四章　企業大數據管理：從企業管理角度，說明大數據的資料處理技術、資料分析方法與工具，並說明企業規劃與實施大數據的步驟與典型案例。

第五章　大數據分析：概念與程序：從商業應用情境開始，介紹數據分析問題與解決方法，並說明大數據預測分析的程序與工具。

第六章　大數據分析：數據的理解：說明數據的組織、資料結構等概念，並介紹 CSV 檔案讀取、Log 檔解析、網頁爬蟲等實作範例。

第七章　大數據分析：數據的準備：說明如何利用敘述統計、視覺化圖形等進行數據規律探索、清洗、轉換等；並介紹不同數據類型的解析、統計與圖形展示等實作範例。

第八章　大數據分析：聚類與分類：說明相似、分群、分類、比較等問題解決概念，並介紹聚類、決策樹分類方法及實作範例。

第九章　大數據分析：迴歸與趨勢：說明迴歸分析與時間趨勢問題解決概念，並介紹線性迴歸分析、SVM 非線性分類、時間序列方法及實作範例。

第十章　大數據分析：相似與推薦：說明判別相似性、異常的概念與方法，並介紹 K-NN 最鄰近相似性判別、協同過濾推薦方法及實作範例。

第十一章　大數據分析：關聯與關係：說明關係在預測分析上的重要，並介紹關聯分析、貝氏網路分析方法及實作範例。

第十二章　大數據分析：連結與網路：從圖形模型開始，簡介機率網路模型推論概念，並介紹隱馬可夫模型、社會網路分析方法及實作範例。

第十三章　數據驅動的人工智慧發展：介紹人工智慧意義、演進、人工智慧學派發展、數據驅動思維、演算方法突破、生成式 AI 等，進一步介紹 ChatGPT API 使用實作範例。

第十四章　AI 探索：文本挖掘分析：說明自然語言發展沿革及文字數字化、文本分析概念，並介紹文字雲、TFIDF 文本相似查詢等實作範例。

第十五章　AI 探索：圖像辨識分析：說明電腦視覺發展沿革及人臉辨識、圖像辨識概念，並介紹 CNN 深度學習概念與圖片辨識實作範例。

綜合來看，本書第一～四章完整介紹大數據的沿革、定義、特徵、價值、產品服務創新與企業管理模式，並提供數個大數據應用經典案例。第五章至第十二章說明大數據分析問題解決方法、分析方法及實作範例。第十三章至第十五章進一步探討人工智慧應用、方法並實作自然語言文本分析、圖像辨識分析範例。總之，本書冀望從應用情境、問題分析與解決方法，提供讀者大數據、人工智慧概念與方法基礎。

本書以筆者經驗並參考眾多文獻並以淺白方式撰寫。大數據、人工智慧範圍既廣亦深，難免有不盡詳細或疏漏錯誤之處，煩請讀者不吝指教。

黃正傑 寫于 新店　　2023 年秋

目錄

Chapter9　大數據分析：迴歸與趨勢

Chapter10　大數據分析：相似與推薦

Chapter11　大數據分析：關聯與關係

Chapter12　大數據分析：連結與網路

Chapter13　數據驅動的人工智慧發展

Chapter14　AI 探索：文本挖掘分析

Chapter15　AI 探索：圖像辨識分析

Chapter

1

大數據發展沿革

　　大數據（Big Data）的意義是甚麼？它的起源為何？又有甚麼樣的特徵呢？

　　本章從人類文明的資料與處理工具發展演進，介紹運用資料的發展脈絡，進一步介紹大數據近期發展歷史、定義與特性等。透過本章，讀者可以了解大數據的定義、特性、應用與技術概念。

本章大綱

1-1　資料的發展

　　資料 / 數據（data）或知識（knowledge）推動人類文明發展一點也不為過。繩結計算、洞穴壁畫、牛骨記事、竹簡文書、活字版印刷、計算機、電腦乃至於網際網路，均是作為人們溝通、傳遞經驗、技術發展的文明基礎。

　　早在舊石器時代，人類利用伊尚戈狒狒骨頭（非洲剛果伊尚戈地區發現）記載數字，作為計算、曆法之用。伊尚戈骨頭長約 10 到 14 公分，利用石英石切割形成切口，以記錄 19、17、13 和 11 等 20 以內的質數。那時，沒有紙、筆乃至於計算機，人類利用簡單的工具（石英石）、儲存設備（狒狒骨頭）以及計算方法（質數），開始了曆法文明的探究。

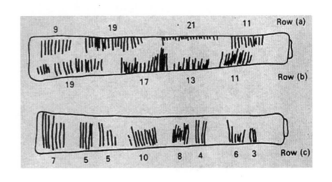

伊尚戈骨頭　　　　　　　　　　　　　　　　伊尚戈紀錄質數

☆圖 1-1　人類最早的計數方式（資料來源：維基百科）

　　其後，數學、幾何學、天文學、語言學、地理、氣候乃至於社會學不斷地發展，不斷地運用、創造數據與知識，推動人類文明、科學的發展。

　　1640 年代，英語首次使用 "Data" 一詞。 "Data" 源自拉丁語 "datum"，指的是「給定或授予的事實」，作為計算的基礎。1663 年，John Graunt 進行了最早的數據統計分析，為統計學的起始。他研究了倫敦教區的死亡記錄，分析不同性別死亡率，甚至可以預測壽命。

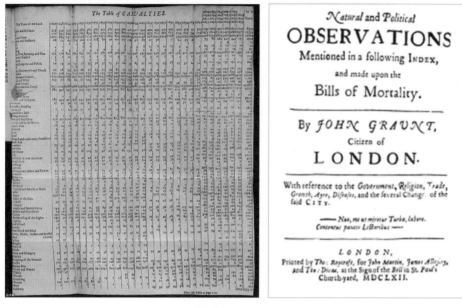

☆圖 1-2　早期的數據統計分析（資料來源：維基百科）

　　1880 年代，德裔美國統計學家赫爾曼‧何樂禮（Herman Hollerith）看到一名火車售票員正在為乘客打票，思考使用穿孔卡來編寫和處理數據。何樂禮利用這個方法，發展了 43 打孔機器，評估了 6,200 萬張穿孔卡片，將美國人口普查 8 年的工作減少到三個月，成為現代化自動計算之父。何樂禮創辦了 IBM 電腦公司的前身。

☆圖 1-3　自動計算打孔機（資料來源：維基百科）

　　1928 年，Fritz Pfleumer 發明了用於錄音的磁帶，是嶄新的數據儲存方式，成爲現代化數據儲存的開始。1940 年代，現代化電腦的誕生加速了數據紀錄、儲存、處理、計算與分析的能力；1989 年，蒂姆・伯納斯・李（Tim Berners-Lee）發明了網際網路的 Web 互聯模式，使得人們運用電腦上網傳遞各項數據，造就 Google、Facebook 等網路服務公司，也使得大數據成了人們關心的問題。

1-2　大數據源起

　　1980 年代電腦化發展以來，人們或企業即不斷思考管理日益增多的數位化資料，包含：企業財務、薪資資料處理、物料資源管理（Material Resource Planning, MRP）、企業資源管理（Enterprise Resource Planning, ERP）等均是因應數位資料管理問題而產生的管理解決方案。

　　2000 年前後，網際網路大量的普及，人們或企業亦愈重視數位化的網頁資料、數位影像、數位影音等大量累積、各種異質、非結構化資料的處理。1998 年，SGI 首席科學家 Masey 在 USENIX 會議中發表 "Big Data and the Next Wave of InraStress" 探討電腦基礎架構如何處理大量資料的問題，Big Data 名詞首次被創造（註：中文翻譯爲「巨量資料」或「大數據」）。

　　2000 年，Francis X. Diebold 在經濟社會學領域會議，發表 Big Data 大數據現象對於總體經濟分析的影響，探討大量數據對於分析原則的改變。2001 年，Meta Group 分析師 Doug Laney 發表名爲 "3D Data Management: Controlling Data Volume, Velocity, and Variety" 成爲描述大數據大量、速度、多樣化的三大特性經典。2008 年，自然科學雜誌（Nature）推出特刊，探討大數據對於現代科學的影響。2009 年，Google 團隊發表利用網路搜尋紀錄進行流行性感冒預測，引起正反兩極的討論。

　　2010 年，經濟學人雜誌刊出 "Data, data everywhere" 探討大數據價值與改變商業競爭規則。2011 年麥肯錫雜誌刊出 "Big data: The Next Frontier of Innovation, Competition, and Productivity" 詳細地分析各行業的大數據累積以及潛在價值，"Big Data" 一詞成爲顯學。

　　表 1-1 列出近期大數據的重要歷史事件。從表中可以發現大數據引起電腦產業界、自然科學界、經濟學界、商學界、網路服務業等多方的探討。

☆表 1-1　大數據發展的重要歷史事件（參考資料：Forbe、維基百科）

時間	事件說明	代表意義
1983 年 8 月	Ithiel de Sola Pool 於科學雜誌（Science）發表探討資料量累積	開始重視與推估未來資料量累積問題
1989 年 8 月	皮埃特斯基與其他學者發起 KDD-89 workshop、KDD Cup 競賽	KDD（Knowledge Discovery in Databases）為數據挖掘、大數據分析研究基礎開始
1990 年 9 月	Peter J. Denning 於美國科學人雜誌（American Scientist）發表從資料發現模式	確認從資料發現模式為一種新的科學研究典範
1998 年 4 月	SGI 首席科學家 Masey 發表探討電腦基礎架構如何處理大量資料的問題	Big Data 一詞被創造
1998 年 10 月	Coffman 及 Odlyzko 等人發表追蹤網際網路資料成長率	開始有系統地追蹤與分析網際網路資料量
2000 年 11 月	Francis X. Diebold 發表大數據對總體經濟分析影響	開始探討大數據對於分析原則的改變
2001 年 2 月	Doug Laney 發表大數據 3V 特性	大數據 3V 特性成為定義大數據最佳的代表
2005 年 2 月	Google 翻譯評比得到美國國家標準與技術研究所最佳翻譯系統	以數據驅動的人工智慧方法，開始嶄露頭角
2008 年 7 月	Cisco 網路設備商開始發表網路流量的統計	商業界重視網路資料的累積來自行動、影音、遊戲等各種形式數據與載具
2008 年 9 月	自然科學雜誌（Nature）推出特刊，探討大數據對於現代科學的影響	大數據被科學界再度重視
2009 年 2 月	WWW 之父伯納斯·李（Berners-Lee）疾聲呼籲政府公開原始資料	各國政府著手開放所擁有的民眾資料，提供更多資料連結與取得機會，引發運用資料的新創服務公司發展
2009 年	Google 發表流行性感冒預測計畫結果	引起大數據分析正反兩面討論，群體智慧分析被重視
2010 年	經濟學人雜誌探討大數據價值與改變商業競爭規則	引起商業界與媒體界重視大數據商業潛力
2011 年	麥肯錫雜誌刊探討大數據各行業的應用與價值	大數據成為新經濟價值代表

綜合來看，近期大數據應用或技術蓬勃的發展受到以下五點技術、商業發展的影響。

(一) 智慧載具發展

自從 2007 年智慧手機發展以來，具有聯網、多點觸控以及衛星定位、照相機、陀螺儀、加速器等多種感測器的載具，深受人們的喜愛。透過智慧手機可以分享照片、分享定位位置、點擊各種網站、社群網友分享訊息等，加速了各種影像、影音、定位資訊、溝通文字、點擊紀錄等資料的產生與傳播，使得大量、異質的數位資料快速地累積。此後，平板電腦、聯網電視、穿戴式裝置、物聯網裝置（如：溫溼度感測、生理監控感測）陸續發展，更助長大數據的累積。如何管理這些資料甚至從中發掘價值，成為許多網路服務公司或傳統企業的熱切需求。

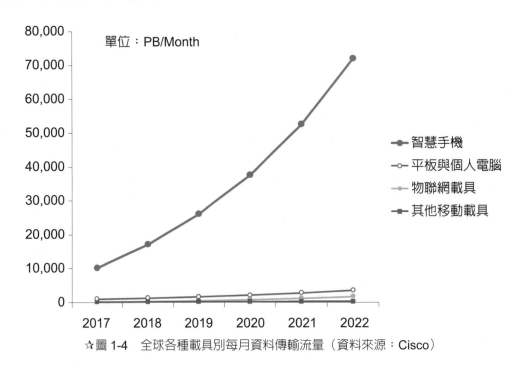

☆圖 1-4　全球各種載具別每月資料傳輸流量（資料來源：Cisco）

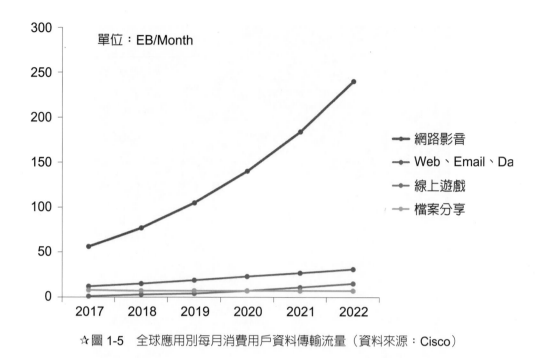

☆圖 1-5 全球應用別每月消費用戶資料傳輸流量（資料來源：Cisco）

(二) 雲端運算發展

自 2006 年開始蓬勃發展的雲端運算對於大數據的發展亦產生重大的推力。一方面，雲端服務模式允許雲端服務廠商間、企業與雲端服務廠商間、網友間互相連結、分享資訊、利用應用程式介面（API）連結等，使得更多的資料被創造或儲存在網際網路上。新興的社群網站，如：Facebook、Youtube、Twitter 等，更讓網友間傳遞各種的文字、影像、影音資料，使得網際網路上的資料呈現爆炸性成長。例如：2022 年平均每 1 分鐘，有 210 萬人使用 Facebook、590 萬筆 Google 搜尋、162 萬筆文字發送、231 萬筆 Email 發送、357 萬次 YouTube 影片觀賞等。

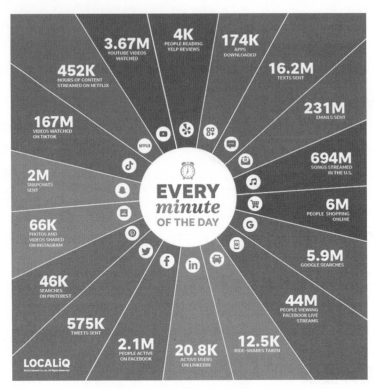

☆圖 1-6　全球網際網路每一分鐘產生的數據量（資料來源：LocaliQ）

　　Google、Facebook、Amazon 等大型網路服務商也投資更大量的大數據分析技術，從這些大量資料中發現屬性、興趣、關係等模式，進行個人化廣告行銷或發展創新服務。例如：Google 利用大量網頁間的連結關係，找出最爲重要的網頁，提供使用者網頁搜尋排序。Google 翻譯亦從網路上尋找許多各種語言的翻譯句型，讓電腦學習與分析出語言間的翻譯句型配對。

　　另一方面，雲端運算計算資源分享的方式也讓企業、小型網路服務商可以利用雲端運算服務，處理與計算極大量的資料。例如：紐約時報利用 Amazon 雲端運算服務平台，快速地轉換與萃取 1851 至 1922 年的 40 萬筆影像掃描資料，僅僅花費 3 天即完成。這使得更多的企業或服務商能借助雲端服務商的計算資源，以較低廉成本方式處理大量資料，進一步發掘新資料價值。

(三) 資料管理技術發展

　　資料管理技術，如：儲存、處理、分析技術發展，亦影響大數據發展。首先，資料儲存技術不斷地發展，使得單位資料儲存價格不斷地下降。資料儲存技術的發展與價格下降，可以讓企業利用更大量的硬碟、記憶體進行資料儲存與計算處理。

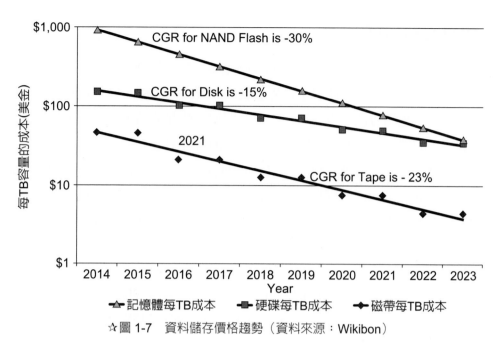

☆圖 1-7　資料儲存價格趨勢（資料來源：Wikibon）

　　其次，資料處理技術亦不斷地發展，如：虛擬化技術、叢集電腦運算模式。虛擬化技術爲雲端運算的核心技術，可以讓許多使用者分享計算資源而以更低廉、更強大的運算能力處理資料。叢集電腦運算模式讓許多小型電腦利用網路連結，可以結合各自記憶體、硬碟空間、中央處理器，提供低成本、快速、可靠性佳的叢集計算。GPU 圖形計算、AI 人工智慧晶片持續發展更小型、計算能力更高的微型處理器，嵌入在車載系統、機器手臂、醫療儀器、無人機以及邊緣伺服器等設備上，快速進行數據接收、處理與儲存等。

　　最後，資料分析技術與方法持續的發展，發展各種類型的數據基礎演算法，如：機器學習、深度學習、強化學習、知識圖譜、生成式 AI 等。這些演算法進一步結合傳統的統計分析、最佳化方法等，滿足分析與預測大量資料需求。

（四）開源碼軟體發展

　　開源碼軟體對於近期大數據、雲端運算的發展均有重大的貢獻。特別是 Google、Amazon 等大型網路服務與雲端服務商，利用開源碼的軟體工具協助自身處理大量資料計算問題，讓這些開源碼工具更爲成熟。成熟且低成本的開源碼軟體，使得企業、小型網路服務商以及新創業者更容易進行大量數據的處理與分析，推升大數據的發展。這些開源碼工具包括：Python、R Languagec 資料分析工具、Hadoop、Spark 大數據處理軟體架構、mongoDB 文件資料庫管理等，提供各種低廉的大數據資料分析、管理軟體工具。

（五）開放資料發展

　　2009 年，被尊稱為「WWW 之父」的英國電腦科學家柏納・李公開疾呼政府「政府馬上給我們原始資料！」。這使得全世界發展開放資料的思潮，要求各國各級政府將所擁有的統計資料、地理資訊、生命科學等資料開放、彼此連結，讓民眾可以共享，以增加整體社會巨大的價值。美國歐巴馬政府即在 2009 年上任後，將國情、環境、經濟狀況等聯邦政府機關所擁有的各種資料，開放至 Data.gov 上，提供民眾參考。例如：美國交通部公開了主要航空公司國內線班機的航班準點績效、誤點原因的資料，包括：機場出發、機場抵達、預定出發時刻、實際出發時刻等資料。許多利用開放資料的新創公司也紛紛發展，如：2009 年紐約市舉辦運用紐約市公開資料集發展的新創公司競賽，許多新創公司利用開放的公車站牌資訊、停車場資訊、公車路徑與 GPS 資料，發展許多有趣的創新應用。台灣在研考會的規畫下，於 2013 年 5 月整合各級機關資料，陸續將資料發佈在政府資料開放平台上（http://data.gov.tw），提供民眾與新創業者使用。

1-3　大數據定義

　　由前述大數據的發展歷史可以了解人們對於大數據的重視來自於網際網路、雲端運算、資料管理技術的發展，使得 Google、Amazon、Facebook 等網路巨擘獲得巨大的利益。那麼，新創業者、一般企業，如何運用大數據協助獲取利潤甚至進行企業轉型呢？

　　以此，科學界、電腦工程學界、經濟學界、產業界乃至於政府都希望推動大數據應用與發展。

　　那麼，大數據的定義為何呢？每個機構、學者對大數據的思考角度不同，也有不同定義。以下整理幾個較著名與公信力的機構對大數據的定義，如表 1-2 所示。

☆表 1-2　各個機構對大數據的定義（參考資料：各機構）

機構	大數據定義
NASA(1997)	大數據是一個大量的資料集，對於電腦系統的主記憶體、本地磁碟、遠端磁碟產生巨大的挑戰。我們稱為這是大數據（Big Data）的問題，解決方式是如何取得更多資源
麥肯錫 (2011)	大數據是巨大的資料集，超過目前一般的資料庫軟體工具擷取、儲存、管理及分析的能力

Wikipedia	大數據泛指大量且複雜的資料集合，不容易利用現在資料管理工具或傳統資料處理應用程式進行處理
Gartner	大數據是一種大量、快速、多樣的資訊資產，需要以具成本效率、創新的資訊處理形式以強化人們對資訊的洞見與決策
IDC	大數據技術描述下一代科技與架構，被設計來有經濟地從非常大量、廣泛多樣的資料中，以快速的能力擷取、發現與分析而獲得價值
Forrester	大數據是公司的前瞻能力，可以儲存、處理、存取所需的資料，以協助有效率的營運、決策、降低風險及服務客戶

　　從前述的定義與大數據的演進歷程來看，可以發現大數據來自於技術面與應用面的不同看法。從技術面來看，大數據是大量且複雜的資料集，必須要利用新的技術架構、軟體工具或解決方案以協助企業進行有效管理。從應用面來看，大數據是一種資訊資產，企業利用各種技術有效率地營運、降低風險、產生洞見，進一步創造新價值。

　　作者認為 IDC 的定義較能同時兼顧大數據技術與應用的特色，其原文如下：

　　Big data technologies describe a new generation of technologies and architectures, designed to economically extract **value** from very large **volumes** of a wide **variety** of data, by enabling high-**velocity** capture, **discovery**, and/or **analysis**.

　　從上述的定義，我們可以看到幾個重點（如本文以粗體底線標註）：

1. 大數據技術是快速（velocity）地處理大量（volume）、多元（variety）資料。

2. 大數據技術協助企業（人們）從大量資料中獲取價值（value）。

3. 企業（人們）獲取價值的方法包括快速擷取、發現與分析。

4. 大數據技術指的是一群技術（technologies）與架構（architectures）而非單一技術解決方案。

　　綜合大數據發展沿革與各機構的定義，本書給予大數據一個更清晰的定義：

　　大數據指的是處理大量、多元及快速擷取的資料管理的問題。企業（人們）利用各種新型態方法或技術，以擷取、發現或分析大量資料，從而獲得價值。

　　從本書的定義來看，大數據的本質是一種資料管理問題，透過各種方法或技術來管理大量、異質的數據，進一步獲得價值。要瞭解與善用大數據，不僅要理解管理數據的方法與技術，更應探討大數據所帶來的市場機會與商業價值。

1-4 大數據特性

　　2001 年，Doug Laney 提出大數據的 3V（Volume, Variety, Velocity）特徵已成爲大數據基本的特徵。本書延伸 4 個 V 特性爲基礎，並結合資料處理、資料分析與資料價值等 3 種模式（Model），以讓讀者理解大數據潛在的多種技術、分析方法與應用模式。本書稱爲大數據的「4V3M」特性。

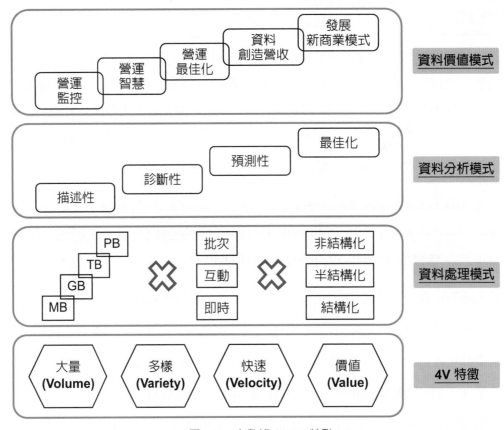

☆圖 1-8　大數據 4V3M 特點

（一）4V 特徵

　　大數據「4V」的四個重要特徵說明如下：

1. Volume：處理大量的資料。從「大量」資料字面意義來看，處理大量資料是大數據的重要特性。然而，實際處理資料量多寡並非絕對數字，端視企業應用的需要程度而定，不同行業處理的資料特性也不同。例如：銀行業具備顧客上百萬的存放款交易資料，但卻缺乏消費者如何進行購物的喜好數據。醫療業儲存上萬筆醫療影像資料，每筆影像檔案量相當大，然而欠缺正確標記何種影像資料代表疾病的關聯。服務業處理來自於電話、電子郵件客訴問題，卻無法連結何種客訴問題屬於產品哪類問題？這意味者「大量」不是絕對值，如何在一定數量數據上，能夠「完整」地連結所需的數據以發現特定的模式才具有效益。

2. Variety：處理結構化、非結構化等各種型態的多樣性資料。結構化的資料可能是傳統 ERP、CRM、銷售點資訊系統（POS）紀錄的關聯式資料庫資料。半結構化資料可能來自文件、電子郵件、網頁、通訊軟體等文字型資料。非結構化資料來自於社群網站或串流影音平台的影像、聲音等資料。混合處理結構化、非結構化資料是資料處理技術的挑戰但卻往往能找出新的價值，例如：從客戶過去購買紀錄、社群網站聊天資訊、網路廣告點選紀錄乃至於實體購物的逛街行為，預測喜好以及購買某一商品的機率。新創公司 BlueDot，即每天分析 65 種語言約 30 萬篇文章，包含新聞報導、航班資訊、動物疾病、科學資料、社群媒體、診斷資料等各種資訊，以即時追蹤全球傳染病分布狀況，並預測擴散範圍及風險分析。

☆圖 1-9　異質大數據進行新冠肺炎擴散與風險分析（資料來源：BlueDot）

3. Velocity：快速地處理與分析資料。在大數據的時代下，許多應用都講求快速處理與分析。例如：交通壅塞預測需要在幾分鐘內回應，讓駕駛人可以避免經過塞車路段。病人生理健康狀況警訊必須快速分析，以快速提醒醫護處理。商品推薦必須快速建議商品給消費者，以避免消費者離開線上商城等。實務上，企業對應不同資料應用的速度處理需求可能不同，例如：每季度銷售分析可容忍運行一個晚上而整理出的報表結果；網路搜尋資料可以一頁一頁展示，不需即時回應所有資料；信用卡

盜刷偵測則需要即時警示有問題資料。以此，大數據需要快速地處理大量資料方法
與技術以回應即時分析與警訊需求。不同速度需求資料處理與分析應用，也可利用
不同資料處理與分析技術協助。

4.　Value：投入大數據需要衡量成本與價值。事實上，各種資料處技術已存在一段時
間，如：影像分析、天氣預測、科學研究等。近期雲端運算與大數據處理開源碼軟
體的發展，使得一般企業可以較低廉成本使用而不需購買昂貴軟硬體。然而，採用
大數據的企業仍必須考量投入成本（時間、人力、硬體成本等）、投入方式（使用
雲端服務或自行購買軟硬體）與大數據帶來的效益與價值的評估。許多企業主或高
階主管還未能大規模採用大數據的原因，即是還未能評估投入成本與產出效益的價
值。企業必須深入研究或試驗大數據為企業、行業帶來的價值為何。

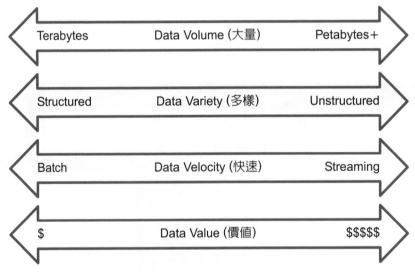

☆圖 1-10　大數據的 4 個特性（資料來源：IDC）

(二) 資料處理模式

　　大數據資料處理模式指的是如何將大量、多樣、複雜的資料，進行擷取、轉換，進
而提供人們或應用程式容易地處理與解讀資料的技術。傳統上，企業利用商業智慧軟體
及資料倉儲資料處理方式協助處理訂單交易、庫存、進出貨等結構化資料以提供高階經
理人的互動查詢需求。當大數據時代來臨，企業需要處理更大量資料、半結構化或非結
構化資料及即時資訊查詢等衍生多樣的資訊處理技術需求。例如：大量網頁資料處理、
社群網站文字分析、商品影像照片、線上影片串流資料處理等，這與過去交易式的結構
化資料處理問題並不相同，因此帶來新的資料管理模式。

(三)資料分析模式

　　企業經過擷取、轉換資料後，進一步將資料進行分析，以獲得更大的價值。大數據時代的資料管理技術如：叢集分散式處理技術、雲端運算、記憶體計算等技術發展，企業可以快速地利用不同工具與分析方法解決不同問題。例如：傳統運用統計報表的直方圖與曲線圖，分析每一季各地區產品銷售狀況的描述性分析。進一步，讓銷售經理運用自己經驗，解釋為何銷售不如預期的原因或預估下一季的銷售量。這些原因與預測分析都是銷售經理主觀的分析，不盡準確。運用大數據分析工具，可以利用相關分析工具與方法找出銷售不如預期的原因以及預測未來銷售狀況。進一步，根據不同環境（如：天氣狀況、人口結構），分析最合適的產品定價、交叉銷售等分析。這些均是基於數據產生的客觀分析以減少主觀經驗判斷的錯誤，輔助人們進行各項決策。

(四)資料價值模式

　　從企業價值的角度，企業可以思考如何利用大數據帶來企業不同層次的價值，如以下五種價值模式：

1. **營運監控**：利用數據透過網路技術傳遞，可以遠端、即時的監控企業營運、設備運行等各種狀況，及時發現與回應。

2. **營運智慧**：利用統計、數據挖掘、預測分析方式，找出營運狀況原因，並進行改善營運。

3. **營運最佳化**：利用各種預測與最佳化分析方式，發展最佳化營運模式。

4. **資料創造營收**：數據輔助原本產品甚至成為新數據產品或服務，協助企業獲得新利潤。

5. **發展新商業模式**：利用資料創造新商業模式或服務，進而協助企業轉型。

　　從這五種模式可以瞭解，大數據技術或方法，不僅僅協助企業管理資料問題，更可積極地創造利潤與發展新商業模式。舉例來說，勞斯萊斯是一家飛機引擎製造公司。勞斯萊斯瞭解航空公司客戶對於引擎維修問題的困擾。勞斯萊斯運用大數據技術與方法，協助航空公司客戶隨時瞭解飛機飛行時的引擎狀況（營運監控），進一步分析某引擎的零件壽命時間（營運智慧）、結合飛航班次分析最佳維修時間（營運最佳化）。最後，勞斯萊斯不僅賣引擎還賣飛航相關數據（資料創造營收），發展新的商業模式。

1-5　小結

從本章可以理解大數據是一種利用各種技術或方法管理大量且複雜的資料問題。大數據的源起來自於智慧載具、雲端服務、開放資料發展所引起的大量、複雜的資料。資料管理技術、開源碼軟體與雲端運算技術的發展，協助企業或人們更容易管理大數據。

大數據 4V 特徵，包括：大量（Volume）、多樣（Variety）、快速（Velocity）、價值（Value）。大數據並具有三大模式：

1. **資料處理模式**：處理速度需求與處理資料量所交織的各種技術解決方案。

2. **資料分析模式**：描述性、診斷性、預測性與最佳化等四種分析成熟度。

3. **資料價值模式**：營運監控、營運智慧、營運最佳化、資料創造營收、發展新商業模式等五種價值取向。

大數據仍在發展階段，隨著各種新技術與方法持續發展以及各種創新應用的創造，企業或人們將更能利用大數據推進企業發展與社會進步。

習題

1. 請說明人類資料運用的演進為何？
2. 請說明大數據興起受到哪些因素影響。
3. 請說明大數據的定義。
4. 請說明大數據的 4V 特徵。
5. 請說明大數據 4V3M 的特點。
6. 請從食、衣、住、行的各方面，討論大數據可能帶來甚麼樣的價值。

NOTE

Chapter **2**

大數據行業價值

　　大數據的價值為何？企業又如何思索大數據的價值？

　　本章介紹大數據的價值循環、資訊經濟價值、行業應用機會及案例探討。透過本章，讀者可以了解大數據的經濟價值、企業價值模式與各行業應用方向。

本章大綱

2-1　大數據價值

（一）大數據經濟效益

　　人類自有文明開始，即不斷地利用資料來創造價值、發展文明，例如：結繩記事、竹簡文書、活字版印刷乃至於搜尋引擎、社群網站等。近期的 Google、Facebook 等網際網路服務商更是利用網路上大量資料搜尋、傳遞、分享並利用服務訂閱、廣告置入等商業模式，創造巨大的經濟收入。科學家亦是利用大量資料來發展新研究，例如：數位藍天計畫利用陣列望遠鏡蒐集宇宙的資料，每 20 秒產生 1 petabyte（1 百萬 GB）資料以分析天際狀況；科學家亦利用 DNA 定序機器，利用大數據分析工具可以在數秒鐘內解讀 260 億人類基因密碼。

　　OECD 經濟合作暨發展組織研究發現，企業或組織可以從資料處理或取得中獲得 5%-10% 生產力的提升。麥肯錫報告分析分析各國行業的生產力提升與成本減少：

- 美國醫療業：美國醫療業在臨床診斷、保險與付款服務、研究發展等領域運用資料分析節省 3 千億美元，達成約 0.7% 生產力提升。
- 歐盟政府服務：歐洲政府服務利用資料分析，使得歐盟 23 個政府減少 15%-20% 管理成本，約當創造 1,500-3,000 億歐元，創造每年 0.5% 生產力成長。
- 美國零售業：美國零售業利用大數據分析創造 60% 淨利潤成長、0.5%-1% 生產力成長。
- 全球製造業：全球製造業利用大數據減少 50% 產品研發、組裝成本以及 7% 人力資本。
- 全球個人地理資料：網路服務業利用個人地理資料轉換成服務或產品，創造 1,000 億美元以上營收，消費者亦從中獲得約當 7,000 億美元的價值。

美國醫療
- $300 billion vale per year
- ~0.7 percent annual productivity growth

歐洲政府服務
- €250 billion vale per year
- ~0.5 percent annual productivity growth

個人地理資料
- $100 billion + revenue for service providers
- Up to $700 billion value to end users

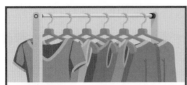

美國零售
- 60+% increase in net margin possible
- 0.5-1.0 percent annual productivity growth

製造業
- Up to 50 percent decrease in product development, assembly costs
- Up to 7 percent reductuon working captital

☆圖 2-1　行業大數據經濟價值（資料來源：麥肯錫）

(二) 大數據價值循環

　　大數據已經成為企業利潤引擎的石油，企業的生產力提升、營收增長，端視於能否取得適當資料，是否具有資料處理與分析能力或進一步將資料轉換為具商業價值的產品或服務。一般來說，企業可以透過以下幾個步驟來取得大數據的價值：

1. **數據化與數據蒐集**（**Datafication and Data Collection**）：透過攝影機監視、物聯網感測等各種方式，將活動的內容進行數位化，轉換成數據以供利用。例如：零售店攝影機監視器蒐集消費行為影像，以供後續判斷產品偏好、商品擺放適合度或是商場動線的行銷策略（圖 2-2）；工廠設備利用感測器蒐集設備的馬達轉速、震動狀況、電力使用狀況、環境溫度等資料，以判斷設備的運轉、能源消耗狀況等。

☆圖 2-2　零售業利用攝影機數位化消費行為

（資料來源：Beseye 官網）

2. **大數據資料池（Big Data Pool）**：將各式各樣蒐集的資料放在硬碟、伺服器或雲端運算資料中心，以進行資料處理與分析。透過特定的數據結構、數據間的連結、數據的彙整等，以便更有效率地運用數據。

3. **資料處理與分析**：利用各種技術與軟體工具，將各種資料從大數據池進行萃取、轉換並分析，產生數據的價值。大數據價值來自於各種資料的連結、情境關聯及有意義的分析。

4. **知識庫**：知識庫指的是經過分析的資料或資訊累積在人類腦中、資訊系統或其他實體產品中（如：書本、作業程序、軟體、專利等），可作為後續學習、分析、決策之用。現代大數據技術產生的訓練模型（trained model）、預訓練模型（pretrained model）、大型語言模型（LLMs）等，均是知識庫（請見後續章節描述）。

5. **資料驅動決策**：資料的價值最終來自於轉換成前述的知識、洞見或是輔助人們進行決策而引發行動。根據聯合國 EIU 調查顯示，60% 的商業領袖利用大數據進行決策支援、30% 從大數據得到決策進而行動。

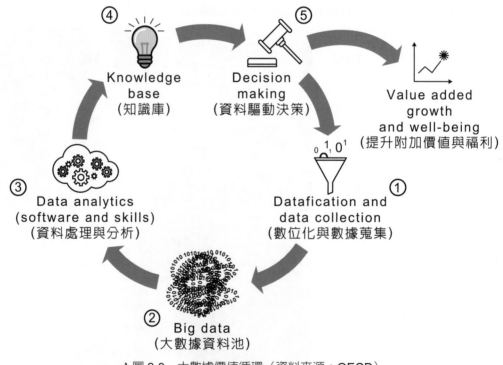

☆圖 2-3　大數據價值循環（資料來源：OECD）

（三）資訊經濟價值

早在 1990 年代、2000 年代，資訊或知識的價值就一直被學界、產業界重視，並出現「資訊經濟」（Infonomics）新經濟法則的討論，有別於傳統物料、設備或產品的經濟價值原則。資訊經濟價值原則可以歸納 6 種：

1. **品質性**：資訊是否完整或精確？

2. **中肯性**：資訊是否容易解讀或對於接收的使用者符合目的與適當的意義？

3. **時效性**：資訊是否在某個時空下具有決策意義？

4. **成本性**：資訊是否容易取得或管理？

5. **效益性**：資訊取得與產生效益的成本效益為何？

6. **市場性**：資訊是否能轉為服務或產品，成為公司的附加或主要營收報酬。

更特別的是，有別於實體產品，許多時候資料價值不僅僅來自本身價值，而是取決與不同的資訊、知識或技能的結合：

1. **資料間的連結**：資料間的連結將產生更大的價值，例如：瞭解眾多顧客性別、年齡及最近消費的商品比起單個客戶、少數消費資訊會更有價值。

2. **資料分析能力**：同樣的一群資料，給予不同資訊接收者將有不同的價值，端視於接受者的既有知識、解讀判斷能力、運用時效性等。例如：同樣的財經、股票資訊，不同投資者解讀不同，做出的投資決策及結果亦不同。

以此，將資料、資訊轉換成產品或服務，會產生兩個與眾不同的資訊經濟市場原則：

(1) **邊際報酬率遞增**（increasing marginal revenue）：在資訊或知識依賴的產品中，隨著技術或知識的投入愈多，生產者的投入單位邊際報酬率將會持續升高。傳統的產品生產，可能受限於廠房空間、原料或產能限制，使得生產者報酬率增長受到規模擴大的限制。資訊依賴產品的再製成本極低、雇用勞力較少、產能限制亦低，將使得邊際報酬率隨知識或技術投入而增加。例如：網路搜尋服務、網路新聞服務、IC 設計業、電信業、軟體服務業具備高知識要素的投入，使得具有邊際報酬率遞增的特性。

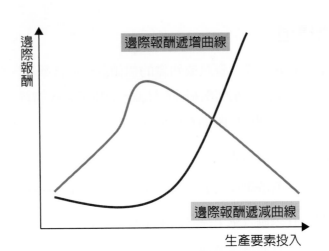

☆圖 2-4　邊際報酬率遞增經濟

(2)　網路效應（network effects）：網路效應或網路外部性（network externality）指的是當累積用戶愈多時，該產品或服務對於用戶的價值愈高。例如：愈來愈多人們申請電話進行聯絡時，其溝通價值愈高。近期的例子如：愈多人查詢 Google 及公司刊登訊息，其數據搜尋／廣告價值愈高；愈多人使用 Facebook，其資訊分享價值愈高。網路效應使得網路服務業容易產生極高競爭障礙與獲取超額報酬。以此，許多網路服務業者在發展初期，會犧牲短期成本，累積足夠用戶數、數據量以創造未來的競爭障礙以及可能的市占率。

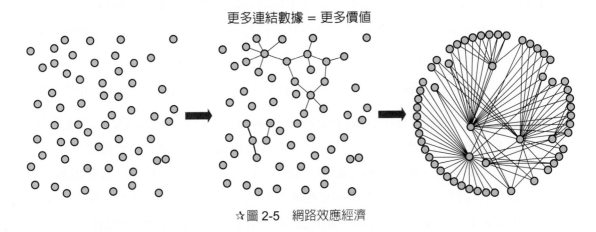

更多連結數據 = 更多價值

☆圖 2-5　網路效應經濟

(3)　雙邊市場（two-sided market）：雙邊市場是一種網路效應的變形，指的是企業建立一個經濟平台，發展不同使用者或夥伴的雙邊網路，讓雙方均能因為網路擴大而獲益。例如：信用卡公司建立商家、消費者的雙邊網路；持卡人及商家加入該信用卡網路愈多，雙方均能從中獲得愈多利益。網路服務業案例更是比比皆是：Google 創造搜尋用戶／廣告業者雙邊網路、eBay 創造買家／賣家雙邊網路、Apple AppStore 創造 iphone 或 ipad 使用者以及 App 與服務開發者的雙邊網路。這樣的特性使得許多網路服務上的競爭要重視建立「數位平台」或「數位生態系」的競爭而不是單一企業的單打獨鬥。

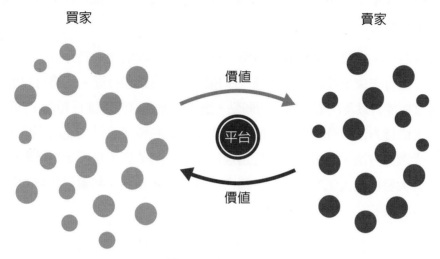

☆圖 2-6　雙邊市場經濟

　　綜合來看，品質性、中肯性、時效性、成本性、效益性原則在於協助企業以低成本、高品質的資料處理與分析，協助既有營運效率的改善。企業若要將資料、資訊轉變為產品獲得更高的利潤或者發展新商業模式，則需要進一步考慮資料連結、資料分析的能力以及網路效應、雙邊市場等市場性經濟原則。

☆表 2-1　資訊經濟原則與應用方向

原則	意義	應用方向
品質性	資訊正確、整合、一致、完整、精確愈高愈有價值	重視資料取得的品質以及各種資料來源整合與連結
中肯性	資訊愈能符合決策需要愈有價值	重視資料符合企業各種決策需求
時效性	資訊愈能反映決策時空需求愈有價值	重視資料的情境以及處理與分析速度
成本性	資訊 / 資料取得、管理或應用成本愈低	重視利用低成本的技術（如：開源或叢集處理技術）以處理資訊
效益性	資訊 / 資料的成本效益比	重視資料處理技術成本與效益的配比
市場性	利用各種資訊經濟特性創造新價值	重視資訊 / 資料的產品服務價值與商業模式建構

(四) 智慧決策價值

如圖 2-3 所示，在大數據價值的循環中，數據價值最終體現在協助人們進行決策乃至於行動。由於數據分析技術和人工智慧的發展，讓大數據更能協助人們進行決策輔助，甚至實現決策自動化。

在大數據時代，由於大量數據累積與分析，特別可以輔助人們分析過去發生過的大量規律事件，進行未來事件的預測，進一步協助人們判斷和行動。這將可以彌補人們對於大量數據掌握能力以及決策判斷上的弱點，讓人們能更有效地進行預測、判斷與行動。例如：運用大數據方法，分析信用卡使用習慣或詐騙的規律，以快速偵測信用卡詐騙的行為。運用大數據方法，分析員工的行為規律，以預測某員工是不是有離職的傾向？更進一步，結合大數據與人工智慧方法，讓汽車可以自我預測、判斷以及自動駕駛，乃至於自我學習與訓練。

如圖 2-7 所示，人們進行各項決策乃至於行動過程具有許多要素。人們從感官輸入數據並根據過去的經驗（訓練學習），運用分析預測的技巧，理解情況，進一步衡量判斷，據以產生行動並依據結果回饋與調整。以此，在不同應用情境下，要思考運用大數據 / 人工智慧方法可以協助部分乃至於全部決策。

藉由大數據或人工智慧輔助決策，人們可以更專心在例外事件、小量數據、無法參考過去經驗或牽涉社會與道德決策等問題上，以提升決策或行動產生價值。例如：發現新的詐騙模式、理解員工需求給予訓練或新的挑戰任務等。

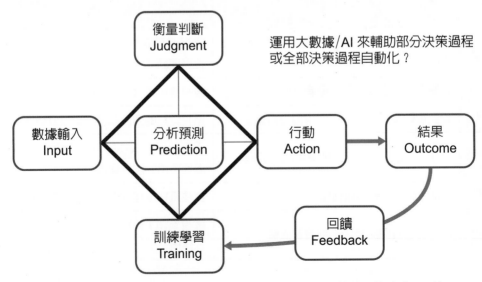

☆圖 2-7　大數據 /AI 輔助人類決策過程（資料來源：艾格拉瓦等人 (2018)）

(五)企業價值模式

　　綜合價值循環、資訊經濟原則與智慧決策價值等法則,企業可以從 5 個層次思考如何利用大數據帶來企業的價值,如圖 2-8 的五個價值模式:

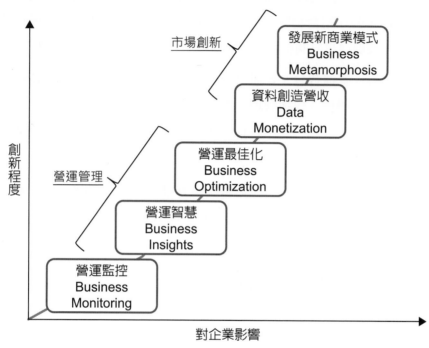

☆圖 2-8　大數據資料價值模式(資料來源:EMC)

1. **營運監控**:利用大數據監控企業、工廠的營運狀況,例如:透過監控電子看板,總經理可以即時知道各地區、各業務部門產品銷售情況;廠長可以即時了解工廠設備的設備運轉、產能運用、生產進度等狀況。

2. **營運智慧**:利用大數據分析的方式,改善營運預測與判斷,例如:利用大數據分析,預測顧客喜好,進行產品推薦;分析接單風險或客戶還款風險;利用大數據分析,預測每天不同種類餐點銷售量,提早進行材料準備以減少食材浪費、加快接單速度。

3. **營運最佳化**:將各種預測結果、決策與行動方案配合,發展最佳化營運模式,例如:顧客行為與銷售資源配合,以訂定最佳的促銷方案與時間;設備壽命預測與生產線排程的最佳化配合,調整最佳生產實現與設備維修時間;根據機器設備溫度、濕度及其他參數、生產良率等狀況,自動調整最佳化的設備參數。

4. **資料創造營收**：將數據作為產品銷售的環節，以獲得利潤。例如：農業監控服務商，協助農場客戶進行農機具監控、預測維護、產量分析等，進一步可將蒐集數據販售給保險公司、期貨公司等，創造農場客戶的新資料營收。

5. **發展新商業模式**：利用數據創造新商業模式的產品或服務，進而協助企業數位轉型。例如：汽車公司結合物聯網的汽車監控，可以監控汽車轉速、操控狀況、GPS行車路徑等，發展汽車訂閱服務、危險監控服務、最佳化行車路徑建議等。

其中，營運監控、營運智慧、營運最佳化重視利用大數據處理技術與分析方法協助既有營運效率的改善，屬於「營運管理」策略。企業若要進入資料創造營收、發展新商業模式等階段，必須進一步思考利用各種資訊經濟特性創造新營收與商業模式，可稱為「市場創新」策略。

本章後續介紹行業應用機會與大廠個案，讀者可進一步思索關注的行業中，如何運用大數據協助進行「營運管理」進而「市場創新」上的做法。

2-2　大數據行業應用機會

(一) 醫療業

全球醫療系統面臨患寡又患不均的雙重問題。一方面，人口老化問題使得醫療人力、醫療資源更為吃緊。一方面，各國政府醫療保險制度與醫療資源分配問題，使得城鄉醫療資源差距持續擴大、醫療資源傾向富者而造成貧者的資源不足。此外，隨著壽命延長、知識與科技普及，醫療照護觀念亦從醫療團隊照顧到病人自我照護、從病患診療到國民的預防、從醫院延伸到家中與無所不在等。

各國政府或醫療院所可以利用資訊科技與大數據技術與方法，以解決資源分配不均、醫療資源不足及疾病診療轉變為自我照護與預防的趨勢。例如：

1. **治療方法研究**：比較不同病患的用藥、症狀、復原狀況，以研究適當的用藥與治療方法。

2. **診斷決策**：醫生進行診斷時，判斷用藥與治療方法時，可立即分析與提示可能治療方式與風險。

3. **病人照護**：隨時隨地提醒個人改變生活習性以配合目前疾病與用藥。

4. **成本分析**：分析用藥成本及健保給付成本與績效。

5. **疾病趨勢分析**：分析國民疾病趨勢以事先預防。

但在醫療業中，大數據處理最大的問題在於多樣且散落在不同擁有者手中的資料集，必須設法蒐集、整合以運用。這些資料集包括：

1. **藥物研究資料**：藥物研究資料主要由製藥公司、研究機構所擁有，包括：藥物試驗資料、藥物篩檢資料庫等。

2. **診斷資料**：診斷資料主要由醫療院所擁有，包括：病歷資料、檢查影像檔、用藥紀錄等。

3. **醫療支付費用**：醫療支付費用包括：用藥費用、儀器檢查費用、住院費用及保險給付等，主要為醫療院所、保險機構或健保局各自擁有部分資料。

4. **病人行為資料**：病人行為資料包括病人用藥狀況、運動狀況、自我量測狀況、非處方簽用藥購買紀錄等醫療院所外的資料。這類型資料主要由病人擁有、零售店購買紀錄擁有或是可透過穿戴是設備紀錄個人運動資料、生理量測資料等。

綜合來看，醫療業大數據應用機會可以如表 2-2 所示，從臨床診斷、醫療支付、醫藥研究、個人健康等方向思考。以下舉幾個例子提供參考：

1. 美國越戰退伍軍人協會利用會員的診斷資料、藥物刪減資料庫進行分析，提供會員病人照護建議、就醫建議以及藥物治療建議等。

2. 義大利藥物管理局利用診斷資料、用藥紀錄以分析新藥的成本與建議價格。

3. Asian Health Bureau 醫療機構利用非結構化資料處理技術來查詢、比對多個影像資料，以發現異常、不規則影像而發現可能存在的疾病，並利用遠距醫療的查詢，讓遠在各地的醫生共同會診。

4. PatirntsLikeMe.com 提供病人線上交流與分享平台，並可提供病人健康紀錄以提供藥物研究分析。

☆表 2-2　醫療業大數據應用方向

流程	應用方向
臨床診斷	病歷資料分析、醫藥臨床結果比較分析、診斷資料即時決策、跨院所病人診端資料透明化、病人遠端監控與分析、病人疾病風險分析、醫生診斷分享平台
醫療支付	用藥正確性即時分析、用藥成本與治療績效分析
醫藥研究	新藥銷售預測、新藥治療績效預估、試驗設計績效最佳化、藥物試驗績效與副作用分析、疾病趨勢分析
個人健康	用藥習慣分析、運動紀錄分析、個人用藥提醒與建議、個人健康分享或醫療分享平台

（二）零售業

　　受到物價上漲、失業率提升、經濟危機等影響，全球消費信心處於不確定的情況，零售業的成長力道持續疲弱。此外，貧富呈現 M 型化，造成富者愈富、中產階級往低所得靠攏的狀況，消費者將更精明地選購商品。最後，電子商務的崛起，使得實體零售業者備受威脅。零售業必須思考如何更了解顧客需求並提供顧客購物的體驗進而消費。研究機構即指出，未來零售附加價值將轉向「創新」與「消費者購物體驗」。

　　各個零售業者因應電子商務競爭、創新與消費者購物體驗趨勢，亦紛紛發展各種創新服務。例如：全球第三大連鎖量販店 Tesco 在南韓地鐵站推出名為「HomePlus」的虛擬商店。顧客可以在此虛擬商店，利用智慧型行動電話掃描 QRCode，即可訂購商品，商品直接運送到府。Albert Heijn 連鎖超市提供 iPhone App、Android App，讓顧客可以利用行動 App 掃描商品條碼、取得商品產品資訊、每周優惠情報，並能尋找相關貨架位置等。零售店業者亦透過電子商務點選紀錄、行動 App 點選紀錄、地理定位資訊以及交易資料等，蒐集各種資料以進行大數據分析，例如：

1. **客戶行為分析**：分析客戶購物行為以瞭解顧客的瀏覽習慣、潛在商品興趣與搭配銷售關聯等，進一步誘發顧客購買。

2. **電子商務分析**：透過客戶在電子商務瀏覽與購買行為，提供產品推薦建議、新產品瀏覽分析、社群意見分析、跨通路購買行為分析等。

3. **店面營運分析**：分析各店銷售、庫存狀況、市場區隔、顧客人口特性等，以決定各店的商品策略、行銷策略、庫存策略與績效分析。

　　事實上,電子商務零售業者,如:Amazon、eBay、Netflix、淘寶已經利用大量的大數據處理技術與分析方法,進行各種線上顧客行為與交易結果分析。對於實體零售店業者來說,必須能夠提高顧客上門、創新體驗服務以及精準、立即性顧客購買建議或促銷等,才能進一步與電子商務業者競爭。實體零售店的大數據資料管理第一要務是如何取得客戶行為資料,如:設置 Beacon 藍牙微定位、監視器影像分析、店內互動體驗平台以蒐集資料與分析顧客行為。

　　綜合來看,零售業大數據應用機會可以如表 2-3 所示,從顧客體驗與行銷、商店營運、商品管理、供應鏈管理等方向思考。以下舉幾個例子提供參考:

1. Walmart 連鎖賣場利用 App 結合社群網站、購買歷史紀錄、天氣狀況,當顧客進入不同分店時,即刻傳送建議購買產品、產品組合搭配、折扣商品、朋友搭配購買商品等訊息至顧客手機。

2. 梅西百貨分析 730 萬產品以及各種商品類別、價格、庫存量、交易量等 2.7 億個影響因素中,在 20 分鐘內即可分析各產品最佳化價格,動態調整價格。

3. Target 百貨利用個人購買商品紀錄與其他人購買商品紀錄,預測消費者未來可能購買商品而給予客製化郵寄商品目錄與折扣方案。

4. Netflix.com 線上影片網站利用顧客個人資訊、顧客購買影片記錄、觀看影片行為等資料,推測顧客喜好並推薦影片。進一步分析顧客喜歡的題材、導演、影院,推出原創電影。

5. RetailNext 公司利用影像監控、行動智慧等技術,發展店內分析系統,提供零售業對顧客行為的分析與訊息發送。

☆表 2-3　零售業大數據應用方向

流程	應用方向
顧客體驗與行銷	顧客滿意度與忠誠度分析、商品組合搭售、市場區隔與人口特性分析、客製化顧客體驗、顧客行為分析、跨通路顧客分析、促銷分析
商店營運	零售店各店銷售分析、銷售產品銷售類別、店員付款錯誤或損失分析、顧客轉換率分析、顧客點擊與瀏覽分析、員工配置分析、顧客等候時間與放棄購買分析
商品管理	商品陳設規劃與分析、層架銷售分析、銷售員銷售業績分析、促銷 / 折扣產品分析、客戶購物籃分析
供應鏈管理	庫存最佳化、物流最佳化、銷售預測、供應商管理與分析、倉庫效率最佳化

（三）製造業

　　製造業面臨產品生命週期更短、全球供應鏈布局、全球採購、快速滿足當地需求等競爭，使得製造業面臨更為複雜的挑戰。研究報告指出，2020 年後，產品生命週期將會縮短 30%-50%。這意味著製造業必須快速地研發、製造產品以滿足快速改變的消費者需求。此外，歐美國家意識到大量工廠轉移到中國大陸、印度等新興國家，而採取一連串製造業回流補助措施。然而，中國大陸製造業亦面臨逐漸高漲的勞動成本與生產力無法快速提升的問題。以此，製造業持續思考利用資訊科技與工廠自動化設備以提升生產力並快速反應市場需求。

　　歐美、中國大陸政府均積極發展新興製造業轉型計畫，以奠基未來十年的經濟計劃，例如：美國先進製造業計畫、德國的工業 4.0、中國大陸十二五計畫中的製造業未來發展計畫等。這些計畫均期望利用先進的機器人、自動化設備、大數據分析、人工智慧等，協助製造業提升生產力並進行轉型。各個大型製造業亦開始進行各項先進製造計畫，例如：自動化設備大廠西門子在德國安貝格設立新一代智慧工廠。製造業在大數據處理與分析上，特別著重以下幾個方向：

1. **設備維修預測**：主動監控設備狀態，並分析設備 / 零件壽命、維修時間預測等，以減少維修成本並能使產線運作順暢。

2. **製程與良率改善**：蒐集製程設備狀況、參數資料以及產品良率資料，模擬並分析最佳化的製程設置，並改善產品良率。

3. **產品設計分析**：透過顧客產品使用經驗回饋、社群討論意見、客戶協同設計平台資料等進行分析，以了解產品缺失、改進方向並設計新一代產品規格。

　　綜合來看，製造業大數據應用機會可以如表 2-4 所示，從研發設計、供應鏈管理、生產管理、售後管理等方向思考。以下舉幾個例子提供參考：

1. 物流大廠 DHL 利用攝影機掃描以分析進貨物品是否損壞、監測倉儲溫濕度、偵測出貨數量即時通知庫存系統、最佳化貨品流動動線、貨物運送系統預測維修等。

2. 自動化設備大廠西門子（Siemens）智慧工廠示範自動監視與檢測產品組裝問題、分析製程問題、即時蒐集設備問題等。

3. Joy Mining 採礦設備提供銷售客戶設備的遠端監控與分析服務，如：水深、壓力等感測器設置，即時監視客戶設備狀況、遠端參數控制與監控、設備損壞分析等。

☆表 2-4　製造業大數據應用方向

流程	應用方向
研發設計	產品圖形資料庫、專利資料庫、協同設計資料、顧客開放式創新研發
供應鏈管理	需求規劃與供應鏈規劃、通路資料整合與最佳化規劃、快速產銷規劃、貨物運送流程最佳化規劃
生產管理	即時設備監控、設備預測維修、生產良率分析與改善、製程設計與最佳化、物料或庫存監控與透明化
售後管理	售後聯網產品監控、預測維修服務、產品使用資料分析

(四) 個人地理資料

　　隨著智慧手機以及智慧手機上預載的 GPS（Global Position System）全球定位系統，使得個人地理位置所在的資料隨時可以產生並轉換為資料與服務價值。麥肯錫報告指出未來十年，個人地理資料可望為服務供應商創造 1 千億美元以上營收，為終端使用者提供 7 千億美元的價值。為何個人地理資料如此有價值？原因在於透過智慧手機的資料傳遞，服務供應商可以隨時隨地取得消費者的資料並即時提供各種服務。例如：

1. **促銷廣告**：零售業利用定位資料，知道消費者在實體店面的櫃位，即時送出相關商品促銷訊息。

2. **車載服務**：透過車輛定位，服務供應商也可以隨時提供駕駛者交通狀況、周邊旅遊促銷訊息及最佳行車路徑，進一步蒐集車子行駛狀況與里程作為保險定價、主動維修服務等。

3. **照護服務**：透過老人或小孩的定位資訊，家人可以安心知道活動狀況，若遇緊急狀況亦可快速通知相關單位處理。

　　以此，利用個人地理資料發展的服務可以提供跨行業的創新服務，如：零售業、電信服務業、媒體業、交通服務、照護服務業等。

☆表 2-5　個人地理資料大數據應用方向

流程	應用方向
個性化即時資訊	即時廣告促銷資訊、即時交通資訊、最佳化行駛路徑、即時監控照護服務、個人地點分享服務、計程車叫車服務

流程	應用方向
群體性即時資訊	需求規劃與供應鏈規劃、通路資料整合與最佳化規劃、快速產銷規劃、貨物運送流程最佳化規劃
累積性資訊服務	駕駛行為保險定價服務、主動維修服務、交通規劃分析、程式規劃分析、零售店點歷史銷售分析與規劃

綜合來看，個人地理資料應用機會可以如表 2-5 所示，從個人、群體及累積性資訊等方向思考。以下舉幾個例子提供參考：

1. ShopKick 網路服務公司利用微定位系統與即時促銷與優惠服務，協助零售店吸引顧客上門、觸摸商品、試穿商品與購買商品等。

2. iinside 零售定位服務公司協助零售店業者利用購物籃或購物車的微定位系統，蒐集與分析消費者的購物行為，如：顧客一周來店頻率、顧客店內駐留時間、商品擺放位置是否吸引顧客等，以提供零售店各種商品陳設或促銷活動建議。

3. 車廠 Renault 提供 R-Link 車載服務，讓駕駛者可以根據位置接受當地天氣預報並能依據衛星導航系統，提供即時塞車狀況與最佳路徑建議。

4. 美國先進保險公司在簽約車主安裝 GPS 載具，能蒐集駕駛頻率、速度、里程數、時間帶、緊急剎車次數等資料進行分析駕駛習慣，以動態調整保費。

5. Nike 利用嵌入在慢跑鞋的感測器，可以讓跑步者記錄跑步的里程與位置，跑步者可以與社群朋友分享跑步的路徑與心得。

2-3　大數據企業應用案例

（一）Netflix

✤ 背景沿革

Netflix 成立於 1997 年，是著名的線上影片串流與 DVD 影片租用公司。Netflix 從 1999 年開始利用郵寄 DVD 影片的方式直接寄送顧客租看，省卻顧客至 DVD 影視出租店的路程而大受歡迎。2011 年，Netflix 已有超過 2,600 萬 DVD 訂閱顧客。2007 年，Netflix 進一步發展線上影片串流服務，讓顧客可以直接在網路上觀看影片。2015 年，Netflix 全球線上影片會員已經近 7,000 萬人。

❖ 大數據發展

　　Netflix 一向以掌握顧客需求作為其重要的商業策略。早期發展線上影音串流服務時，Netflix 即透過會員的資料、會員購買的影片類型進行分析，並透過會員登入以及電子郵件方式建議觀看影片與介紹。根據 Netflix 統計顯示，顧客所租看的線上電影中即有 60% 是由 Netflix 介紹。Netflix 在 2009 年還舉辦線上顧客推薦演算法比賽，提供 1 百萬元美金給發展最佳分析演算法的團隊。

　　Netflix 更自製原創電視影集與傳統電視台進行競爭。Netflix 透過蒐集與紀錄會員對影片的播放、暫停、快轉等影片的操作，精準掌握會員行為。此外，還會累積會員個人特性、觀看影片類型、消費紀錄等資料。透過資料分析，Netflix 精準掌握某群顧客對「政治題材」、「大衛‧芬奇導演」、「凱文‧史貝西演員」的喜好關聯性。Netflix 於是投資 1 億美元製作「紙牌屋」原創電視，邀請大衛‧芬奇擔任導演、凱文‧史貝西主演，並將內容鎖定在美國政治的情節。「紙牌屋」大受歡迎並獲得史上第一個獲得艾美獎的線上影片。「紙牌屋」的成功威脅到傳統電視台、HBO 電視頻道，亦促使 Amazon 拍攝原創影片。

☆圖 2-9　Netflix 自製電視「紙牌屋」

❖ 成功因素

　　Netflix 的成功除了來自於 DVD 影片郵寄、線上影音串流等不斷顛覆行業規則的商業模式外，掌握顧客的喜好亦是其長久成功的策略。Netflix 對顧客喜好的掌握已經從針對某類型影片觀看興趣提升到對某種情節、某種段落的喜好，顛覆傳統影片透過市場調查、製片敏銳直覺的製片方式。

（二）Walmart

❖ 背景沿革

　　Walmart 成立於 1962 年，是全球著名的連鎖超市。Walamrt 主要以大量商品、低價策略而獲得市場佔有率。2015 年，Walmart 在全球 28 個國家，營運 1 萬多家連鎖店。Walmart 主要利用壓低供應鏈採購、物流及人事成本以控制低價策略。早期，Walmart 在資訊科技投資上以銷售點、RFID 物流運送、電子文件交換、供應鏈庫存透明度、自動補貨等節省營運成本為主。2006 年後，受到 Amazon 等電子商務零售業者業務侵蝕，開始發展電子商務、社群網站等技術。

❖ 大數據發展

　　相較於過去資訊科技投資在供應鏈上，Walmart 電子商務策略更重視店內的顧客消費體驗。Walmart 發展智慧手機 App 應用軟體、線上電子商務網站以及運用各種大數據分析技術以滿足顧客的各種購物需求。最廣為人知的智慧手機應用在於 Walmart 能夠結合天氣狀況、會員資料及購買紀錄、會員的社群資訊等，提供最適合產品建議、促銷等資訊。Walmart 自行發展 App 上的搜尋技術與演算法，可根據會員的性別、購買紀錄，即使顧客輸入相同的搜尋關鍵字，其搜尋結果亦會依據情境而有所不同。Walmart 亦透過 eReceipt 的服務，讓顧客可以在折扣時，快速透過智慧手機取得折扣單，而不必到架上才發現促銷商品已經銷售一空而產生抱怨。另外，Walmart 智慧手機 APP 上亦具有購物清單、導購路徑等，讓顧客可以快速地選擇商品。Walmart 可從顧客在智慧手機上的點擊資訊而獲得各種顧客行為資料。此外，Walmart 亦利用監控攝影機的影像紀錄，分析顧客店內的購物行為。

　　Walmart 在資訊基礎架構上，混合了線上網站的點擊紀錄、交易紀錄以及在店中顧客的 App 商品瀏覽、商品購買交易紀錄、影像監控紀錄等，利用超過 250 節點的 Hadoop 大數據處理架構進行資料分析。同時，Walmart 也利用公有雲、私有雲混合基礎架構，以減低雲端服務與電商網站的負荷。

❖ 成功因素

　　早期，Walmart 的資訊科技主要用於支持低價商品的供應鏈成本控制策略。為對抗 Amazon 電子商務的競爭，Walmart 積極地利用智慧手機 App、電子商務網站、大數據處理與分析等技術，提供顧客線上網站、店內購物的混合式消費體驗。Walmart 在 2015 和 2016 年投資 20 億美元在電子商務相關科技，並持續雇用資訊科技人員、資料科學家，以開發自有技術與資料分析演算法與模型。

(三) 西門子

✤ 背景沿革

德國西門子（Siemens）公司成立於 1847 年，是全球最大的自動化設備廠商之一，其產品包括工廠自動化產品、能源設備產品、辦公室自動化設備、交通自動化設備等。在德國政府宣示工業 4.0 的願景後，西門子公司亦積極發展支持工業 4.0 的設備、產品，以協助工廠朝工業 4.0 邁進。

✤ 大數據發展

西門子在工業 4.0 的主要策略在於協助工廠產品生命週期（PLM）與現場生產設備整合自動化（Total Integrated Automation, TIA）的無縫整合。西門子提供工廠自動化設備、PLC 數值控制器、人機整合觸控介面、生產設備整合自動化軟體等，協助其顧客發展工業 4.0 的自動化工廠。西門子在德國安貝格工廠利用自動化生產設備、RFID 自動化與追蹤設備生產過程，使產品不良率低於 0.0011%、平均員工每星期工作小時僅 35 小時，成為世界智慧工廠的典範。此外，透過分析工具能分析製程效率、產品良率問題而提出改善的方法。西門子安貝格工廠有以下智慧製造的作法：

1. 數以萬計的感測器安裝在生產設備、產品上，即時蒐集資訊自動監視與檢測產品組裝問題，並傳送訊息給現場人員。

2. 累積產品不良資訊與產線資訊蒐集與分析，以改善製程設計。

3. 自動化設備均具有數值控制器，並可進行遠端控制。

4. 利用西門子 WinCC、TIA Portal 軟體可以蒐集與設定數值控制器參數與資料，並能整合 SCADA 協定。

5. 利用人機整合觸控介面，讓現場人員可以看到組裝線、零件的組裝效率與發現問題。

6. 高度自動化機器手臂產線，可循序生產。

✤ 成功因素

西門子安貝格工廠可稱為工業 4.0 示範工廠，不但完整展示西門子解決方案，亦宣示其協助企業落實工業 4.0 的決心。不過，西門子亦承認安貝格工廠目前自動化手臂只能做到循序性的接續生產，還未能達到真正機器人間的溝通與協調。不可否認的是，西門子安貝格工廠示範了工業 4.0 工廠利用物聯網、大數據分析的典範。

(四) John Deere

❖ 背景沿革

John Deere 公司成立於 1904 年，是美國著名的農業、建築、森林設備製造廠商，名列全球財金五百大的公司之一。

❖ 大數據發展

據聯合國統計指出，糧食的產量在 2050 年必須再增產 60% 以應付 90 億的地球人口。John Deere 身為農業機具設備廠商，自 2012 年開始利用大數據分析，協同地主、農夫、交易商、農耕顧問，以更精細的生產，減少糧食短缺的危機。John Deere 利用大數據分析協助農耕設備預測維修，以減少設備損害降低生產力，進一步還協助最佳機具操作分析、作物生產狀況監控、栽種天氣或蟲蛀損害預測、最適種植及地區分析等雲端服務。Myjohndeere.com，主要有以下服務：

1. 透過各種感測器連結將農機設備資料上傳至雲端平台，讓農夫監視農機設備狀況，進一步分析維護最佳時間以降低停工損害。包含蒐集設備狀況、歷史紀錄、天氣紀錄、土壤狀況、農作物特性的分析等。

2. 利用需求預測、生產良率預測、財務預測以決定土地耕作面積。

3. 蒐集農機設備耕作狀況，並能讓農機設備彼此溝通，以協調做有效率地耕作。

4. 分析農機設備設定參數與工作方式，提出最佳化的設定方式，以提升工作效率並降低機具損害。

5. 利用行動農業管理 App，讓農夫可以管理各個耕地狀況，以判定何者進行栽種或收割作業。

6. 農夫也可將耕地土壤樣本資料、耕作狀況與地圖資訊與農耕顧問分享，讓顧問能進一步提供耕作建議。

7. Myjohndeere.com 也可藉由客戶上傳的數千個農田的機具營運資料、農耕狀況、生產狀況等資料進行分析，提供農夫耕種營運參考。也可投過各種機具營運資料，分析機具最佳操作方式。

8. Myjohndeere.com 也提供開放式 API，讓應用程式廠商開發應用程式以連結其他機具廠商設備，並能分享與貢獻農耕營運資料。

9. Myjohndeere.com 與 Semios 服務公司合作，提供天氣狀況、病蟲害生長預測分析，協助農夫能以最適量的農藥進行噴灑與防治。

10. John Deere 也預計導入 Google 眼鏡，讓農夫在工作時，可以藉由戴上 Google 眼鏡，立即分析所見到的農田生長狀況、農機耕作狀況，以立即進行決策。

❖ 成功因素

John Deere 的成功來自於了解地主、農夫等客戶對於耕作的財務、營運需求，而發展各種不同的大數據蒐集與分析服務。John Deere 在設備產品中設置多種感測器蒐集資料，以解決農夫運用其農機工具的維修以及耕作效率問題。John Deere 也結合天氣資料、財務資料、病蟲害資料以及其他農地耕作經驗，協助分析投資效益、病蟲損害、收割預測等各種耕種需求。John Deere 提供的不僅是設備或設備相關大數據分析服務，而是整個農耕生命週期所需的各種分析服務。

☆圖 2-10　John Deere 農耕大數據

(五) SKF

❖ 背景沿革

SKF（斯凱孚）是瑞典軸承、密封圈製造，機電一體化、維護和潤滑產品，與服務和解決方案的知名廠商。SKF 的使命是成為軸承領域中的領導者，提供圍繞轉軸的解決方案，包括軸承、密封件、潤滑、狀態監測和維護服務。SKF 在全球超過 130 個國家經營業務，擁有大約 17,000 個經銷據點。

❖ 大數據發展

SKF 的軸承被廣泛應用在世界各地的機械中。SKF 將「減少價值鏈中的浪費與資源的最大循環利用」視爲重要責任。SKF 認爲傳統的商業模式通常是建構在「資源取得→生產製造→產品使用→最終拋棄」的線性模型中，廠商的收益取決於產品銷售的總量。然而，客戶眞正期望的，卻是更長的零組件壽命，更低的耗能與更好的性能。爲了回應全球市場的趨勢，SKF 的發展策略聚焦在「旋轉軸系統解決方案」。其中，SKF 發展「旋轉即服務」商業模式，顧客僅需對所需要的支援與服務支付固定費用，甚至可將合約範疇連結到設備績效、產能或其他 KPI 爲基礎的收費模式。

SKF 發展「旋轉即服務」商業模式，需要把各種運行在客戶工廠的軸承相關產品進行連網、數據蒐集、數據處理、數據分析與視覺化呈現等。SKF 基於 AWS 雲端運算平台服務、機器學習大數據服務等基礎，發展 SKF 智慧服務雲端平台，透過雲端運算的延伸性、可靠性、安全性以及成本效益比，協助廣大的軸承客戶。

SKF 基於雲端大數據平台發展各種方案服務。例如：潤滑劑會影響軸承的壽命，但潤滑劑卻可能分布在 10 公里遠的各項設備機器上。SKF 想提供各種潤滑劑狀況的資訊、警訊，並提供工廠人員可以遠端校調、儀表板可以監控。SKF 採取物聯網服務來連結感測潤滑油狀況、發展數據分析服務、可視化服務、將資料整合入資料湖泊大數據資料池等。如圖 2-11 爲數據分析儀表板，讓客戶可以看到不同設備機台潤滑油耗用狀況。

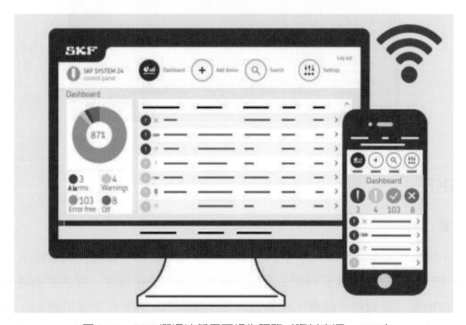

☆圖 2-11　SKF 潤滑油耗用可視化服務（資料來源： SKF）

此外，SKF 也蒐集影像數據，協助顧客工廠分析導電軌條是否有異常狀況，能即時處理。這些影像數據必須即時的拍攝高解析相片，持續地監控，進一步透過深度學習分析模型進行異常導電軌條分析。SKF 蒐集大量相片數據儲存在資料湖泊雲端服務中，並進行數據模型訓練，數小時即建立完成。進一步將訓練好的模型放在邊緣端上進行即時辨識，以快速回應異常警訊。

✚ 成功因素

SKF 本來具備龐大的顧客群，並積極地利用雲端服務平台，使得在設備連網速度、數據處理與數據分析能夠達到可靠性、延伸性、安全性等效果，讓 SKF 團隊可以專心發展相關數據分析應用服務給予其工廠客戶。此外，SKF 透過全球雲端服務大廠 AWS 多樣雲服務，可以快速地開發客戶所需的應用服務解決方案，滿足工廠客戶的多樣需求。（本文參考資料：AWS 個案集）

2-4　小結

從本章可以理解應用在不同行業的大數據價值各有不同。大數據的最終價值來自於將資料轉換成決策與行動。企業透過資料蒐集、大數據池、資料處理與分析、知識庫、資料驅動決策等大數據價值循環以不斷地獲取與產生資料價值。

大數據的經濟原則來自於品質性、中肯性、時效性、成本性、效益性原則以協助企業以低成本、既有營運效率的改善與智慧化。企業若要將資訊或知識轉變為產品而獲得利潤或發展新商業模式，則需要進一步考慮邊際報酬率遞增、市場性經濟、範疇規模、雙邊市場等市場經濟原則。綜合來看，企業可以從營運監控、營運智慧、營運最佳化、資料創造營收、發展新商業模式等 5 個價值模式，思考如何運用大數據產生價值。

習題

1. 請說明大數據價值循環的 5 個步驟。
2. 請說明資訊經濟價值的 6 個原則。
3. 請說明雙邊市場的意義，並舉例應用雙邊市場的案例。
4. 請說明企業 5 個大數據價值模式。
5. 請討論 2-3 節中的 4 個企業應用案例，如何從大數據中獲得價值？試分析其企業價值模式為何？
6. 請搜尋網路上關於醫療、製造、零售、個人消費或其他領域大數據應用案例並討論可獲得的價值。

Chapter

3

大數據商業模式創新

　　如何利用大數據創造新的商業模式、產品服務，進而帶來新的利潤呢？

　　本章從創新的角度介紹數據化創新、開放資料、大數據生態系創新、商業模式創新等概念並舉出應用案例。透過本章，讀者可以了解大數據數據化創新、開放資料的應用以及市場創新的模式，以進一步探索大數據的創新價值。

本章大綱

3-1　數據化與創新

3-2　大數據開放資料

3-3　大數據生態系與商業模式創新

3-4　小結

3-1　數據化與創新

(一) 數據化的創新價值

從第二章介紹的大數據價值循環中，我們可以知道啓動大數據價值的第一步在於「數據化與數據蒐集」。此外，第二章中亦告訴我們資料價值不僅僅來自本身價值而取決與過往的資訊、知識、技能結合，亦即透過「資料間的連結」、「資料分析能力」而創造資料的新價值。

Lycett(2013) 教授認爲數據化（datafication）正是大數據有別於以往最重要的創新概念之一。我們知道 1960 年代開始，電腦系統軟硬體技術的進步，使得企業開始發展薪酬、財務、人力資源、企業資源管理等（ERP）電子化系統。電子化或數位化（digitization）是把既有的紙本資訊、表單或是人們對於作業流程想法，轉換成數位化格式，進行傳輸、重新使用與修改。

然而，2000 年智慧手機、感測器等發展，開始了數據化的契機。Lycett(2013) 教授認爲「數據化」就是「利用數位科技讓數據、資訊脫離實體物件本身」。例如：透過感測器偵測橋梁的結構、停車場的空位數或者利用 3D 技術去掃描物件等等。這意味著電子化或數位化是一種將資訊附著在電腦系統上，數據化卻是從實體中抽離數據的兩種不同做法。

Lycett(2013) 教授以創新服務價值的角度，解釋數據化有三個價值創造步驟：(1) 去物質化（dematerialised）：脫離既有的實體或資源以及所屬的情境。(2) 流動性（liquification）：讓數據可以容易修改、移動或進行不同方式的結合。(3) 稠密性（density）：組合各種資源、重新賦予特定情境，產生新的價值。以 Netflix 數位影音串流平台的案例就可以容易地了解：

1. **去物質化**：Netflix 將原本傳統與 DVD 實體租片連結的內容數據，透過線上影片租賃的方式將數據脫離。以此，觀賞影片不受到 DVD 實體拷貝授權數量及實體通路配送的限制。線上影片的觀賞方式也打破過去觀眾收視電視頻道，特定時間播映的情境設定（如：周一周五晚上的肥皀劇）。

2. **流動性**：透過線上影片的播放，Netflix 可以很容易地將觀眾瀏覽行爲的數據進行記錄。進一步還可以透過數據進行喜好影片的推薦，結合不同觀眾對於影片觀賞喜好數據，甚至能夠組成不同喜好社群進行彼此的溝通、交流。

3. **稠密性**：利用觀眾大量觀看影片的數據，諸如：導演、電影類型、男主角、喜歡的橋段，乃至於社群中討論的文字等，可以從各種數據結合、分析以了解觀眾喜好，進一步據此發展新的影片。例如：Netflix 從觀眾的喜好、觀賞行為，了解有一群觀眾喜好美國政治影集；這群觀眾特別喜歡凱文・史貝西作為主角、大衛・芬奇作為導演的政治劇情。以此，Netflix 找來大衛・芬奇導演創作「紙牌屋」美國政治劇情影集，成為第一個線上電影獲得美國艾美獎，創造新的價值也讓線上影集成為電視劇的破壞式創新。

總的來說，Netflix 將原本受限於實體 DVD 租片、特定實體通路傳送或者電視特定時段播放的內容數據化，並能夠結合觀眾各種瀏覽行為數據，進行新的服務創新與價值創造。

（二）數據化的產業創新

Netflix 僅將實體 DVD 內容數據化即產生電視劇、電影業的重大變革。感測器、RFID、3D 攝影技術等相關物聯網技術的發展，更進一步可以將實體物品數據化，亦即加速「去物質化」，升高創新的可能性。以醫療領域為例，可以了解這種創新的變化。

過去，醫療數據是掌握在醫療診所的醫療檢驗數據，諸如：驗血、心跳、X 光片乃至於醫師看診的診斷紀錄等。現在，利用智慧手機、智慧手錶的光學辨識、陀螺儀、GPS 等感測器，個人就可以蒐集到自己的心跳紀錄、運動紀錄、睡眠狀況乃至於血氧紀錄等。甚至，透過攝影機還可以檢測皮膚、傷口的狀況等；透過智慧健身鏡，可以了解自己運動的姿勢以及心跳狀況等。例如：SkinVision 新創公司讓使用者可以透過影像照片上傳皮膚照片，以快速地檢測皮膚癌的風險程度，協助使用者提早偵測皮膚狀況，也可減少看診費用。這些屬於個人身體的健康、醫療狀況等數據，不再僅僅是醫院獨有而逐漸回歸到個人，並產生更細緻、個人化的分析與建議。

進一步，這些資料可以與異質資料結合產生新的價值，例如：檢測皮膚狀況可以做為化妝品、防曬乳商品的推薦；運動姿勢、心跳紀錄可以用來推薦運動課程或運動商品；睡眠資料可以用來協助企業判斷員工生產力；個人健康數據可以用來判斷人壽或醫療保險保費等。數據化正在模糊化產業界線，產生跨界創新。

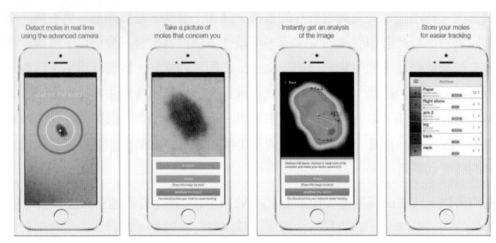

☆圖 3-1　SkinVision 個人化皮膚檢測

綜合來看，數據化可以產生兩種類型的產業創新：

1. **個人化創新**：透過物聯網或各種數據進行探索個人化的喜好、行為，進一步產生各項適合個人的商品推薦、服務提供等。

2. **跨界創新**：結合供應鏈上下游、不同產業的跨界異質數據，提供數據分析或創新服務，如：個人健康數據分析、駕駛行為數據分析、農作物生長狀況提供保險業風險判斷、貨物運送風險分析等。

（三）物聯網創新案例

運用物聯網技術可以將實體物品或設備的狀況（如：地理位置、速度、溫度等）加以數據化，提供大數據應用服務供應商或企業、個人進行加值乃至於個人化創新、跨界創新。以下列舉幾個著名的案例：

1. **採礦設備遠端監控**：Joy Global 採礦設備商提供銷售客戶設備的遠端監控與分析服務，如：攝影機監控、水深、壓力等感測器設置，即時監視客戶採礦設備狀況、遠端參數控制與監控、設備損壞分析等，並允許客戶進行整個礦山運營過程中的數據分析，例如：機器車隊中所有設備的位置和運行狀態、設備性能警告或故障事件分析，提供機器操作員、礦山控制中心和 Joy Global 智慧運營服務團隊參考。藉由數據分析與人工智慧發展，Joy Global 提供半自動化的智慧採礦設備，例如：長壁採礦自動啟動頂板支撐校正，以避免設備故障、礦坑崩塌等危險。藉由物聯網服務，Joy Global 不僅銷售採礦設備，亦開始販售預測性維護服務、遠端監控及礦山基準測試服務等服務販售。

2. **城市交通數據分析**：INRIX 新創公司與許多車商、運輸公司合作，將具有地理、煞車、速度、影像等感測器的數位盒放置在交通工具上蒐集資料。INRIX 利用數以百萬的車輛傳回的資料分析各個道路的壅塞、交通事件、人口聚集狀況，協助城市政府預測壅塞狀況、建議最佳路徑、最佳交通號誌控制等。INRIX 進一步取得城市停車場的停車狀況數據、智慧手機使用量數據等，以完善城市交通的各項數據蒐集與分析，銷售給政府交通規劃部門、保險公司、廣告公司等。

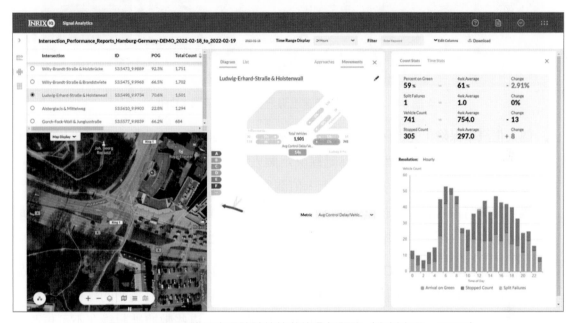

☆圖 3-2　INRIX 路口交通號誌停等數據分析服務（資料來源：INRIX）

3. **物流運輸風險分析**：DHL 是全球著名的大型物流運輸服務公司。DHL 在貨車內中設置各種濕度、溫度、地點感測器，可以監控貨物運送地點、貨物保存狀況、貨門是否打開、貨物是否遺失等，以避免保存不良或被竊盜，讓代送業者、倉儲業者及終端委託客戶即時知道貨物運送狀況。進一步，DHL 結合飛機航班、天氣、道路狀況等數據，可以提供運送風險分析、運送碳排量計算，讓業主可以決策以改變運送方式或路徑。

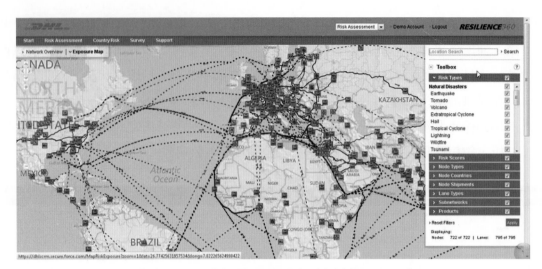

☆圖 3-3   DHL 貨物運送風險分析（資料來源：DHL）

4. **個人化汽車保險**：先進保險公司（progressive）為美國第三大車險公司，推出 Pay as You Drive 方案，依據駕駛行為紀錄決定個人汽車保險費用。簽約車主將保險公司提供的專用物聯網設備安裝在車上，偵測與紀錄該汽車的駕駛頻率、速度、行駛距離、駕駛時段（日間或夜間等）、緊急煞車次數等資料，以決定保險費折扣率，最高可達 7 折優惠。簽約車主亦可以在網路上檢視自己駕駛紀錄與習慣。

5. **供應鏈綠色數據追溯**：Circulor 新創公司使用物聯網和區塊鏈技術來追蹤材料到成品的來源、製造狀況、碳排放等數據，幫助製造商和供應商建立透明的綠色供應鏈。材料供應商、製造商將數據輸入 Circulor 雲端平台，這些數據被記錄在不可更改的區塊鏈分類賬上，滿足外界對公司加強問責制的呼籲、ESG 目標。例如：Volvo 汽車可以透過 Circulor 雲端平台確認電動汽車中的電池材料來自何處、可回收性、合規性等，以避免違反環保法規。此外，Circulor 結合第三方數據、人工智慧技術，協助企業辦別供應鏈可能存在的異常情況，並及早發現潛在風險。

3-2   大數據開放資料

(一) 開放資料意義

除了利用物聯網增進大數據的「去物質化」外，透過開放資料（Open Data）讓數據容易修改、移動或結合的「流動性」亦是近年大數據急速發展的關鍵。

開放資料意指政府或私人機構將擁有的數據、資訊釋出給予公眾或特定人士存取，以從中挖掘、結合異質數據，產生大數據的新價值。根據開放知識基金會（Open Knowledge Foundation, OKF）對開放資料的定義指的是「可以讓人以免費、重複使用或重新散佈的一系列資料或內容」，亦即該資料集具有讓機器容易讀取、利用公開格式分享、允許授權或免費存取等組織形式或存取方式。以此，開放資料（Open Data）相較於封閉或私有資料（Closed Data），具有以下較高的開放程度：

1. **存取程度**：開放資料容易地讓各種身分的民眾、各個企業存取。

2. **讀取能力**：開放資料透過一定的數據格式、應用程式介面（API）等，方便電腦進行資料讀取。

3. **取得成本**：開放資料取得數據成本較低、甚至是免費。

4. **數據權限**：開放資料可以無限制地重複使用數據或散佈數據。

☆表 3-1　不同程度數據開放

數據開放程度	高	低
存取程度	每個人可以存取	限制存取部分或是特定組織才能存取
讀取能力	容易讓電腦讀取與處理的格式	不容易進行讀取與處理的數據格式
取得成本	沒有成本	透過特定成本
數據權限	無限制重複使用與重新散佈	限制重複使用與重新散佈

（資料來源：麥肯錫）

然而，數據是有價值的。因此，開放資料是一種程度上的差別，以滿足許多企業利用各種商業進行數據的蒐集、處理、分析與販售，進行利潤賺取、提升競爭優勢。不過，數據流動性愈高、異質資料整合愈多則愈能創造大數據的價值。所以，政府積極地開放各項政府數據以協助企業進行大數據創新；許多企業也積極地進行數據交換的商業合作以創造數據商業價值。

如圖 3-4 所示，我們可以簡單地區分大數據、開放資料以及政府開放資料、私有封閉資料間的關係。當然，所謂的開放或封閉私有僅僅是程度上的差別，端視資料提供與資料使用者間的使用、散佈協議。

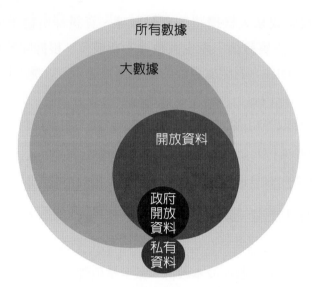

☆圖 3-4　開放資料與大數據關係

(二) 政府開放資料

　　自從 2009 年，「WWW 之父」的柏納‧李公開呼籲政府開放資料以及美國歐巴馬總統簽署開放政府資料法案以來，開放政府資料（Open Government Data, OGD）成爲各國政府的開放政府、經濟刺激與創新發展的施政作爲。除了創新、刺激經濟外，政府開放資料還代表著政府透明化治理、交還民眾資料使用權等社會、政治上的意義。2010 年，歐巴馬總統在聯合國大會的宣言成爲政府開放資料最好的註解：「開放的經濟、開放的社會和開放的政府，是人類社會之所以能夠進步最深厚、最強大的基礎。」

　　政府開放的資料包括人口統計資料、天氣資料、政府採購資訊、地理資訊、進出口貿易等，可讓民眾或私人產業免費進行加值與分析，進一步獲得龐大利益。例如：Climate 公司利用政府公開的天氣資料及稻作收成資料，做爲研究與稻作保險資料販售而獲得商業利益。美國歐巴馬政府即將國情、環境、經濟狀況等聯邦政府機關所擁有的各種資料，開放至美國政府開放資料網站上（http://www.data.gov），提供民眾參考。

　　Data.gov 以目錄型式羅列各種資料集（DataSets），使用者可以根據地點、主題、資料集形式、標籤、資料格式、發布組織及關鍵字搜尋等方式篩選與搜尋資料集。資料集的格式則有 HTML、CSV、JSON、XML、API 等資料格式。所謂資料集指的是一組特定期間、主題的資料組。

　　美國開放資料網站亦非常注意創新應用的發展，提供 API 以及創新應用程式的介紹與市集，亦提供開發者交流園地。例如：AIRNow 手機應用程式利用美國環境保護部的

空氣品質系統，讓使用者根據不同地點瞭解目前空氣品質以及未來預測。FlyONTime.us
蒐集交通部統計資料、機場狀況、飛航資料、天氣資料以及使用者的回報，提供航班等
待時間以及旅遊狀況資訊。

☆圖 3-5　美國政府開放資料網站（http：//www.data.gov）

　　我國政府則於 2013 年 5 月，由研考會整合各級機關資料，陸續將資料發佈在政府
開放資料平台上（http：//data.gov.tw），主題以政府統計資料最多，例如：二氧化碳排
放量、房屋管理統計、公共財產統計等等，其次則為政府支出資料。其他則包含農產品
產銷資料、停車場及剩餘數量資訊、道路交通流量即時資料等等。開放資料的格式亦有
CSV、JSON、XML 以及 API 連結等格式。

　　我國開放資料平台亦設置資料故事館 / 活化應用區，介紹利用政府資料發展的各項
創新應用。例如：「藥要看」提供藥品註冊登記檢索以及藥物資訊交流。「口袋診所」
應用臺北市政府衛生局開放衛教資訊、健保局特約醫事機構資料、健康署機構與健康促
進醫院之資料，提供 3,700 餘間醫療院所即時的看診號碼、門診表、直播電話等服務。
「生活行」提供台鐵、公車、發票、樂透、電影、國道、天氣等各項吃喝玩樂查詢服務。

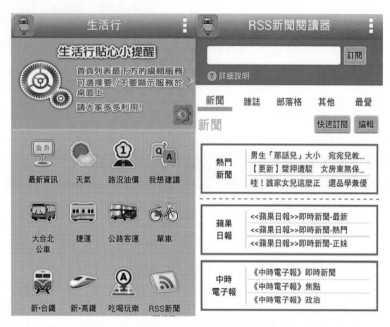

☆圖 3-6　臺灣政府開放資料創新應用 - 生活行（資料來源：http：//data.gov.tw）

(三) 政府開放資料創新案例

　　根據經濟合作暨發展組織 OECD 統計，全球已經有超過 30 幾個國家發展政府開放資料（OGD），提供民眾進行資料的重複使用、散佈。OECD 亦將國家發展政府開放資料的成熟程度視爲該政府的數位治理能力的指標之一。藉由各國開放政府資料，也衍生許多成功的創新案例。以下介紹數個各國開放政府創新案例：

1. **美國紐約商業地圖集**：紐約市爲了讓商業資料更健全，以協助資源較少的中小企業使用。紐約市政府進行紐約市的全面商業普查，並結合地理、土地使用之資訊以及消費者事務部、財務部、城市規劃部等資料，以完整化紐約市區的商業情況。此外，店面所在位置的「人潮流量」也是商業規劃的重要因素。紐約市政府與新創公司合作，於各大路口裝設攝影機或感測器，並透過演算法分析各路口的人流、車流以協助蒐集商業地圖數據集，並作爲潛在商機之判斷。該地圖集也結合商業資料視覺化與互動功能至地圖中，更可以輔助中小企業進行數據驅動的商業決策。例如：地圖集可篩選如人口數、年齡層或所得中位數等資料，以便業者進行顧客市場區隔劃分及協助商業模式分析等。

2. **英國倫敦交通應用**：倫敦交通局自 2010 年開始釋放交通相關之開放資料集，所釋出的資料爲倫敦當地居民最常使用之數據集之一。Citymapper 應用程式即是整合倫敦交通局所釋出之交通開放資料的熱門應用程式，彙總了腳踏車、公車、火車、地鐵、步行等，而整合資訊包含交通時間、路線、班次、行經站點、價格等，此外也會顯示用戶所在位置。Citymapper 完整的交通資訊整，可以讓倫敦市民或旅者進行最佳交通工具搜尋、路線規劃、轉乘建議、線上購票等，節省寶貴時間。Citymapper 也擴展至結合 40 多個國際大城市之交通資訊，包含首爾、東京、雪梨、紐約、維也納等，方便旅遊者進行查詢。現在，Citymapper 也融合臺灣的交通資訊！

☆圖 3-7　倫敦市政府開放資料創新應用 -CityMapper（資料來源：Citymapper APP Store）

3. **日本農業資訊共享平台**：日本農業資訊共享平台 WAGRI 為日本內閣政府委託東京慶應義塾大學協助建立的智慧農業應用項目，期望透過該平台整合政府、私部門提供之農業開放資料，以強化農民利用數據進行各項決策，讓農作物生產更具智慧化並提升品質。該平台整合公 / 私部門所產生之農業資料如氣象、土壤、地理 / 地圖、農田、水利、土地、空拍圖等資料，以及農產品之商業情報如作物資訊、市場行情等。農民登入後即可透過手機 / 平板電腦進行 WAGRI 資料庫之查詢、運算等功能，並可以進行數據分析，如透過數據研究出低產量 / 品質之原因，調整肥料用量進而提升作物品質。農民也可自由運用其他新創廠商發展的應用程式介面 API 如：生長預測、地圖等，進而提升農作物生長效率。隨著數據愈來愈多、應用愈來愈廣，WAGRI 亦轉為機構營運方式，並向數據利用者、數據提供者收取月費。因應疫情，WAGRI 平台亦擴展至食物鏈，包含食物加工、流通、銷售、出口相關數據進行運用，作為日本生鮮物流數據的基礎。

協調	分享	提供
消除供應商和製造商壁壘是重要的一步。該平台將使各種農業訊息通訊技術、農業機械和傳感器之間的數據鏈接成為可能。	我們將建立數據共享規則，這樣您就可以提供服務來比較有助於提高生產力的數據集合。	將獲取各種公共數據（如土壤訊息、天氣、市場狀況）和來自私營公司的各種商業數據，為WAGRI農民提供有用的訊息。這將包括收費的商業數據。

☆圖 3-8　日本政府開放資料創新應用 -WAGRI 農業資訊分享平台（資料來源：WAGRI 官網）

（四）其他開放資料廠商

新創廠商可以利用政府開放資料外，或透過購買、自行蒐集等其他資料來源，將數據轉化為有價值的資料，販售給需要的消費者或企業。以下列出幾個著名的數據加值商：

1. **AWS Public Data**：提供地理、人口、郵件、生物、化學等各種資料集。

2. **FlyOnTime**：蒐集美國政府公開資料協助民眾查詢最近最可能準時班機、航班延誤時間預測等，減少民眾等候延誤飛機時間。

3. **Figshare**：提供各種學術研究資料的分享。

4. **Samizdata**：提供 OECD、世界銀行、IMF、OPEC 等時間序列資料。

5. **Factual**：結合全球住址、地理資訊，提供行動行銷、地點促銷等資料與服務。

6. **Trafikverket**：提供瑞士境內火車即時資料，讓其他應用程式開發者可以利用開發各種應用。

7. **BankLocal**：結合金融監管機構及地區銀行資訊，提供消費者選擇銀行投資金錢的決策。

8. **HDScores**：結合地圖、政府抽檢紀錄、餐廳地點資訊等，提供消費者瞭解各餐廳的衛生狀況、食品健康等資訊。

☆圖 3-9 FlyOnTime 航班查詢服務

（資料來源：FlyOnTime 官網）

3-3 大數據生態系與商業模式創新

(一) 大數據生態系

　　政府開放資料、物聯網技術、開放資料商以及社群媒體等各項異質數據的整合，以及供應鏈上下游、跨領域的數據交換與應用，使得大數據產生更多價值、發展更多創新商業模式。以健康醫療產業的例子來看，相關數據可能來自於個人智慧手錶的運動生理資訊紀錄、健身鏡的運動紀錄、教練指導紀錄、各醫療院所關於個人的看診紀錄、檢驗紀錄、用藥紀錄及保險公司的個人保險紀錄、政府相關醫療或國人壽命風險資料等。由此可以看出大數據產生價值，牽涉到多個數據供應商、數據加值商、數據使用者間的數據交換、交易與應用關係，亦即形成一種「數據生態系」（Data Ecosystem）。

　　「商業生態系統」（Business Ecosystem）一詞是由學者 James Moore(1993) 借用生物學的「生態系統」用詞到商業管理領域。相較於傳統供應鏈的上下游緊密產品服務價值附加（value added）關係，商業生態系統是一種更為鬆散、更多樣組織、消費者間價值共創（value co-creation）的關係。數據生態系是一種以數據價值共創為主的商業生態系統。

　　數據生態系的概念、發展策略仍在持續發展中。不過，目前學者對於數據生態系間的企業合作關係，認為已經從單純、線性的數據價值鏈（Data Value Chain）、供應鏈（Data Supply Chain）關係，轉向為「數據價值網路」（Data Value Network）形式的探討。

　　如圖 3-10 所示，數據價值網路是以數據產品服務為中心，透過多方參與、非循序性、各自獨立的數據價值鏈加值活動，共同創造既有數據或服務的產品價值。亦即，每個數據加值活動都是依據第二章的數據化與數據蒐集、數據資料池、資料處理與分析、知識庫以及資料驅動決策的價值循環過程，以提升數據附加價值。進一步，透過生態系企業間各項數據交換、交易或其他商業模式，創造數據新價值。以下是幾個數據加值活動：

1. **數據發現（Data Discovery）**：透過產生、購買、蒐集、選擇等各項活動發現數據。

2. **數據策展（Data Curation）**：透過數據的組織、整合、合併、鏈結、品質篩選、清理等提升數據價值。

3. **數據解釋（Data Interpretation）**：透過數據的序列化、分析、資訊或知識萃取以提升數據價值。

4. **數據散佈（Data Distribution）**：透過數據的儲存、發布、廣告、分享等方式，以提高數據價值。

5. **數據利用（Data Exploitation）**：透過問答、決策支援、視覺化或是應用服務的利用模式，以提高數據價值。

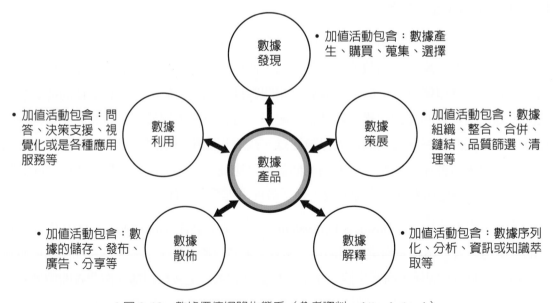

☆圖 3-10　數據價值網路生態系（參考資料：Attard etc al.）

　　對於想要發展數據市場創新的企業或新創公司而言，要思考數據產品服務或運營活動中，對於數據產品服務的數據加值活動的貢獻爲何？或者公司在這些數據加值活動中的競爭優勢爲何？ 如何創造？ 以進行數據生態系中的合作與競爭。

（二）商業模式創新案例

　　商業模式（Business Model）指的是「企業運作的邏輯，以及如何將價值給予相關人物」。一個良好的商業模式創新將有賴於企業如何組合各項商業活動，協同生態系夥伴，提供顧客獨特的價值。從大數據商業模式創新來看，企業在數據發現、策展、解釋、散佈、利用等數據加值活動中的幾項具有獨特優勢或是良好的生態系配合，往往能取得初步優勢；進一步，透過數據產品服務，再製成本低、產能限制少的邊際報酬率遞增及網路效應、雙邊市場等經濟原則（請見第二章），持續擴大其領先地位。以下列舉幾個大數據商業模式創新案例：

1. **Stitch Fix 創新商業模式取得顧客數據**： Stitch Fix 是美國女性購物網站，定位在協助女性上班族挑選個人化服飾，以穿出個人品味、並減少上班族買服飾的選擇困擾。Stitch Fix 透過個人身分／喜好資料填寫、分析場所／事件與喜好猜測的數據蒐集，並透過每月 20 美元預付款、寄送 5 件衣物、不喜歡即退回衣物並填寫回饋資訊等商業模式，不斷蒐集顧客喜好資訊、修正推薦模型，並配合專屬設計師，以精準地給予消費者個性化服飾商品。Stitch Fix 在「數據發現」蒐集顧客訊息以及推薦模型並配合設計師眼光的「數據解釋」均有獨特的競爭優勢。

☆圖 3-11　Stitch Fix 個性化服飾商店

2. **IRIX 匯集汽車行走資訊以理解整體城市交通：** INRIX 的價值定位是協助城市整體交通的理解與分析。INRIX 透過與車商、運輸公司合作，將具有地理、煞車、速度、影像等感測器的數位盒放置在交通工具上蒐集資料。INRIX 利用數以百萬的車輛傳回的資料分析各個道路的壅塞、交通事件、人口聚集狀況，協助城市政府預測壅塞狀況、建議最佳路徑、最佳交通號誌控制等。進一步，INRIX 還蒐集停車場資訊、智慧手機 GPS 人流資訊等，完善化城市交通的各項數據蒐集。INRIX 在「數據發現」上，與生態系夥伴合作將數位盒放在汽車上蒐集汽車行走資訊，具備其獨特性，並能藉由網路效應累積大量數據。此外，INRIX 在「數據策展」上，能夠透過組織、整合、合併等方式結合各個汽車數位盒資訊、城市交通號誌數據乃至於停車場、人流資訊等，創造其獨一無二的優勢。

3. **Vivino 號召網友累積品酒數據：** Vivino 葡萄酒販售平台，旨在販售消費者個人喜好的葡萄酒。用戶透過 Vivino APP 拍下酒瓶上的標籤上傳，就能知道酒的來歷、評價、價格、口感風味等資訊，甚至還可以計算酒和用戶喜好的契合度有多少？附近哪裡買得到？用戶也可以直接透過 Vivino 的平台訂貨送到家。APP 發展之初，Vivino 發起活動，徵求用戶上傳葡萄酒瓶身上酒標，上傳量最多的用戶可以獲得價值上百元的免費開瓶器。該活動結束後，Vivino 收到第一批 5 萬張的酒標與評價。此外，為了鼓勵用戶多評論，提高速配的精準度，Vivino 限制用戶必須留下評論後才能看到每支酒和自己的「速配指數」。Vivino 累積全球近 5 千萬用戶、每天有 2 萬次下載、銷售額達到 2.5 億美元以上。Vivino 在「數據策展」上，透過酒標上傳、要求留下評論、酒的速配度等活動，以吸引用戶不斷地留下數據，成為其獨特競爭優勢。

☆圖 3-12　Vivino 品酒 APP（資料來源：Vivino App Store）

4. **Sensape 遊戲化顧客互動留下數據：** Sensape 是趣味遊戲機台新創廠商，提供一系列顧客互動方案，以協助零售店留下顧客數據。例如：Sensape Photobox 提供顧客拍照、虛擬實境等影像處理，讓顧客逛街之餘有趣味的互動體驗；Sensape Imagune Try-On 則提供顧客試穿，以搭配衣服、鞋子或戒指、手錶等；Sensape Recognition Box 則可以辨識人的年齡、性別等屬性，進一步驅動說故事機器或播放相關影片。Sensape 專注在「數據策展」上，協助零售店蒐集、累積與組織各項顧客互動數據。

☆圖 3-13　Sensape 遊戲化機台（資料來源：Sensape）

5. **Zest Finance 創造數據的信用評分：** Zest Finance 信用評分公司將個人網路行為的數據轉換為信用評等，以分析缺乏借貸經驗年輕人、地區的金融信用評等，提供借方風險分析。相較於傳統金融單位利用數十項屬性，Zest Finance 蒐集消費者網路上的各項瀏覽、搜尋、購物的行為，創造數十萬項行為屬性，進行個人借貸的風險分析。例如：Zest Finance 與中國大陸京東商城、百度合作，利用中國大陸網民搜尋行為資訊，判定其還款能力，補足僅有 20% 信用卡民眾的少數信用資料的狀況。Zest Finance「數據策展」上具有其組織各項數據的獨特優勢、「數據解釋」上則有獨特的大數據分析方法以轉換為信用評等。

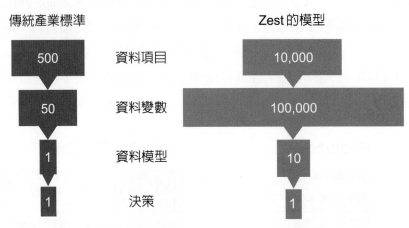

☆圖 3-14　Zest Finance 獨特信用評等方式（資料來源：Zest Finance）

　　綜合來看，大數據商業模式創新來自於獨特性的數據加值活動並與生態系夥伴合作，不一定完全仰賴高深的數據分析演算法或模型。數據加值活動中，如何組織、整合、篩選的「數據策展」活動成為集合各種活動的中心。從案例中，可以看到「數據策展」活動至少有幾種策略可以施行：

1. **嵌入服務**：在服務中嵌入數據蒐集、整理或清理等作業，以取得多樣化、具品質的數據。例如：Stitch Fix 的個人喜好問卷與退回回饋；IRIX 透過感測數位盒在汽車行駛時自動蒐集。

2. **群眾智慧**：透過大量的小數據匯聚成大量的異質數據。例如：IRIX 透過各個汽車數據蒐集匯整成城市交通數據；Vivino 品酒 APP 透過活動蒐集大量酒標、品酒評價數據。

3. **創造互動**：利用各種活動鼓勵消費者互動以留下訊息。例如：Vivino 品酒 APP 利用「速配指數」鼓勵留下品酒評論；Sensape 利用遊戲互動讓消費者留下數據。

4. **建立標準**：異質數據的格式不同，如何蒐集與整合是一項困難。「數據策展」活動可以將機制設計在服務或互動上，以減少後續的數據不一致或數據清理問題。例如：在顧客留下品酒評論時，Vivino 設計星級或描述規範，以一致化每條評論；Stitch Fix 設計問卷格式一致化消費者喜好服飾描述。

5. **發展平台**：許多成功的大數據創新服務商，建立雲端平台以提供源源不斷的數據蒐集、交換等。例如：日本農業資訊共享平台成為農業資訊交換平台，並向供給方與需求方收費；運輸服務商 DHL 除了即時蒐集全球委託的貨物運送資訊外，並結合各地天氣、道路狀況、政經情勢、航班狀況等資訊，成為顧客貨物運送的風險分析平台。

(三)營收模式

利用大數據發展數據產品服務可以創造新的營業收入來源。數據產品服務可以直接地進行數據商品交易、包裝在服務中提供或者利用廣告等各種方式取得營收，以下整理幾種常見收費模式：

- **會員訂閱費用**：會員訂閱數據付費。例如：Stitch Fix 向會員收取每月的預付款；日本農業資訊共享平台向需求端與供給端收取訂閱費用。
- **依使用量付費**：依照數據使用量、即時性需求等進行計價。例如：Citymapper 販售 API 服務給企業、運輸業者給予開發交通數據服務，依照 API 調用的數據量多寡計價；IRIX 信號分析服務依照需要多少路口的數據分析量進行計價。
- **交易收費**：當需要蒐集新資料或數據服務交易時，再依新交易收費或抽成。例如：Vivino APP 依據葡萄酒每次交易費用進行抽成。
- **廣告收費**：平台放置各項數據服務吸引眾多需求商，然後向廣告商、業主收取廣告費。例如：Citymapper 免費 APP 提供各城市交通數據，並向廣告商收取費用。
- **專案服務**：協助企業蒐集數據或建立數據分析專案而收費。例如：IRIX 城市交通數據商可以販售一次性城市數據資料或者收取協助城市政府蒐集與數據分析的專案服務費用。

3-4　小結

從本章可以理解大數據價值創造來源與商業模式創新方法，包含數據化、物聯網、開放資料等，並理解大數據生態系、商業模式創新、收費模式等。

大數據價值主要來自於異質數據的整合與創造，透過數據化能夠去物質化以脫離既有的實體、流動性讓數據容易結合、稠密性可組合各種資源，最終創造數據新價值。利用物聯網「去物質化」、開放資料增加「流動性」是近年大數據急速發展的關鍵。

大數據的價值創造仰賴上下游供應鏈、跨領域廠商合作發展「數據生態系」，以進行數據發現、策展、解釋、散佈、利用等數據加值活動。大數據商業模式創新即是在這些數據加值活動上具有獨特優勢或是良好的生態系配合，並善用數據的經濟原則，以維持競爭優勢。

習題

1. 請說明數據化的意義與效益。
2. 請說明物聯網如何協助數據化,並舉案例說明。
3. 請說明政府開放資料的意義與效益,並查找利用政府開放資料的國內新創案例。
4. 請說明數據加值活動有哪些?並舉案例說明。
5. 請說明數據策展的可能策略作法,並舉案例進行說明。
6. 請說明大數據的收費模式可能有哪幾種?

Chapter **4**

企業大數據管理

企業如何管理大數據？大數據資料管理技術又有哪些？

本章從大數據實施角度介紹企業數位資料管理的演進、大數據資料管理方式、資料治理概念以及資料處理技術、分析工具、應用情境、技術架構及規劃策略等，並提供數個企業實施案例、企業採用趨勢與挑戰等。透過本章，讀者可以了解企業實施大數據資料管理的步驟、架構、技術、方法等概念與趨勢。

本章大綱

4-1 企業數位資料管理演進

從第一章的說明中，我們可以了解自 1980 年電腦化發展以來，企業開始處理愈來愈多的數位資料，例如：財務資料、薪資資料乃至於物料、採購單、訂單資料等。自 2000 年後，隨著網際網路的蓬勃發展，使得外部資料得以數位化管理，企業開始管理顧客服務反映的客訴資料、競爭產品資訊、市場資訊等數位化資料。以此，企業開始引進各種資訊系統，諸如：Excel、Word 等辦公室軟體到財會軟體、進銷存軟體、物料規劃系統（Material Resources Planning, MRP）、企業資源管理軟體（Enterprise Resources Planning, ERP）等應用軟體與資料管理系統，以進行資料的紀錄、計算、分析以及流程控管。

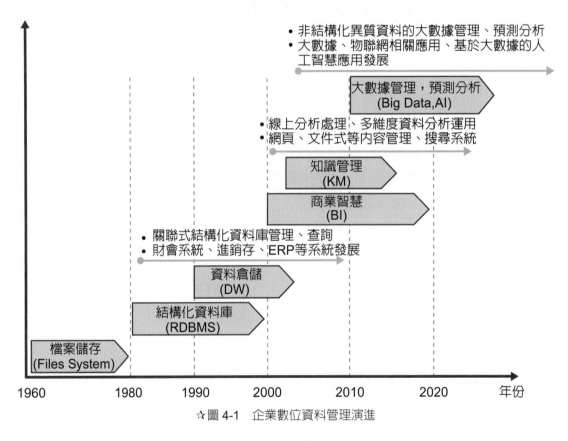

☆圖 4-1　企業數位資料管理演進

如圖 4-1 所示，企業數位資料管理可以簡單區分幾個階段，以下詳細說明。

(一) 結構化資料管理

1960 年代，電腦科學家與工程師開始發展數位化資料檔案儲存系統，以協助企業數位化紀錄與儲存企業各種資料。此時，Excel 等試算表工具，利用檔案儲存方式協助計算，就是最佳的選擇。然而，檔案儲存方式難以計算與查詢愈來愈多的企業數位化資料，散佈在每個人電腦上的 Excel 檔案紀錄、計算方式是否正確等，都會增添資料管理上的困擾。

1980 年代，電腦科學家發展了關聯式資料庫管理系統（Relational Database Management System, RDBMS），協助企業管理眾多資料。關聯式資料庫的概念是將資料以「結構化」的表格、欄位形式進行儲存，並建立表格間的關係，以協助程式或軟體工具容易地取出與儲存資料。例如：訂單資料以表格的方式記錄，其欄位包括訂單編號、訂單日期、顧客、產品名稱、單價、數量、銷售區域等。訂單表格與顧客表格（可能包含：顧客姓名、性別、年齡、住址等欄位）、產品表格、銷售區域表格等進行「關聯」，程式可以進一步利用表格關聯的方式，統計各個銷售區域的銷售金額、各個顧客購買的產品類型等。關聯式資料庫管理系統提供企業有系統地、集中化地管理數位資料。

關聯式資料庫管理系統發展簡化了企業資料管理方式，也進一步助長了基於關聯式資料庫管理系統而發展的企業資訊系統，協助企業更精進地管理資料，進而進行企業電子化發展，如：財務會計系統、進銷存軟體、企業資源管理軟體（ERP）等。

(二) 商業智慧管理

隨著關聯式資料庫、企業軟體的技術發展及企業規模愈大與競爭激烈，企業更重視資訊分析的價值。例如：企業經理人想要比較與分析這一季以來，不同銷售區域的各項產品銷售狀況。儘管企業利用許多報表產生工具以每季、每周的頻率產生報表，但不能滿足企業經理人希望快速地、隨時地根據決策需求來展現分析結果或統計資料。

1990 年代，電腦科學家與業界發展了資料倉儲（Data Warehouse）或資料超市（Data Mart）的資料關聯設計方式，協助企業將常需要分析的資料轉至資料倉儲或資料超市的關聯式資料庫進行儲存，並以分析需求為主設計資料關聯方式（註：資料倉儲設計師依據行業特性、企業需求設計與建立資料倉儲中的資料表格關聯方式）。資料倉儲設計方式讓企業經理人可以將資料儲存在以分析為主的資料庫（而非原本財會系統、ERP 等以新增、更新等交易為主的設計方式），並隨時地進行查詢與分析。

2000 年代，業界發展了商業智慧（Business Intelligence, BI）管理工具，經理人可以互動地、動態地根據所需決策與分析維度，來分析各種儲存在資料倉儲中的資料。例如：經理人可以根據時間軸看到每一季的總體產品銷售量；進一步，可以操作商業智慧畫面，細看第一季的每項產品銷售量。經理人還可加入銷售地區維度，細看第一季每項產品在不同銷售區域的狀況。商業智慧管理工具與資料倉儲技術的發展，讓企業經理人能快速地、動態地進行分析與決策，而不僅僅是靜態的固定展現、分析形式的報表。

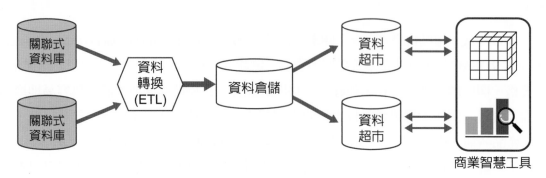

☆圖 4-2　資料倉儲與商業智慧工具

(三) Web 及內容管理

　　除了前述的結構化的交易紀錄外，企業內還有文件式的資料需要進行管理與處理，包括：產品研發文件、產品說明文件、內部會議記錄、顧客拜訪紀錄、客戶簽約文件等較為「非結構化」的電子文件。1990 年代開始，許多企業亦已經在設想管理這些分散的電子文件，例如：利用檔案伺服器的目錄結構管理，進一步導入企業內容管理（Enterprise Content Management, ECM）或管理文件的新增與編輯、文件審核流程、文件版本控制、文件的摘要搜尋或全文搜尋等。

　　2000 年代，隨著網際網路的發展，企業開始在網路上發展公司網站、行銷網站、電子商務網站等，產生更多的網頁資料、影音資料、影像資料等，更重視內容管理工具協助管理，稱為知識管理（Knowledge Management, KM）工具。隨著異質非結構化資料的增多，企業亦開始思考如何分析這些非結構化的資料。

(四) 大數據管理

　　2010 年前後，隨著智慧手機大量普及、雲端服務快速成長以及 Google、Amazon、Facebook 等網路服務公司自行開發各種分析工具，以分析網頁資料、影音資料、影像資料等非結構化資料，產生廣大的商業價值，使得「巨量資料」或「大數據」（Big Data）成為家喻戶曉的名詞。基於大數據的分析亦產生大數據應用、基於大數據發展的語音助理、人臉辨識等人工智慧應用。

☆表 4-1　企業資料管理階段與應用

階段	年代	應用方向	資料管理技術發展
結構化資料管理	1980	如何進行交易資料結構化儲存與處理？	關聯式資料庫、關聯式 SQL 查詢介面等；企業電子化軟體（財會系統、進銷存系統、ERP 等）
商業智慧管理	1990-2000	如何進行交易資料的互動式、多維度查詢與分析？	資料倉儲、線上資料分析（OLAP）、關聯式資料庫、關聯式 SQL 查詢介面等；商業智慧（BI）管理軟體
Web 及內容管理	2000-2010	如何進行網頁資料、電子文件的搜尋？	企業內容管理、文件管理索引技術等；知識管理（KM）工具
大數據管理	2010-	如何進行大量、異質性資料管理與數據分析？	非結構化資料處理、in-memory 記憶體計算、NOSQL 資料庫等；數據挖掘、預測分析、基於大數據的人工智慧（AI）應用

4-2　大數據資料處理發展

(一) 處理技術發展

大數據處理指的是如何將大量、多樣、複雜的資料，進行擷取、轉換的技術。根據資料的多樣性、結構化或非結構化性質以及處理速度等 3V 維度，我們可以歸納出不同的處理技術，如圖 4-3 所示，摘要新興大數據處理技術方向：

1. **批次 X 大量結構化資料**：傳統的報表工具或批次處理作業（如：金融交易、影像檔案轉換作業），利用關聯式資料庫處理大量資料將遇到處理瓶頸。新興資料處理技術，如：平行關聯資料庫（Parallel DBMS）或大規模平行處理（Massively Parallel Processing, MPP）、欄位導向資料庫（Column-oriented database），協助加快大量數據處理。

2. **互動 X 大量結構化資料**：傳統互動式查詢主要利用資料倉儲、商業智慧工具、線上分析查詢（Online Analytical Processing, OLAP）工具等進行關聯式資料庫查詢。當遇到極大量數據時，新興 in-memory 記憶體關聯式資料處理引擎或資料庫，充分利用電腦的記憶體以加快存取速度。

3. **非結構化資料處理**：非結構化資料處理是新興大數據處理的重要技術，如：分散式檔案資料處理、圖形資料庫處理、文件資料庫處理等技術協助處理不同型態的資料。

4. **即時 X 大量非結構化資料**：企業必須在許多非結構化資料上快速分析、傳遞訊息以掌握時效性，如：交通控制、鍋爐設備、醫療診斷等物聯網系統或者網路串流影片的不延遲播放、電商即時推薦系統等。此時，利用複雜事件處理引擎（Complex Events Processing, CEP）、江河／串流運算（stream）分析技術、時序資料庫（Timeserise Database）等協助處理即時且複雜的資料型態。

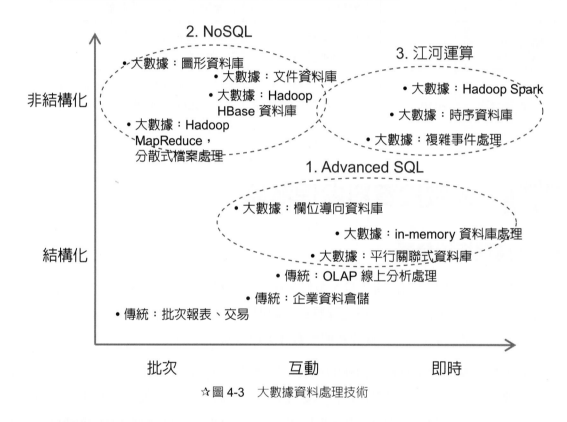

☆圖 4-3　大數據資料處理技術

（二）處理技術類型

綜合來看，大數據處理技術有以下三個技術群組及相關技術：

1. **Advanced SQL 群組**：處理大量的結構化資料，主要利用平行關聯式資料庫或 in-memory 記憶體處理引擎／資料庫以加快處理結構化的關聯式資料。著名商用平行關聯資料庫如：Teradata、Greenplum、Microsoft SQL Server Parallel。著名 in-memory 記憶體資料處理引擎或資料庫如：SAP HANA、Oracle TimesTen，以及開源軟體 Redis、memcached 等。

2. **NoSQL 群組**：處理非結構化資料，主要利用分散式檔案系統、非結構化處理引擎、非結構化資料庫儲存等技術。其中，Hadoop 是最受矚目的開源碼處理軟體，利用叢集電腦分散式檔案系統進行資料合併、對映等處理工作。Hadoop 特別適用於處理大量網頁的文字型檔案處理。此外，開源軟體 MongoDB 文件式資料庫則用來儲存與查詢文件式、非結構化的資料。

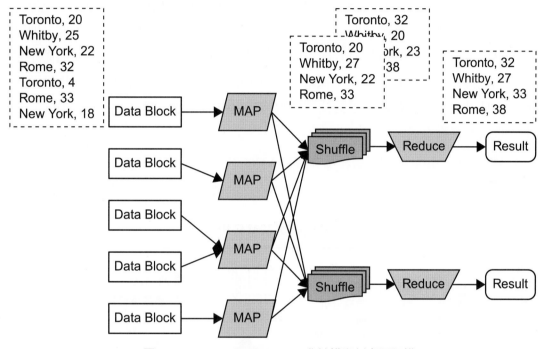

☆圖 4-4　Hadoop MapReduce 非結構資料處理架構

3. **串流 / 江河運算群組**：處理即時、複雜的事件資料，主要利用複雜事件處理、in-memory 記憶體資料處理、時序資料庫、江河運算（stream）技術。Hadoop 開源碼也含括了 Spark 系列架構以處理即時性的非結構化資料。商用軟體包含了 Oracle CEP 事件處理引擎、Microsoft Event Hub/Stream Analytics 等事件處理技術。

4-3　大數據資料分析發展

（一）分析方法發展

企業經過擷取、轉換資料後，進一步可將資料進行分析，以獲得更大的價值。企業將從過去的敘述統計、變異性或檢定統計方法外，更重視所謂數據挖掘（Data Mining）

或預測分析（Predictive Analytics）方法協助進行診斷性、預測性、最佳化分析。這主要原因為大量資料及複雜異質資料因果關係或統計模式不容易尋找，利用數據挖掘技術可從中發現可能的規律或趨勢。

　　大數據的分析方式改變傳統分析方式。如圖 4-5 所示，傳統商業智慧分析（BI）系統仰賴事先設計好分析維度的資料倉儲、資料超市的關聯式資料結構。通常由事業單位決定商業問題，進一步由 IT 人員設計特定資料結構與報表、查詢與分析方式。企業經理人或事業單位使用時，僅能依照設計好的查詢方式、多種維度（如：時間維度、地區維度等）進行分析。大數據分析方式則不同，由事業單位與數據分析師，不斷地從充滿異質數據的數據湖（Data Lake）中，探索、發現規則並進一步根據問題建立分析模型並進行預測。此外，大數據時代要求監控各項數據變化並即時地預警反應，亦是不同於傳統定期、批次的查詢方式。

　　當然，這不意味著傳統商業智慧分析將會被取代；相反的，企業將同時管理這些結構化、非結構化及商業智慧、大數據分析等工具，企業的數位資料管理、資料分析將更為複雜。

傳統商業智慧分析

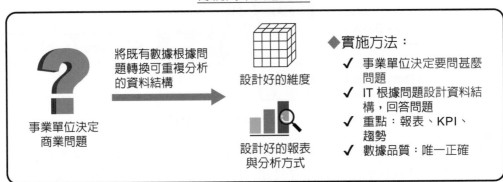

新興大數據分析

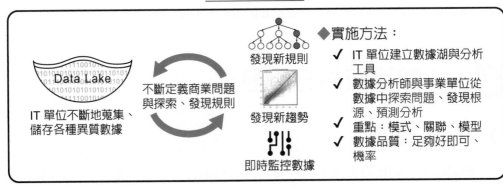

☆圖 4-5　資料分析架構的轉變

（二）分析工具類型

大數據資料分析工具可以提供企業進行分析與決策協助，主要工具類型包括：

1. **視覺化展現**工具：將資料以各種適合的圖形展示方式呈現，協助人們進行理解與決策。由於大數據處理各種結構化、非結構化的資料，使得視覺化圖形將較以往更為多樣。視覺化展現工具也與傳統商業智慧分析（BI）工具結合，如：微軟 Microsoft Power BI 工具。其他視覺化工具包括：開源軟體 Spark Zeppelin、Hue、商用軟體 Tableau 等。有些視覺化展現工具甚至提供基本預測分析演算法，協助經理人快速進行分析與預測。新興視覺化展現工具不僅展示較傳統商業智慧分析更多的圖形展示方式，亦能夠即時接受數據變化，動態地更新數據，以顯現趨勢變化。

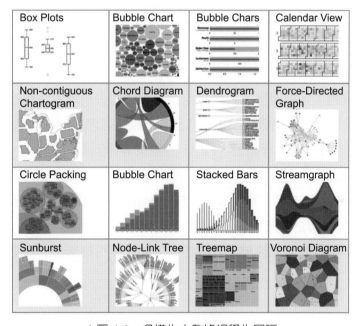

☆圖 4-6　多樣化大數據視覺化展現

2. **數據挖掘**工具：數據挖掘／預測分析工具主要運用資料結合各種分析演算法，進行資料發現，以協助企業進行診斷性、預測性、最佳化分析等預測分析任務。著名的數據挖掘工具如微軟 Azure、Amazon AWS、SAS，以及開源的 R Language、Python、Weka、RapidMiner、KNIME 等。這些數據挖掘工具內含數種預測分析演算法函式庫，可運用簡單語法或圖形化方式建立預測分析模型並進行預測。如圖 4-7 為 KNIME 工具，運用圖形化拖曳工具，協助商業分析師、數據科學家建立預測分析模型。

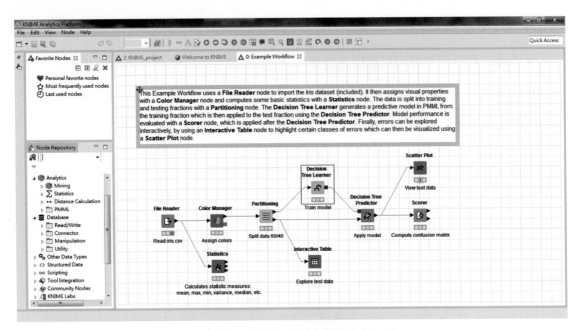

☆圖 4-7　KNIME 圖形化數據挖掘工具

3. **大數據應用軟體**：大數據應用軟體設定特定領域的分析演算法與視覺化展現方式，待數據更新後即可以協助分析、決策乃至於自動化處理。例如： SAP Demand Signal Management 市場需求分析軟體、FICO 金融業客戶洞察軟體、Mtell 設備異常檢測軟體、SightMachine 工廠大數據應用軟體等。這類型應用軟體通常較為昂貴且獨門分析方法是其核心技術。如圖 4-8 為 SightMachine 工廠大數據應用軟體，可基於 Hadoop 平台，協助企業進行品質分析、良率分析、設備故障分析、工廠可視化等分析。企業僅須蒐集相關數據導入於軟體中，即可運用特殊演算法進行分析與圖形化展示。

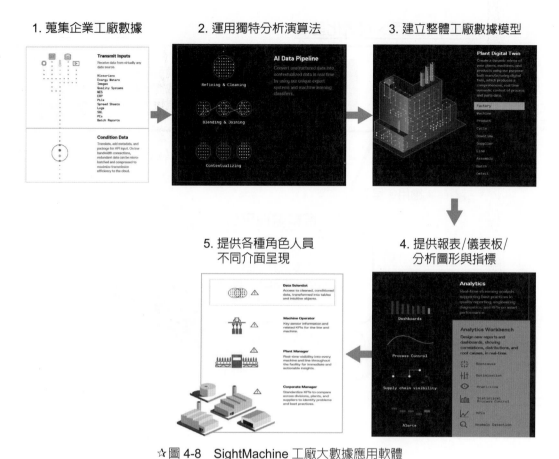

1. 蒐集企業工廠數據　2. 運用獨特分析演算法　3. 建立整體工廠數據模型

5. 提供各種角色人員　4. 提供報表/儀表板/
　　不同介面呈現　　　　分析圖形與指標

☆圖 4-8　SightMachine 工廠大數據應用軟體

4-4　大數據管理架構

(一) 管理技術架構

綜合資料處理、資料分析技術，企業實施大數據整體技術架構如圖 4-9 所示，包含以下三大部分：

1. **資料整合程式**：將各種來源資料蒐集並整合進入資料處理平台，例如：網路爬蟲程式、物聯網感測器與資料事件蒐集、資料庫數據批次傳送等不同應用或程式。

2. **資料處理**平台：將各種資料進行整合、儲存或轉換。資料處理平台可以整合不同資料處理技術 Advanced SQL、NoSQL、江河運算等，端視企業應用需求。資料處理平台需要大量計算資源，企業也可以運用雲端服務處理平台減輕負擔，如：微軟 Azure 雲端服務、Amazon AWS 雲端服務。

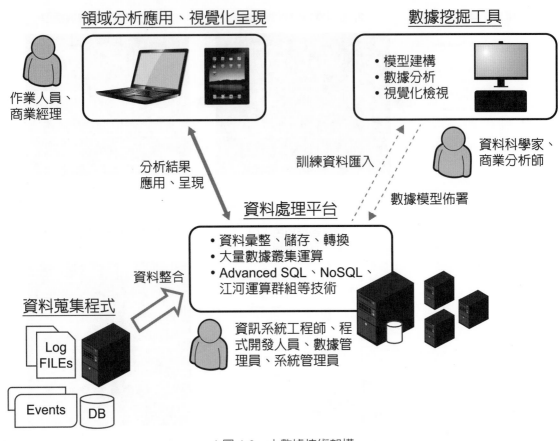

☆圖 4-9　大數據技術架構

3. **數據挖掘 / 預測分析工具**：企業可以運用數據挖掘工具協助建立預測分析模型。一旦預測分析模型發展完成，可部署至資料處理平台進行數據分析運算。

4. **領域分析應用與視覺化呈現**：透過領域分析應用與視覺化呈現工具，可以將資料處理平台處理與分析運算結果，進行圖形展現與應用，提供事業單位進行各項決策。

（二）管理途徑轉變

綜合來看，資料處理與分析技術的改變來自於大數據 3V 的影響，以下摘要總結：

1. **大量（Volume）**：過去利用傳統單一資料處理伺服器、儲存媒體的技術無法負荷現今極大量的資料處理工作。大數據處理技術利用平行處理、叢集運算等分散式電腦處理技術或者充分利用記憶體的 in-memory 技術以加快大量資料處理。中小型企業可能租用資料處理與分析雲端服務以減少購買處理大量數據的軟硬體成本。大量資料所帶來的複雜性，使得資料分析方法更重視資料發現而非既有因果邏輯分析。

2. **多樣（Variety）**：多樣資料來源的處理問題主要利用非結構化儲存、處理技術以協助不同型態的資料處理。多樣資料來源可讓企業發現過去未能掌握的新洞見，如：文字探勘分析顧客社群產品意見、社群關係分析發現意見領袖、影像分析檢測產品品質、設備聯網資料預測設備的維護時間等。

3. **快速（Velocity）**：快速地資料處理需求，主要由 in-memory 記憶體運算、儲存網路、事件處理等技術以快速處理即時、大量資料。對於資料分析影響則在於如何快速運算以取得最適合的決策，並以動態的視覺化圖形、即時警訊通知等形式提供決策者快速地判斷。

☆表 4-2　大數據資料處理與分析技術方向

3V	資料處理技術	資料分析技術
大量	• 平行處理、叢集運算 • 分散式檔案系統處理取代關聯資料庫管理系統，減少高負荷管理系統 • 記憶體 in-memory 記憶體運算，減少磁碟 IO 處理延遲	• 資料發現技術以了解大量資料間關聯與模式 • 沒有最佳解，只有最適解 • 持續地蒐集、分析及學習以獲得最適答案
多樣	• 檔案系統儲存多樣型態資料 • 非結構化資料庫儲存各種不同型態資料 • 不同型態資料處理引擎以處理不同資料結構，如：Hadoop MapReduce	• 不同型態資料分析技術，如：文字探勘、社群關係分析、影像分析 • 人工智慧分析技術（ex：深度學習）分析大量、複雜型態資料
快速	• 分散式記憶體 in-memory 記憶體運算，減少磁碟 IO 處理延遲 • 獨立儲存網路，加快資料存取速度 • 複雜事件處理或串流／江河運算技術，快速處理即時資料	• 快速運算最適合的分析結果 • 動態視覺化圖形呈現，快速發現可能趨勢，即時警訊通知

從技術管理方式來看，大數據發展也將使得企業採取不同於以往的管理途徑：

1. **資料倉儲轉向資料湖泊**：傳統上，企業利用單一或少數關聯式資料庫作為資料倉儲（Data Warehouse）、資料超市（Data Mart）的資料儲存。大數據時代將轉變為多樣關聯式資料庫、多樣非結構化資料庫、各類型檔案的儲存，並散佈在多個分散式檔案系統或分散式資料庫中；甚至，資料在雲端、物聯網設備上或即時向開放資料雲端服務 API 蒐集資料等，又被稱為「資料湖泊」（Data Lake）。

2. **結構化轉向非結構化**：過去企業利用關聯式資料庫與 SQL 語言進行資料處理。大數據時代將增加非結構化資料儲存與處理，複雜度將提高，對於 IT 部門更是挑戰。

3. **重複性線性規劃轉向探索性疊代管理**：過去企業在資料倉儲上預先建立最佳化資料模型以提供報表查詢或 OLAP（OnLine Analytic Processing）線上分析。大數據時代來臨，企業必須進一步學習如何不斷地蒐集資料並發現新商業規則。

4. **IT 導向轉向商業應用導向**：過去資料倉儲在建置階段將規則建立在資料模型中，是 IT 部門在導入資料倉儲的階段性工作。大數據時代來臨，企業必須隨時因應商業需求而進行不同資料蒐集、處理、分析與發現，將轉變為商業應用需求導向。以此，企業亦需要具備大數據分析素養的事業單位人員，利用自助式工具或視覺化呈現工具，不斷從資料中發現商業應用價值。

如圖 4-10 所示，企業的數位資料管理將面臨傳統途徑與新途徑的管理與整合。

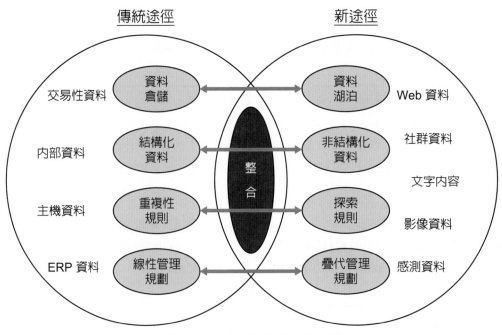

☆圖 4-10　企業資料管理途徑的轉變

(三) 資料治理框架

由於大數據的多元性、資料管理技術複雜、管理途徑的轉變，以及橫跨生態系不同企業的大數據管理與合作（請見第三章）等，使得大數據時代興起「資料治理」（Data Governance）的新概念。

　　所謂「資料治理」指的是「一系列的人員、流程、技術管理，以確保跨組織資料的有效管理、產生數據價值，並能滿足國際標準、隱私規範」。根據維基百科的內容，資料治理至少要滿足以下目標：

- 最大化數據的潛在營收創造。
- 增加數據做為決策的一致性與信賴度。
- 確保數據的品質。
- 增加數據的安全。
- 提高數據管理、處理的效率、避免重工或數據遺失、毀壞等。
- 提升數據蒐集、處理、管理、應用的人員效率。
- 減少因為數據外洩、數據管理等問題，影響商譽、違反法規（如：各國數據隱私權保護法、行業數據規範）。

　　由此可知，資料治理已經不只是資料管理技術的問題，還包括人員組織、流程程序及跨組織、生態系合作乃至於商業策略等。資料治理也不僅僅是 IT 部門管理的問題，而是整體公司治理的一環。有些大型的企業已經設立數據長（Chief data officer, CDO）或數據管理部門來統整資料治理問題。

　　如圖 4-11 所示，資料治理架構包含商業策略、組織管理、流程與標準、衡量指標、技術與方案以及溝通等政策，並要解答以下問題：

- **Why&What**：為何要運用數據？數據的商業價值為何？商業策略為何？
- **Where**：數據來源為何？
- **Who**：誰對哪些數據握有甚麼樣責任？例如：數據來自於生態系夥伴、客戶，是否可以修改或散佈？
- **How**：數據如何處理與計算？
- **In Which**：商業流程或企業流程如何處理數據或使用數據？商業流程不僅僅是企業內部流程，還包含跨企業的生態系的整體數據生命週期流程或顧客使用流程。
- **In Which**：數據處理、儲存、分析的技術或方法為何？數據的資訊安全、隱私如何管理？程序為何？技術如何保護？
- **Who & Where**：數據會由哪些人來運用？運用形式為何？（透過應用軟體？圖形化顯示？報表或警訊？）

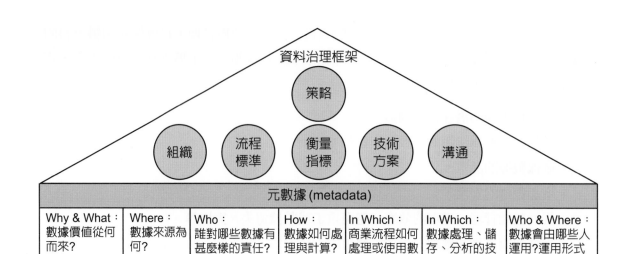

Why & What：數據價值從何而來？	Where：數據來源為何？	Who：誰對哪些數據有甚麼樣的責任？	How：數據如何處理與計算？	In Which：商業流程如何處理或使用數據？	In Which：數據處理、儲存、分析的技術或方法為何？	Who & Where：數據會由哪些人運用？運用形式為何？

☆圖 4-11　資料治理框架（資料來源：b.telligent）

4-5　大數據規劃與實施類型

(一) 企業整體規劃步驟

　　企業發展大數據應用時，將面臨許多關於價值、應用、分析模式與技術的挑戰等；透過系統性規劃思考，可減少企業施行大數據的風險。如圖 4-12 所示，企業大數據應用發展可以區分以下步驟：

1. **商業策略**：企業必須從大數據的價值開始思考，協助營運管理還是市場創新等價值模式？企業進一步辨認有價值資料來源為何？可能蒐集資料方式為何？可能結合的企業流程為何？可能的數據生態系策略為何？

2. **應用情境**：從可能應用大數據的企業人員 / 顧客及情境角度，企業思考可能應用情境，協助確認資料蒐集策略、分析策略、分析模型及可能技術架構。

3. **技術規劃**：討論應用情境同時，企業亦可進行技術規劃，包括：技術群組、技術架構、技術風險、IT 團隊發展等。技術團隊則需評估技術架構並決定發展或購買數據、開放資料服務數據擷取、數據整合、資料處理、分析應用等軟體或雲端服務。

4. **實施導入**：企業可以運用小型的專案以逐漸發展大數據處理、分析的技術能力，如：發展單一應用的獨立型 NoSQL 非結構化資料處理，再逐漸擴展至現有關聯式資料庫或資料倉儲整合乃至於資料湖泊、整體企業流程整合。此外，企業實施數據分析過程包含：業務理解、數據理解、數據準備、建立模型、模型評估、部署應用等任務，必須仰賴特定問題解決方法與建構分析模型（詳見第五章）。

5. **資料治理**：企業要充分應用大數據價值，資料治理政策與程序相當重要，包含：建立治理架構及發展資料擁有權、資料隱私、資料品質及資料安全等。

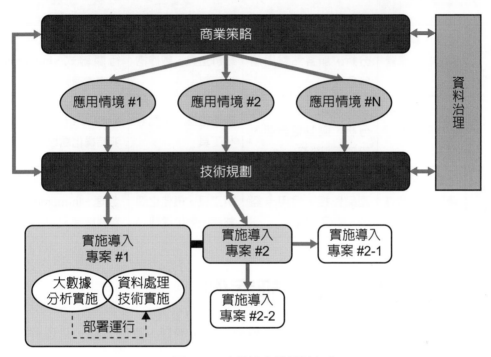

☆圖 4-12　大數據企業規劃方式

(二) 企業實施類型

　　大數據帶來企業多樣分析方法、處理技術選擇也帶來更複雜的資料管理方式。企業可運用以下三大實施類型，結合商業策略、企業流程，以思考較具可行性的資料處理技術與分析方法：

1. **規劃與分析**：企業主要目的在於提供經理人員進行企業營運規劃或分析。延伸傳統的商業智慧工具、資料倉儲資料庫，企業可利用平行關聯式資料庫等技術加快資料分析速度。

2. **探索與預測**：企業主要目的要分析各種非結構化資料，以發現新規則並預測。企業可採用 Hadoop 等非結構化處理或資料庫，並利用數據挖掘等工具。

3. **感測與回應**：企業主要目的在於快速偵測營運異常（如：工廠運作、信用卡盜刷、電信詐騙等）以避免錯誤發生、事先預警等。企業可採用複雜事件處理、in-memory 記憶體資料處理等，快速地反應；至於是否需要非結構化處理技術則端視資料型態而定。

☆表 4-3　大數據三大實施類型（參考資料：IDC）

類型	說明	應用方向	分析工具	處理技術
規劃與分析	經理人員規劃與分析企業營運	商店管理、銷售業績分析、顧客點擊與瀏覽分析	報表、商業智慧、統計工具、數據挖掘工具	Advanced SQL 群組（平行關聯式、in-memory 資料庫處理）
探索與預測	分析人員探索新規則並進行預測	銷售預測、顧客流失分析、購物籃分析、設備預測維修	數據挖掘、預測分析工具	NoSQL 群組（Hadoop、非結構化處理與資料庫）
感測與反應	作業人員監控營運狀況並立即反應	設備即時監控、售後產品監控、信用卡盜刷、電信詐騙	數據挖掘、預測分析工具、最佳化調整與自動化處理	江河運算群組（複雜事件處理、in-memory 記憶體資料處理、時序資料庫等）

4-6　大數據企業實施案例

以下列舉 7 個不同行業的大數據應用情境、實施過程、實施效益，以理解大數據實施方式。

（一）設備業投資報酬分析案例

✛ 應用情境

某一家風力發電設備製造商，客戶要求必須提供資料分析風力發電所在地的天氣、風力等歷史資訊，以讓客戶評估設備投資在該地點的預估發電產出投資報酬率分析。

✛ 實施過程

該設備業者蒐集 15 年全球各地區天氣紀錄將其轉換並存放置分散式案系統中。利用其原有的欄位式導向資料倉儲系統儲存產品資料，並設置地區天氣索引以擷取分散式檔案系統中的天氣紀錄。該設備業者發展業務及研發查詢系統，可以關聯儲存在資料倉儲的產品型號、價格、合適情境及各地區天氣系統，以提供報表給予業務銷售及研發評估。

✤ 實施效益

　　該設備業者業務可以根據眞實的資料分析，提供客戶投資報酬率分析與報表，更能取得客戶信任。研發工程師則可以根據眞實天氣資料以分析產品功能需求，以發展客戶需要的產品。分析查詢的結果也可以在數秒鐘之內即能回覆。

（二）零售業定價分析案例

✤ 應用情境

　　某一家營收超過 4 百億美元、店面超過 4,000 家的零售業者，利用傳統資料倉儲及 ETL 資料轉換程式，協助分析各種零售的銷售策略、定價策略、產品策略等。隨著分店愈來愈多、資料量累積愈多，該零售店發現建置資料倉儲資料庫軟硬體成本愈來愈高、愈來愈多的 ETL 資料轉換程式也有維護上的困難。此外，資料分析速度也愈慢，如：定價策略分析僅能挑選重要的產品資訊儲存在資料倉儲中，且需耗費主機系統 10-15 小時才能分析出來。若要重新設定重要產品資訊與定價模型，需要 2-3 星期才能完成。該零售店也進一步想根據消費者在各店面的瀏覽行爲來進行即時降價促銷。

✤ 實施過程

　　該零售店導入 Hadoop 作爲資料儲存與處理平台，將所有的零售 POS 銷售資料、商品資訊、電子商務點擊資訊、供應鏈事件等均儲存至 Hadoop 叢集電腦中，並利用 MapReduce 資料處理引擎進行處理。此外，購買 Datameer 公司的分析與視覺化軟體進行分析。

✤ 實施效益

　　零售店利用 Hadoop 叢集電腦可以同時處理 1,000 億筆資料，並能在 2-3 小時完成定價分析。此外，將主機系統上的 6,000 隻 COBOL 語言撰寫的 ETL 資料改寫爲 400 行的 MapReduce 程式，減少大型主機軟硬體採購、撰寫與維護費用。進一步，零售店還蒐集各店消費者的消費行爲資料進行分析。

（三）金融業詐騙分析案例

✤ 應用情境

　　某一家金融業者提供線上交易與清算的支付平台，以提供消費者透過電商網站購買商品，並進行線上支付。該金融業者發現，線上支付平台接受電商訂單的來源廣且複雜，且常有電商進行購物節促銷時，則會發生負荷太重無法快速處理的狀況。此外，金融業者必須快速地分析消費者的姓名、住址、電子郵件、信用卡或金融卡號、身分證號及過去的支付紀錄，快速地判定是否有詐騙或盜刷的行為。這些處理都必須在幾秒鐘內完成，讓消費者完成電商購物的手續。

❖ 實施過程

該金融業者導入了複雜事件處理引擎以快速地承接來自各方電商的支付命令串聯。並利用了分散 in-memory 記憶體計算軟體以及 Hadoop 叢集電腦技術進行信用審核作業，將顧客支付資料、購買紀錄等儲存入欄位導向資料倉儲，以作為後續的查詢與分析。

❖ 實施效益

該金融業者利用分散 in-memory 記憶體計算軟體以及 Hadoop 叢集電腦技術以低成本的軟硬體減少了更換大型資料倉儲的成本。此外，保留原本的資料倉儲架構，也避免其他運用原資料倉儲的數千隻應用程式替換的成本與複雜性。此外，複雜事件處理引擎上可以進一步撰寫各種程式，以便快速地偵測各種可能詐騙行為並即時地發出警訊或通知。

（四）電子商務瀏覽行為分析案例

❖ 應用情境

某一家電子商務業者是全球前幾大的電子商務平台。隨著業務激增，資料儲存量已經達到 100PB 的資料。這些資料除了用來儲存消費者的訂單資訊，也進一步儲存各種瀏覽行為，提供產品、通路、銷售等業管部門分析師進行查詢。早期，該業者以 Teradata 傳統資料倉儲系統進行儲存與分析消費者訂單與商品資料。隨著消費者瀏覽行為非結構化資料的儲存與應用，該業者引進 Hadoop 資料處理與分析工具進行分析與應用。

❖ 實施過程

該電子商務業者大數據資料處理技術分為三大類，第一種類型為資料整合類，負責資料的擷取、處理及清洗等工作，包含批次處理與即時處理。第二種類型為資料儲存類，包括 Teradata 傳統資料倉儲、Hadoop 叢集等各處理結構化與非結構化資料。資料分析類則提供各種工具讓分析師進行各類型的分析。早期，Hadoop 僅能適用於批次分析，隨著 Hadoop 工具發展的進步，以及該電子商務公司工程師的自行客製化，Hadoop 資料進一步提供交易型、圖型類型資料的互動式分析。各部門分析師可以進行工作申請，將資料倉儲或 Hadoop 上儲存的各種資料彙整，利用各種分析工具進行互動查詢。

❖ 實施效益

該電子商務業者不僅能透過 Hadoop 叢集處理、in-memory 記憶體處理，加快各種交易資料、圖型資料的處理與分析。進一步，利用自行研發的 Hadoop 互動查詢技術，可以讓分析師利用 SQL 語法即可快速地進行各種結構化與非結構化資料的混合分析以發現各種新趨勢。

（五）數位廣告競標平台案例

❖ 應用情境

某一家大型數位廣告競標平台提供廣告搓合與競標業務。一方面協助顧客在華爾街時報、ebay 等版面上進行廣告；一方面也協助版面業主找到適當出價的廣告客戶。該家競標平台必須快速地競標版面空閒時間與價格，並分析廣告業主需求以及媒合適當的版面、時間以及廣告點擊效益。該家競標平台想要快速提供各種分析報告給與廣告業主，且競標平台必須 24 小時運行。

❖ 實施過程

該數位廣告業者 Amazon Hadoop MapReduce 雲平台進行數據處理，並能處理來自網路上大量訊息。該數位廣告業者並運用複雜事件處理技術以接受來自各廣告版面的即時點擊紀錄。並在 Amazon 平台上建置開源平行資料庫與建置自助分析報表，讓廣告業主可以自行互動式分析即時廣告效益。

❖ 實施效益

該數位廣告競標業者具備 PB 等級資料處理能力，並能讓廣告業主快速、自主的查詢各項廣告投放效益。此外，接收來自於各廣告版面的點擊訊息能夠不遺漏，且平台能夠保持 24 小時高效率地運作。

（六）預測 PIZZA 訂單案例

❖ 應用情境

某家披薩連鎖點佔據全球披薩極大的市場份額，在全球擁有 2,600 多家門店。隨著披薩業務日益數位化，70% 以上的銷售額來自線上訂單。為了加快取餐和送餐速度，該公司設定目標要能在 3 分鐘內準備好披薩、10 分鐘內安全送達到目標。要達成這個目標包含了高效烹飪方法、電動車交通運送方式，以及開設更多靠近顧客門店，並進一步運用大數據預測技術來協助減少披薩的製作和交付時間。

✤ 實施過程

該公司與 Amazon AWS 雲端服務夥伴合作，建立一套預測性訂購解決方案。該公司利用 AWS 資料儲存雲端服務以及資料查詢技術，將訂單資訊存放在 AWS 資料湖雲端服務以及利用 AWS 數據分析工具建立預測模型，預測每天訂單的種類與數量，因此門店可以在顧客下訂單之前就開始製作。門店員工可以查看訂購螢幕，該螢幕顯示特定披薩與各種顏色指示器，指示這些披薩被訂購的可能性。

✤ 實施效益

該方案為門店縮短取餐和送餐時間，例如，一間門店在整週內的平均配送時間（從顧客下單到送到顧客家門）不到 5 分鐘，打破了業界的紀錄。該公司已將該方案部署到許多國家／地區的門店中，在市場上取得了競爭優勢。

(七) 智慧聯網廚具案例

✤ 應用情境

一家新創公司開發智慧薄餅製造裝置，可以在一分鐘內完成印度薄餅的烘焙。該裝置是一個物聯網設備，能夠透過 WiFi 聯網、可以自己排除設備故障，並自動與客服聯繫；用戶並能利用智慧型手機遠端控制。該薄餅機每三個月進行一次軟體更新，除了印度薄餅外，用戶還可利用該薄餅機製作各種各樣不同的麵包，包括玉米餅、無麩質麵包、比薩餅等。該裝置亦能夠蒐集客戶的使用資料，做為設計更新的參考。

✤ 實施過程

該新創公司沒有足夠資源建立與部署大量數據 IT 架構來管理、處理和儲存從全世界各地客戶的薄餅機機傳來的大量資料，需要利用雲端運算資料管理服務，協助大量數據的處理、儲存等。該新創公司利用 Amazon AWS 物聯網裝置資料處理技術將裝置上的設備異常資料、事件傳送至雲端 NoSQL 資料庫服務、儲存服務，以進行大量資料處理，並能更新設備上的軟體版本。此外，並在裝置設備與雲端資料傳輸時，能具備端點對端點加密、授權，以避免有心人士竊取資料。

❖ 實施效益

　　該新創公司在 12 個月內的全球薄餅機銷售即達 20,000 台，總計銷售超過 70,000 台。用戶能夠享受智慧裝置帶來的便利，像是錯誤發生時會自行修復，而且會持續改進效能。薄餅機的銷售收入已超過 2,000 萬美元，並協助客戶做出超過 1 億 1 千個薄餅。該公司能夠蒐集顧客使用模式的資料，並評估回饋意見及滿意度，也能發掘顧客最喜歡的食譜。有了這些資訊，該公司能利用系統更新來改善產品，並傳送新的食譜到各個裝置上為客戶帶來更多價值。

4-7　企業採用趨勢與挑戰

　　那麼，實際上企業對於大數據應用方向、採用方法與技術的趨勢為何呢？又有甚麼樣的挑戰？以下整理與分析企業大數據採用趨勢與挑戰。

(一) 採用趨勢

1. 應用方向

　　在大數據資料應用上，企業以面對市場的客戶需求分析或市場區隔分析為主要應用，包含了市場區隔分析、營運與供應鏈管理、顧客服務與支援等為主。

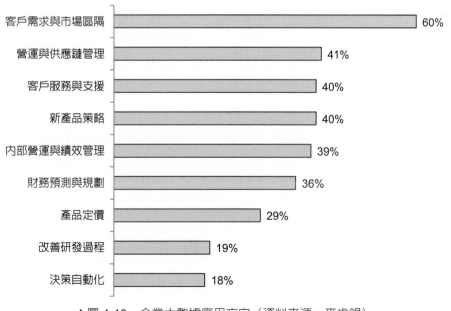

☆圖 4-13　企業大數據應用方向（資料來源：麥肯錫）

2. 資料管理技術

資料管理技術包含大數據的資料處理、儲存等軟硬體技術。從調查顯示，企業大數據主要來源仍以結構化關聯資料為主、其次則為複雜性資料、專屬格式資料以及半結構化、非結構化資料等。

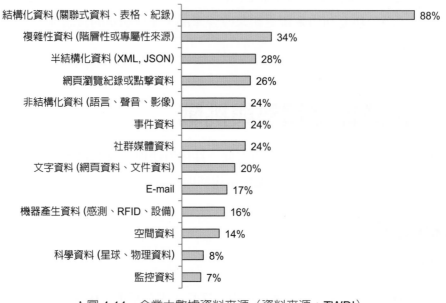

☆圖 4-14　企業大數據資料來源（資料來源：TWDI）

在儲存軟硬體上，企業處理大數據以關聯式資料庫架構在大規模平行處理平台（Massively Parallel Processing, MPP）上為最多。大規模平行處理平台可以讓關聯式資料庫向外擴展成多台資料庫伺服器以共同應付大量資料處理需求。其他儲存技術，包括軟硬體結合的資料應用伺服器、處理非結構化資料的 Hadoop 系統均是企業處理大數據的主要儲存技術。

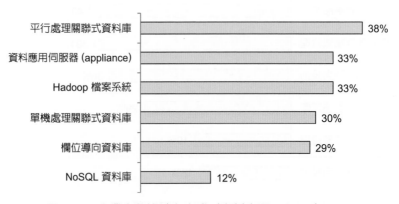

☆圖 4-15　企業大數據儲存方式（資料來源：TWDI）

　　展望未來，企業大數據資料管理技術採用會以 Hadoop 非結構化資料相關處理工具、CEP（Complex Events Processing）複雜事件處理、Hadoop MapReduce 資料處理引擎、NoSQL 非結構化資料庫等新興非結構化資料管理技術為大幅增加採用的技術。在傳統關聯式資料庫上加快其運作效率的 in-memory 暫存記憶體、in-memory 資料庫、資料庫內嵌分析、資料應用伺服器亦是企業大量採用的技術之一。

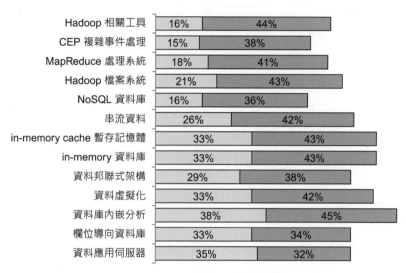

☆圖 4-16　企業大數據資料管理技術（資料來源：TWDI）

3. 預測分析演算法

　　企業建構預測分析模型，主要以線性迴歸、決策樹、群聚分析、時間序列分析、邏輯迴歸等類型為主。迴歸分析協助企業分析多變數對於目標變數的影響、時間序列分析則依時間趨勢預測未來時間發生的趨勢、決策樹歸納判定影響目標變數的分類規則、聚類分析則分析哪些事物的相似，後面章節將更進一步預測分析類型概念與建構模型方式。

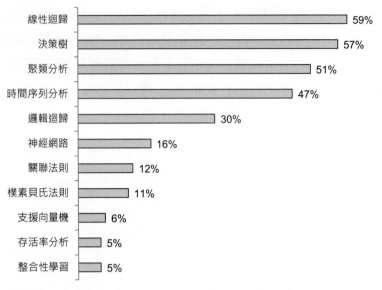

☆圖 4-17　企業大數據分析演算法（資料來源：TWDI）

(二) 效益與挑戰

　　企業認為大數據應用主要效益為社群行銷、準確決策、市場區隔、發現市場機會、自動化決策、顧客流失與行為分析等。普遍來說，企業認為市場、顧客方面為最主要的大數據應用效益。

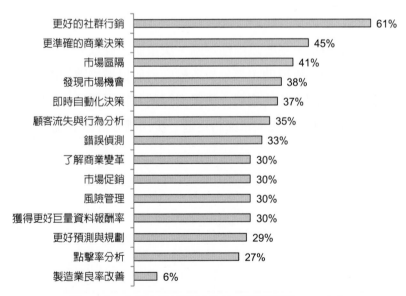

☆圖 4-18　企業大數據採用效益（資料來源：TWDI）

從挑戰來看，企業認為採行大數據應用、技術或方法的最大挑戰為缺乏適當員工技能；其次，如何凸顯大數據資料價值與成功案例以說服事業單位採用亦是一項問題。資料治理、資料擁有權、資料整合複雜亦是一項挑戰。

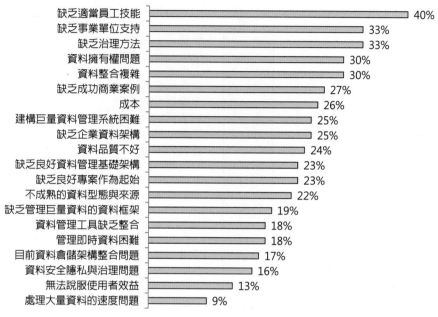

☆圖 4-19　企業大數據採用挑戰（資料來源：TWDI）

(三) 人才需求

企業認為採用大數據的最大挑戰為缺乏適當員工。以此，企業認為員工技能需求包括：具有商業知識、瞭解資料來源並能整合、創意思考、具備預測分析訓練等。由此可知，商業知識及了解大數據資料來源整合及創意思考人才反而是企業認為能讓大數據產生價值的重要因素。

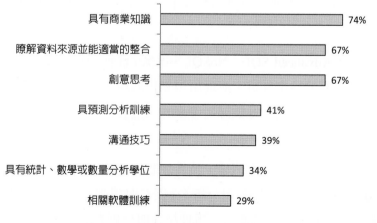

☆圖 4-20　企業大數據人才技能需求（資料來源：TWDI）

　　此外，麥肯錫顧問公司預測，大數據發展為美國帶來的人才缺口以商管的分析理解人才最多，其次才是科技開發、深度分析等資訊、統計背景人才，相差 5-10 倍。本書的定位即是在協助商管人才理解大數據應用、技術與分析方法。

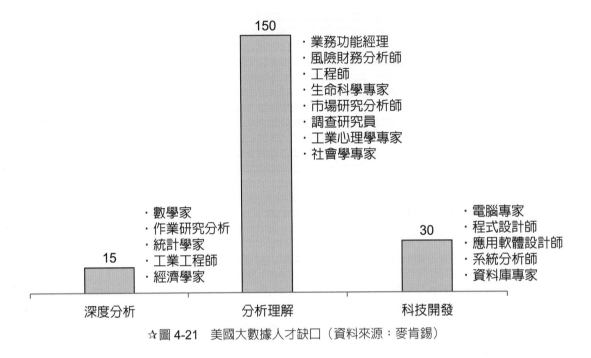

☆圖 4-21　美國大數據人才缺口（資料來源：麥肯錫）

4-8　小結

　　從本章可以理解企業數位資料管理的演進、企業實施大數據的方向、模式、方法及案例。企業數位資料管理的演進階段包含結構化資料管理、商業智慧管理、Web 及內容管理、大數據管理等階段。企業大數據管理朝資料湖泊、非結構化資料處理、探索規則、疊代管理規劃等途徑轉變。

　　大數據處理技術上混合 Advanced SQL、NoSQL、串流 / 江河運算等技術群組；大數據分析方法則重視預測分析與最佳化分析，並運用視覺化展現工具、數據挖掘工具等協助。企業並興起資料治理概念，管理大量數據所帶來的人員管理、流程管理、技術管理等議題。

　　企業大數據實施可從商業策略、應用情境、技術規劃、實施導入、資料治理等步驟進行規劃。企業三大實施類型包括 (1) 規劃與分析 (2) 探索與預測 (3) 感測與回應等，結合企業商業策略與作業需求，可進一步規劃資料處理技術與分析方法。

習題

1. 請說明 3 種大數據資料處理技術群組，並試舉例可能應用方向。
2. 請說明傳統商業智慧分析與大數據分析方式的改變。
3. 請說明大數據的大量、多樣、快速等 3V，如何影響資料處理與資料分析技術。
4. 請說明傳統資料管理與新興大數據資料管理途徑的改變。
5. 請說明資料治理的意義與重點。
6. 請討論 7 個大數據實施案例，各屬於表 4-3 的哪三個實施類型？

NOTE

Chapter

5

大數據分析：概念與程序

大數據分析的概念為何？又是甚麼樣的發展步驟？

本章介紹大數據分析概念以及如何從商業分析情境、商業分析需求，進一步發展預測分析模型的步驟。透過本章，讀者可以了解大數據分析概念、預測分析問題與解決方案類型，並能練習商業大數據分析解題過程。

本章大綱

5-1　數據分析是智慧決策基礎

在第二章大數據的價值循環中，我們談到價值最終來自於轉換成前述的知識、洞見或是輔助人們進行決策而引發行動；也談到在大數據時代，透過大量數據的累積與分析工具或方法，將可以彌補人們對於大量數據掌握能力及決策判斷上的弱點，讓人們能更有效地進行預測、判斷與行動。試想一下，人類絕對沒有比獅子更能耳聰目明地偵測外界風吹草動資訊並能迅速行動，人們卻能成為地球的霸主！原因這就是人類把數據、資訊累積成知識，進而能進行決策，甚至發明了計數工具、日晷、數據統計方法、電腦等，協助人們決策與行動。

資訊科學、知識學，通常會利用「數據金字塔」或稱為「DIKW 金字塔」來表示數據 / 資料（Data）如何變成資訊（Information）、知識（Knowledge）乃至於智慧（Wisdom）的金字塔結構關係。如圖 5-1 所示，可以看到從資料、資訊、知識、智慧的轉換過程，來自於人類透過彙整、計算、分析、推理、關聯、詮釋乃至於信念的「理解」（understanding）過程，進而在情境下進行決策、行動等。以此，數據分析方法或工具，如：Excel、商業智慧分析乃至於大數據分析，就是輔助人們更加的理解而進行決策、行動，亦即達到「智慧」的結果。

因此，不論是舊石器時代人類利用伊尚戈狒狒骨頭或是統計分析時代的統計學、電腦化時代的 ERP、商業智慧分析或是大數據時代的大數據方法、AI，均是人們利用各項方法、技術以協助進行更好的決策、行動的方式。

以下，我們說明電腦化時代的商業分析方法，進一步比較說明大數據分析方法的差異與分析程序。

☆圖 5-1　DIKW 數據金字塔結構（資料來源：維基百科）

5-2　從商業分析到預測分析

(一) 商業分析情境

　　企業需要各種商業分析（Business Analytics）協助最有利地決策以進行各項商業活動。愈是成功的企業，愈會透過有制度、有方法的商業分析程序，以減少經理人決策的錯誤。傳統商業分析方法透過 Excel、統計方法、商業智慧分析（Business Intelligence, BI）工具以輔助決策。然而，面臨愈來愈多數據、分析精確要求及激烈的商業競爭，使得傳統商業分析方法面臨挑戰。以下利用兩種商業應用情境，分別說明常見傳統商業分析方法與挑戰。

1.　百貨周年慶情境

(1)　商業需求

　　　「百貨公司準備周年慶檔期的促銷活動，行銷經理小敏想要了解哪些類型顧客、哪些類型產品對周年慶銷售最有貢獻以進行促銷方案與 DM 設計？預估今年周年慶檔期可能的收入？」

(2)　傳統商業分析方法

　　　行銷經理小敏曾執行去年周年慶檔期，知道可從會員購買紀錄中的年齡、性別、檔期營收貢獻及購買商品類型的方向進行分析。該百貨公司具備 ERP 系統，小敏從 ERP 資料庫，運用報表工具產生如圖 5-2 所示的各項統計分析圖。

　　從報表中，小敏看到去年周年慶檔期消費總額以 30-60 歲最多、平均個人消費額最多。以此，決定特別以 30-60 歲的年齡進行特別促銷。在促銷方案與 DM 內容上，女性顧客著重在精品商品、男性顧客則以服飾為主。在今年周年慶營業額預估上，由於近幾年成長上下變動，不容易依過去進行趨勢預估。小敏於是參考消費市場分析數據、國內 GDP 成長數據，粗抓可能會有 20% 成長，預估今年會有 7,800 萬營收。

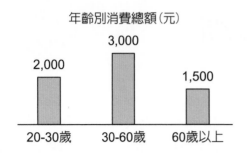
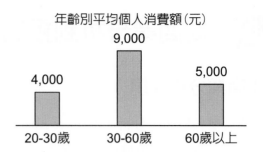

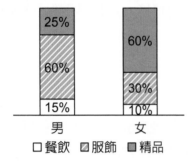
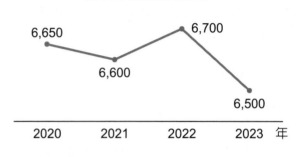

☆圖 5-2　百貨公司周年慶傳統分析方式

(3) 挑戰

小敏思考是否有不同面向可以再精進分析：

a. 是不是有更好的市場區隔方法，而非僅僅是年齡、性別？

b. 消費類別是不是能更細分，而非原來習慣的餐飲、服飾、精品類？

c. 2023 年較 2022 年周年慶營業額下跌 3%，是整體市場原因、主顧客戶消費習慣改變？還是公司行銷策略問題？是否找出可能原因？

d. 今年的周年慶預估是否有更科學客觀的方法，而不是利用粗抓成長率的方式？

事實上，小敏可運用更多維度分析、進階統計技術，諸如：雙變量分析、變異數分析、檢定等，進行各種分析。然而，太過耗費時間，也挑戰小敏對於統計技術的知識理解。小敏思考大數據分析方法是不是可以協助精細且快速地分析？

2. 工廠良率改善情境

(1) 商業需求

「廠長對於某新產品線產品良率僅有 80% 表示不滿意，希望生產課長小剛提出改善報告，解釋該產品線產品良率低落原因？進一步提出改善方法及預期能提升良率的百分比。」

(2) 傳統商業分析方法

生產課長小剛自導入該生產線 1 年半以來，已經請幾個製程工程師進行分析改善生產線良率的方法。製程工程師從製造執行系統（MES）品管模組，取得每一批生產抽檢品質缺失狀況及生產時不同機器設備、生產人員編號等數據進行分析。如圖 5-3，製程工程師運用柏拉圖分析、魚骨圖、兩兩變數散佈圖等進行分析。

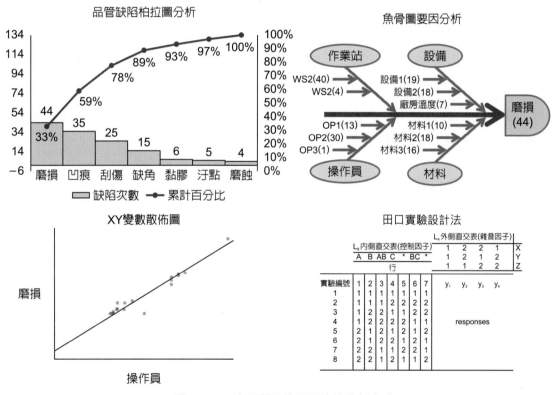

☆圖 5-3　工廠品質不佳原因傳統分析方式

所謂柏拉圖分析是運用 80/20 法則，把焦點放在最大缺陷或原因進行處理。如圖 5-3 所示，80% 缺陷來自於磨損、凹痕、刮傷。進一步，工程師們運用魚骨圖腦力激盪討論缺陷可能來自於設備、作業站、操作員或材料等影響因素。工程師們再運用散佈圖相關分析、直方圖等，驗證不同缺陷最有可能的影響因素。工程師還可用實驗設計方法（如：田口實驗分析法），實驗某些可能影響因素是否對缺陷造成影響。

(3) 挑戰

小剛發現運用傳統分析方法上面臨不同的挑戰：

a. 需要有經驗、專業的工程師辨認各種可能變因及因果關係。中小型公司不容易招募或留住類似人才。

b. 需要花費許多時間與精力，翻查各種圖形進行分析，且許多判斷來自於主觀經驗歸納與分析，有可能出錯。

c. 相關分析僅能兩兩變數分析，必須再進行統計檢定方法分析，複雜性高。

d. 實驗方法的控制因素不容易操控或不可操控，驗證影響結果亦費時。

e. 生產現場還需要能即時反應或預測品質狀況，立即調整物料、設備參數等，以避免良率過低不能滿足顧客需求。傳統分析方法費時費力且無法即時反應狀況。

小剛思考大數據分析方法是不是可以協助更快速地分析品質不良狀況，甚至立即反映與預測每一批生產的品質良率？

(二) 大數據分析模式

前述商業需求及傳統分析方法的挑戰是目前許多企業面臨的問題，如表 5-1 所示，商業分析模式可分為描述性、診斷性、預測性、最佳化等 4 種。大數據分析方法不僅可以解決傳統分析方法的描述性分析，進一步還可探詢問題根源、預測未來發生及最佳化分析與調整等：

1. **描述性分析**：瞭解目前發生甚麼事，如：各區本季銷售成績、去年周年慶銷售狀況、產品線產品良率狀況等。這些分析可以利用標準報表、商業智慧分析或簡單敘述統計等工具協助。

2. **診斷性分析**：瞭解問題發生的原因，如：去年周年慶營業額下降原因、產品良率低落原因、庫存節節升高原因、客戶流失的原因等。如前述情境分析，傳統商業分析方法是利用描述性分析各種圖表並配合經理人經驗的綜合判斷，得出可能原因；這樣方式常流於個人主觀經驗而可能無法發現真正原因。大數據分析方法，如：數據挖掘（Data Mining）、預測分析（Predictive Analytics）方法等，可從客觀數據中發現問題發生原因與關聯。

3. **預測性分析**：預測未來事件或問題發生的可能性，如：下一次周年慶營業額預測、本批將生產產品良率、設備未來耗損機率等。傳統方式利用描述性分析或診斷性分析，以主觀方式猜測可能性（如：小敏運用市場次級資料粗抓成長率）。數據挖掘或預測分析方法，可以運用客觀的數據及預測分析模型，預估可能數值或機率。

4. **最佳化分析**：企業建立最佳化模型並據此自動化決策，如：銷售預測最佳化模型、設備維護最佳化模型等。企業不僅可以依據預測分析模型預測事件發生，更可提前控制因素，降低風險與成本，進一步增加利潤。例如：企業根據歷史數據與各種分析，瞭解設備壽命原因來自於工廠溫濕度、原料規格及馬達轉速等，企業可以最佳化調配數值，讓生產線運作更流暢、減少設備維護成本、提高設備壽命等。

☆表 5-1　大數據資料分析模式

分析模式	描述性分析	診斷性分析	預測性分析	最佳化分析
意義	瞭解目前發生甚麼事	瞭解問題發生的原因	預測未來事件或問題發生可能性	建立最佳化模型
問題	What happened?（What）	Why did it happen?（Why）	What will happen?（What will）	What should I do? How can we do it better?（How to）
案例	營運績效檢視 設備狀況預警	根源分析 品質要因分析	預測維修 良率預測 銷售預測	最佳化設備維運 最佳化製程設計
分析方法	敘述統計分析	魚骨圖分析、變異分析、統計檢定、實驗設計、數據挖掘、預測分析	數據挖掘、預測分析	數據挖掘、預測分析、最佳化模型
支援工具	批次報表、商業智慧	商業智慧、統計工具、數據挖掘、預測分析工具	數據挖掘、預測分析工具	預測分析、最佳化調整與自動化處理工具

(三) 大數據分析方法

由於大數據資料處理技術進步，使得企業可以運用數據挖掘、預測分析等方法，將大量、異質資料，進行資料發現、根源分析、**趨勢預測**、最佳化決策等。事實上，產學界對於數據挖掘、預測分析並沒有一致性定義或嚴謹範疇；數據挖掘／預測分析一詞也常常被交互運用或相互包含。近期，大數據蓬勃發展，更重視「預測」的能力，使得預測分析成為大數據分析方法的代名詞。

　　本書將預測分析（Predictive Analytics）視爲與傳統描述性報表分析、商業智慧分析（Business Intelligence）等區別的一種先進分析（Advanced Analytics）方法，協助企業進行數據挖掘、資料發現、數值預測等。Wikipedia 對於預測分析的定義爲：「結合多種預測模型、機器學習、數據挖掘方法，協助人們利用現在與歷史紀錄進行發現未知或預測未來」。Gartner 將數據挖掘定義爲：「利用統計或數學的模式辨識技巧，從資料中辨識關聯、模式、趨勢」。艾瑞克席格博士在「預測分析」一書中指出，「預測分析是從經驗（資料）中學習，預測個人未來行爲以做出最佳決定的一種技術」。

　　簡單來說，預測分析有以下幾個重點：

1. 擷取現在或過去歷史資料。

2. 利用各種統計、數據挖掘或作業研究方法。

3. 根據方法或模型，產生分析或預測結果。

4. 根據結果，進一步調整與優化模型。

　　如圖 5-4 所示，預測分析綜合統計方法、數據挖掘方法以及作業研究方法，協助人們發現未知與預測未來。

☆圖 5-4　預測分析的範疇

（四）數據分析問題與解決

　　預測分析牽涉到各種學科整合，包含數千種分析方法或演算法。如何在特定商業應用情境下，思考可能運用的方法呢？

　　首先，應將商業需求轉換爲「數據分析問題」。轉換的方式，可從如表 5-1 思考從 What、Why、What Will、How to 分析模式進行解析。以前述周年慶商業應用情境與需求爲例，應拆解爲不同數據分析問題：

1. 將顧客區分爲不同市場區隔？（What）

2. 找出周年慶消費典型顧客群，進行行銷？（What）

3. 哪些顧客特性（如：年齡、男女、消費等級），如何影響周年慶的消費金額？（Why）

4. 去年周年慶營業額下降影響因素爲何？（Why）

5. 今年周年慶營業額預估會多少？（What Will）

6. 爲達到周年慶營業額目標，我們應如何區分不同顧客，進行甚麼樣產品或行銷通路促銷？（How to）

　　其次，根據數據分析問題（problems），即可思考可運用預測分析解決方案（solutions）類型來思考（圖 5-5）：

1. **聚類（Clustering）**：群體中是否可分爲不同相似特性的群組？如：顧客市場區隔。

2. **分類（Classification）**：解析群體中應分爲哪些類型？其分類的背後原因爲何？如：哪些顧客會在周年慶購買商品（屬於會購買的類型）？其購買原因爲何？這一批生產品質良率會低 80% 嗎（屬於低於 80% 類型）？哪些因素影響良率？這一個顧客會改申請別家電信業（屬於流失顧客類型）嗎？這一個顧客是否有違約風險（屬於容易違約的顧客類型）？其原因爲何？

3. **相似性比對（Similarity matching）**：根據已知個體，是否可找出相似的個體？如：從顧客名單中，找到與最佳、標竿顧客相似的顧客群，全力進行周年慶行銷或者進行相似商品推薦。

4. **異常偵測（Abnormalies）**：根據已知群體，是否可找出異常行爲的個體？如：刷卡異常偵測、機器設備異常偵測？

5. **迴歸（Regression）**：預測群體或個體的值會多少？如：這一個顧客周年慶會消費多少錢？今年周年慶營業額會多少？這一批生產品質良率會是多少？這一個顧客的網路使用量會多少？

6. **趨勢（Trends）**：根據歷史趨勢，預估下一次發生機率或值。如：下一季銷售額會多少？下一季顧客數量會多少？

7. **關聯（Associations）**：是否可找出時常同時發生個體？如：從購買商品中，找出經常會一起被購買的商品（購物籃分析），可進行交叉銷售。或者找出設備溫度、壓力、馬達轉速等特性，同時發生異常機會。

8. **連結分析（Link prediction）**：個人社群連結強度？預測連結他人的可能性？這常用在網路社群連結，用來預測哪個人會想要與哪個人連結（朋友推薦）？哪些人是網路意見領袖？

其他著名的預測分析解決方案類型尚有：分析病人或設備未來壽命年限的存活分析（Surival Analysis）、發現事件或資料循序出現的循序分析（Sequential Analysis）、發現文字中的模式與意義的文字挖掘分析（Text Analysis）等。一個好的大數據商業分析師或資料科學家應能熟悉各種預測分析問題解決類型，協助企業將商業分析需求，分解、轉換為可分析的數據分析問題並思考對應的問題解決方法類型，才能進一步有效運用相關演算法建立預測分析模型。

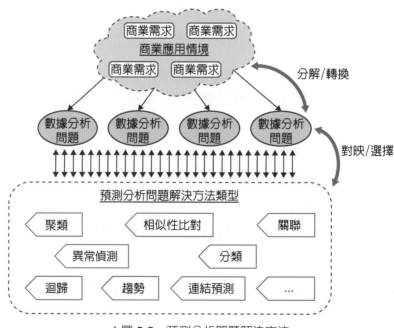

☆圖 5-5　預測分析問題解決方法

5-3　預測分析程序

(一) CRISP 數據分析程序

那麼，如何進行預測分析呢？預測分析程序可遵循 SIG 組織在 1990 年代提出的 CRISP-DM（Cross-Industry Standard Process for Data Mining）數據分析程序，亦已被業界廣泛的認可。如圖 5-6 所示，預測分析包含以下 6 個任務：

1. **業務理解（Business Understanding）**：理解商業目標、商業應用情境並分析商業需求。最後，定義可能的數據分析問題及思考可能數據分析解決方法。

2. **數據理解（Data Understanding）**：尋找並蒐集數據，進行探索數據、檢測數據質量，以思考數據是否能滿足數據分析問題及數據分析解決方法。

3. **數據準備（Data Preparation）**：選擇數據，並進行數據清洗、整合或轉換數據，以滿足數據分析解決方案所需的數據需求。

4. **建立模型（Modeling）**：根據數據分析解決方法類型，進一步選擇 1 個或多個可能分析演算法。運用數據分析工具，結合準備好的數據、演算法，建立 1 個或多個模型。

5. **模型評估（Evaluation）**：評估 1 個或多個模型，並調整模型參數以選擇最適合模型。

6. **部署應用（Deployment）**：將最適合模型以適當形式進行部署，以提供分析師或商業用戶應用。部署形式可能是報表、動態圖形展現或是 web services 網路服務等。

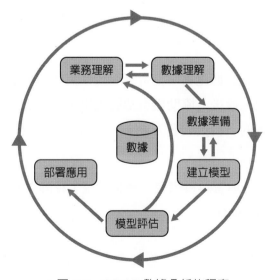

☆圖 5-6　CRISP 數據分析的程序

　　如圖 5-6 所示，預測分析的任務程序是循環疊代的過程。在實務狀況下，極可能執行完所有任務，卻發現無法滿足商業目標、商業需求，必須再度擬定計畫從頭再執行，甚至必須回頭重新擬定商業策略、應用情境。然而，在不斷的任務循環中，商業分析師或資料科學家將更清楚地認識到商業需求與數據不足之處，能夠更明確地定義數據分析問題並提出有效的數據分析解決方案。

（二）預測分析角色

　　預測分析牽涉到更複雜的數據分析、數據科學等任務，常需要更多不同角色的人來合作。如圖 5-7 所示，至少可以分為幾個角色：

1. **商業用戶**：實際運用預測分析結果的人，包含：事業部經理、生產作業人員等。例如：執行周年慶促銷活動行銷經理、監視生產狀況的品管人員等。商業用戶也應在應用過程中開始理解預測分析作法，更能協助商業分析師形成有效數據分析問題。

2. **商業分析師**：具備企業營運、商業知識，與商業用戶進行商業需求分析、形成數據分析問題並能理解業務、理解數據。商業分析師可與資料科學家討論可能模型以及模型結果評估、應用方向等。商業分析師即是第四章所提的「分析理解人才」，可以是專職的商業分析師，亦可能是具備大數據分析能力及商業領域知識的事業單位人員扮演。

3. **資料科學家**：熟悉預測分析演算法及模型建立能力，與商業分析師討論數據準備，並進行模型建立、評估等。資料科學家或者稱為數據分析師，即是第四章所提的「深度分析人才」，具備深入的統計、演算法知識。企業不一定能培養資料科學家，可從外部聘請。

4. **資訊系統工程師**：具備數據蒐集、整合等程式撰寫能力，與商業分析師、資料科學家完成數據準備任務。最後，協助模型部署應用，給予商業用戶使用。資訊系統工程師即是第四章所提的「科技開發人才」，具備數據擷取、資料處理及應用程式撰寫的程式開發能力。

　　由此可見，商業分析師與資料科學家、資訊系統工程師在 CRISP 數據分析的程序中扮演重要角色，亦必須相互合作。

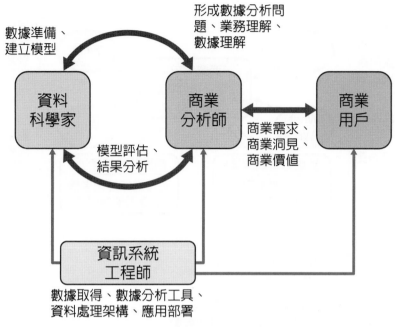

數據準備、
建立模型

形成數據分析問
題、業務理解、
數據理解

資料
科學家

商業
分析師

商業
用戶

模型評估、
結果分析

商業需求、
商業洞見、
商業價值

資訊系統
工程師

數據取得、數據分析工具、
資料處理架構、應用部署

☆圖 5-7　預測分析角色與任務

（三）業務理解任務

　　了解商業問題是決定大數據分析實施專案成功與否的要素。實務上，企業的商業目標、商業需求通常是混淆不清的，甚至前幾章所談的商業價值、商業策略、應用情境也還尚未討論清楚或取得共識。以此，一個良好的商業分析師或資料科學家，將會透過商業分析能力及對大數據分析的熟悉，協助企業訂定可執行的數據分析問題與專案發展。

　　那麼，如何形成數據分析問題呢？如圖 5-8 所示，從商業應用情境、需求出發，依據 What、Why、What Will、How to 思考問題。進一步，思考可能運用預測分析解決方案類型。最後，Application（應用實施），主要思考誰會用（Who）？何時用（When）？在哪用（Where）？進而思考後續部署應用方式。例如：將在周年慶 1 個月前完成，並將促銷顧客建議清單放置顧客關係管理系統，讓行銷經理最後確認促銷成本與預期效益衡量，以決定最後的促銷方案。

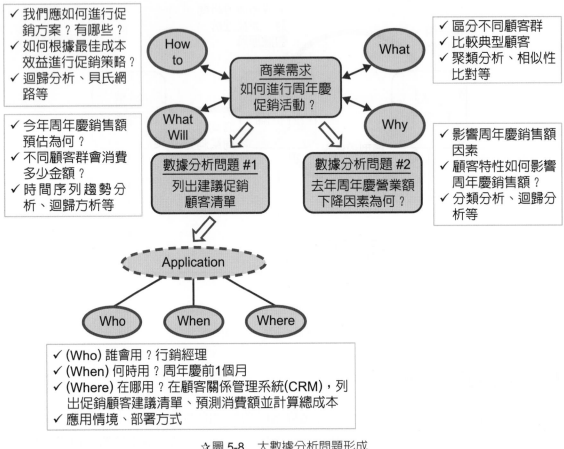

✓ 我們應如何進行促
　銷方案？有哪些？
✓ 如何根據最佳成本
　效益進行促銷策略？
✓ 迴歸分析、貝氏網
　路等

✓ 今年周年慶銷售額
　預估為何？
✓ 不同顧客群會消費
　多少金額？
✓ 時間序列趨勢分
　析、迴歸方析等

✓ 區分不同顧客群
✓ 比較典型顧客
✓ 聚類分析、相似性
　比對等

✓ 影響周年慶銷售額
　因素
✓ 顧客特性如何影響
　周年慶銷售額？
✓ 分類分析、迴歸分
　析等

How to　What Will — 商業需求 如何進行周年慶 促銷活動？ — What　Why

數據分析問題 #1 列出建議促銷 顧客清單

數據分析問題 #2 去年周年慶營業額 下降因素為何？

Application

Who　When　Where

✓ (Who) 誰會用？行銷經理
✓ (When) 何時用？周年慶前1個月
✓ (Where) 在哪用？在顧客關係管理系統(CRM)，列
　　出促銷顧客建議清單、預測消費額並計算總成本
✓ 應用情境、部署方式

☆圖 5-8　大數據分析問題形成

（四）數據理解任務

　　由於大數據分析是從數據中挖掘價值，所以數據若不能滿足商業需求、數據分析問題與解決方案，則必須從頭思考。因此，在業務理解後，進一步需要理解數據狀況：

1. 企業相關數據在哪？如何取得？

2. 企業現有數據是否足夠解決數據分析問題？

3. 是否能從其他管道獲得足夠數據？如何進行整合？

　　思考數據是否能滿足數據分析問題與預測分析解決方案類型時，商業分析師與資料科學家必須與資訊系統工程師合作，以探討數據取得可能性。例如：從 ERP 抓取資料、從社群討論區取得顧客討論文字、從感測器取得資料等。當然，每個資料的成本 / 效益、可信度、雜亂程度及不同資料如何整合，亦常常是實務運作時的挑戰。商業分析師與資料科學家也可能請資訊系統工程師撰寫程式，先取得小量數據，進行數據探索、清理、

轉換等數據準備進行試驗，以確保是否值得投資以獲取大量數據。有時候，企業可能必須購買外部數據，如：數據加值供應商整理過顧客名單資料、市場資訊等，以補足數據不足。

此外，商業分析師與資料科學家也必須審視預測分析問題解決方案類型所需不同的資料形式。如圖 5-9 所示，群組分析將不同資料紀錄（records）分成不同群組，僅需要不同資料紀錄。關聯分析則需要不同次交易購買產品項目群（如：購買尿布、啤酒），以計算產品同時購買機會。分類/迴歸分析要探討因變數群（如：顧客的性別、男女、所得、經常消費類型等），對預測變數（如：周年慶消費金額）的影響。趨勢則探討是否可由歷史資料規則（如：歷史各季銷售額），預測下一時段的預測值（如：下一季銷售額）。商業分析師與資料科學家必須熟悉各種預測分析解決方案類型所需資料形式。

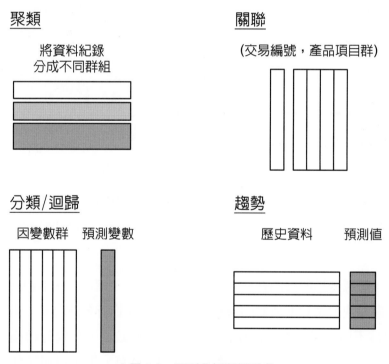

☆圖 5-9　預測分析資料形式

（五）數據準備任務

在理解數據狀況及取得部分（或全部）數據後，商業分析師或資料科學家會運用視覺化展現工具、數據挖掘工具（如：Excel、R 語言、SAS），進行數據探索、數據清洗或數據轉換等三項主要數據準備工作：

1. **數據探索**：瞭解數據特徵、分布狀況。如圖 5-10 所示，利用直方圖、箱型圖、密度圖、散布圖等進行數據探索，以理解數據特性。

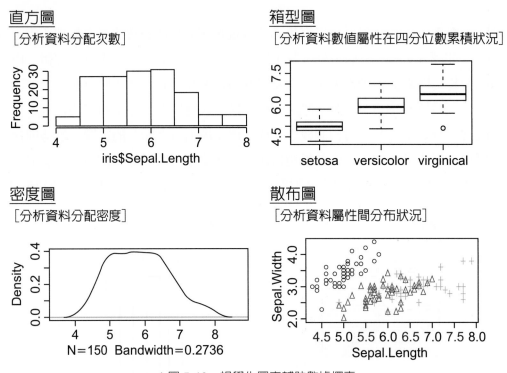

☆圖 5-10　視覺化圖表輔助數據探索

2. **數據清洗**：根據數據特徵，判別是否遺漏值、異常值或將不同的數據結構進行優化。常見作法包含：剔除異常值、平均值補充異常值、插補法補充、主成分分析縮減數據等。

3. **數據轉換**：數據轉換的目的在於將數據進行一致化、標準化，並把取得的原始數據轉換成問題解決方案類型所需的資料形式，以方便進行預測分析。數據轉換亦可能來自於數據不同度量單位，而使得值的範圍過於歧異，以進行轉換。例如：性別（男、女）、年紀（20-80 歲）、營業額（50-200 萬）等，運用統計方法讓其能有一致範圍，以容易進行數據分析。常見作法包含：z-score、log 函數法等。數據轉換亦可能是運用特定公式轉成一定意義，例如：將體重除以身高平方，轉換成 BMI 值，以代表體脂肪。

　　上述牽涉到數據清洗、數據轉換的過程，又被稱為「特徵工程」（Feature Engineering）。「特徵工程師」常被指的是能協助完成數據準備任務的資訊系統工程師，具備統計、基礎演算法概念，並能撰寫數據擷取、整合、轉換的程式。

(六) 建立模型與評估任務

完成數據準備後，接下來即可著手建立預測模型（prediction model）。所謂預測模型指的是「運用數據搭配演算法計算後，所形成的特定推論規則」。例如：給定某顧客屬性（性別、年齡、所得），即可透過預測模型，預測顧客本次周年慶消費金額；給定某批生產屬性（設備溫度、馬達轉速、操作人員編號、物料編號），即可透過預測模型，預測某批生產的良率百分比。

根據數據問題解決方案，各有數種演算法可以選擇。例如：聚類類型演算法包含：K-Means、K-Medoids；分類類型演算法包含：CART 決策樹、C4.5 決策樹、SVM 算法等。資料科學家必須根據數據分析問題、取得的數據理解，選擇一個或多個演算法以發展預測模型。

一個預測模型建立的過程如圖 5-11 所示，包含以下工作：

1. **數據區分**：將準備好的歷史數據，分為訓練集與測試集。通常利用隨機抽樣（如：3:7）或分層抽樣方式進行。測試集主要用來驗證訓練集所產生的預測模型是否準確。

2. **模型訓練**：將訓練資料集，運用適當的預測分析演算法進行訓練，分析師可適時根據結果校調參數，並完成「數據＋演算法」的訓練模型（trained model）。

3. **模型驗證**：將測試資料集放入訓練模型，驗證訓練模型是否能準確預測測試資料。

4. **模型評估**：若驗證結果仍有改善空間，資料科學家進一步校調參數。或者，運用不同演算法建立不同訓練模型，評估哪一種演算法的預測結果較好。驗證後的訓練模型即稱為預測模型（prediction model）。

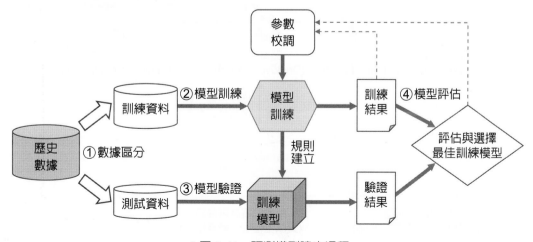

☆圖 5-11　預測模型建立過程

預測模型訓練與評估牽涉到較多對於演算法的理解，通常由資料科學家主導，並適時與商業分析師討論商業應用情境與需求。例如：預測模型根據顧客屬性，列出周年慶最有可能消費的 10 萬筆客戶清單。然而，在商業應用情境下，要考慮 10 萬筆客戶清單的郵寄成本，進而縮減以建議更精準顧客清單。

(七) 部署應用任務

在選擇已訓練好的模型後，資料科學家或商業分析師就可以委請資訊系統工程師將模型以適當的形式部署，提供給商業用戶應用。預測模型部署可以有不同應用形式：

1. **圖形**：產生圖形，可以嵌入報表、網頁等，更進一步成為隨時變化動態趨勢圖，提供作業人員、決策人員參考。

2. **數值**：產生數值，如：營業額、良率百分比等。可部署成程式服務嵌入在應用軟體中，讓作業人員隨時透過手機，監控不同生產批的生產狀況與良率預測值。

3. **清單**：產生清單，如：顧客建議清單、商品推薦清單、良率影響要因等。可發展成查詢介面、動態報表或夾帶檔案的電子郵件等，讓商業用戶容易查看。

如圖 5-12 所示，預測模型可分為模型建立、模型部署應用階段。模型部署後，定期輸入特定格式的數據，可讓商業用戶即時進行預測分析應用。例如：運用網頁，查詢周年慶可能消費的顧客清單列表；運用手機 APP，隨時監控影響品質良率要因（如：設備溫度、馬達轉速）的變化趨勢圖並即時計算品質良率百分比。

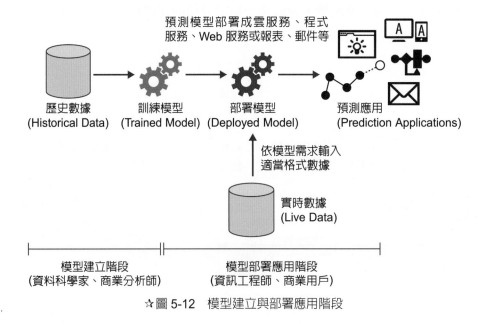

☆圖 5-12 模型建立與部署應用階段

(八) 時間分配與挑戰

那麼，一個預測分析的專案究竟如何分配任務時間呢？根據研究報告指出，業務理解、數據理解與數據準備等任務即占了一半以上的時間，建立模型僅佔了 20% 時間（圖 5-13）。這些任務均牽涉到商業分析問題理解與問題解決，商業分析師、商業用戶佔了極重要的角色。

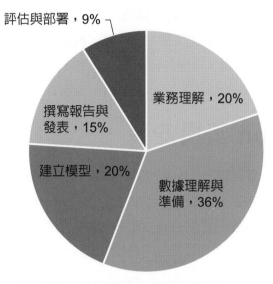

☆圖 5-13　預測分析任務時間比率（資料來源：Rexer Analytics）

最後，除了第四章說明的大數據應用挑戰，包括：缺乏適當員工、大數據價值以及資料治理等企業層面的挑戰外，大數據分析任務執行面仍有不少的挑戰。大數據分析任務最大挑戰來自於數據本身是否足夠、是否完整、數據內容是否正確等，影響後續建立準確的預測分析模型。以此，不見得所有商業分析問題都一定可以或者需要預測分析方法來解決。實務上，許多商業應用情境，會同時使用傳統分析方法以輔助預測分析的不足。

5-4　預測分析工具

商業分析師或資料科學家進行預測分析，牽涉數據探索、數據清理、數據轉換與建立模型等各項任務，仰賴數據挖掘、預測分析等數據分析工具協助。

著名數據挖掘、數據分析工具如：微軟 Azure HDInsight 雲服務、Amazon AWS 雲服務以及 SPSS Modeler、SAS 商用套軟軟體及開源的 R 語言、Python 等。R 語言、Python 等開源軟體是最常用的數據挖掘、預測分析工具之一，以下簡要說明：

- **R 語言**：建立於 1992 年，專注數據視覺化、統計的統計語言。具有資料處理、資料統計、資料視覺化等優勢，並具有 5,000 個以上社群貢獻的不同領域的資料集或演算法套件。由於 R 語言具有豐富的統計、數據分析模型，最適用於統計、數據探索與分析。
- **Python**：發布於 1989，是一種容易撰寫的多用途程式語言。Python 主要面向資訊工程人員，也具備許多免費的數據處理、分析、視覺化函式庫。由於 Python 多用途的程式語言，專長在各種數據的擷取（如：爬蟲）、清理，並能容易將預測分析模型嵌入在各種應用程式上，擴展性較高。Python 數據分析的執行效率亦較高。

本書以 Python 語言為基礎，介紹各種預測分析演算法與模型建立、評估方式。

5-5　Python 工具安裝

利用 Python 語言開發可以用 Jupyter Notebooks 開源 Web 應用程序，進行 Python 程式碼的編譯、可視化和數據分析解釋等。本書利用 Google Colaboratory 免費雲端工具，該工具基於 Jupyter Notebooks 進行 Python 語言編譯並提供資料處理、資料分析、檔案儲存等雲端運算的資源。

安裝 Google Colaboratory 雲端工具可以進入 Google 帳戶的雲端硬碟中。選擇「連結更多應用程式」進行安裝。

☆圖 5-14　Google Colaboratory 安裝步驟 1

在 Workspace Marketplace 輸入「Colaboratory」，將出現 CO 程式可以進行點選安裝。

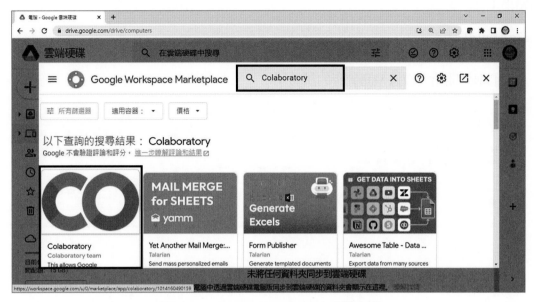

☆圖 5-15 Google Colaboratory 安裝步驟 2

安裝成功後，回到雲端硬碟中，即可以看到「Google Colaboratory」已被安裝。

☆圖 5-16 Google Colaboratory 安裝步驟 3

點選「Google Colaboratory」即可進入編譯畫面。進入程式碼框格，寫下程式碼：

```
print ("Hello World!!")
```

按下箭頭符號或「Ctrl+F9」、「Ctrl+Enter」指令即可執行該程式碼段落，可得到輸出結果：

Hello World!!

我們準備開始大數據預測分析的試驗了！

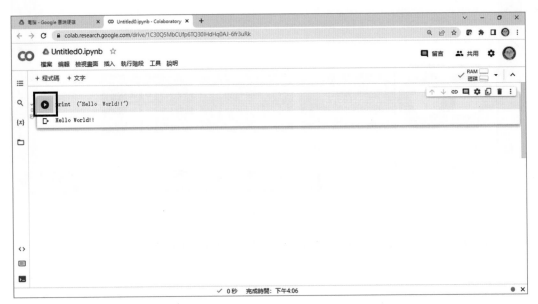

☆圖 5-17   Google Colaboratory 測試結果

5-6   小結

從本章可以理解數據與智慧的關係、預測分析概念以及如何從商業分析情境、商業分析需求，進一步形成數據分析問題、數據分析解決方案類型以及發展與部署預測分析模型。預測分析解決方案主要有幾種類型：聚類、相似性比對、關聯、異常偵測、分類、迴歸、趨勢、連結預測等。根據解決方案類型，資料科學家可進一步選擇適當預測分析演算法建立預測分析模型。

預測分析綜合統計方法、資料探勘方法以及作業研究方法，協助人們發現未知與預測未來，為大數據分析的核心。預測分析包括：業務理解、數據理解、數據準備、建立模型、模型評估、部署應用等 6 項任務，由商業分析師、資料科學家與資訊系統工程師共同合作發展。

習題

1. 請說明百貨周年慶情境或工廠良率改善情境，遭遇甚麼傳統分析上的問題？
2. 請說明 4 種資料分析模式意義並舉商業或生活應用案例。
3. 請說明預測分析的意義。
4. 請簡述 CRISP 數據分析程序。
5. 請說明預測分析的角色以及任務。
6. 請說明 3 項主要數據準備工作為何？
7. 請說明預測模型的意義？
8. 請說明預測模型部署的形式有哪幾種？
9. 請討論預測分析專案的時間分配以及原因為何？

NOTE

Chapter **6**

大數據分析：數據的理解

　　資料是「給定或授予的事實」，亦即用來描述世界的各種事物。
數據分析師理解商業問題後，開始著手從場域蒐集、挖掘、組織數據，
以嘗試利用數位化的資料來描述、分析與解決場域問題。

　　本章從數據的組織開始，帶領讀者理解 Python 組織數據的資料結
構，包含列表、字典、資料框架等。進一步，利用實作範例，讓讀者
瞭解如何利用 Python 進行 CSV 檔案讀取、Log 檔解析，乃至於利用
網頁爬蟲技術讀取 YouBike 空位資訊、解析統一發票號碼等。透過本
章，讀者可以學習到常見的數據組織、解析與擷取的方式。

本章大綱

6-1 問題解決方向

資料（Data）指的是「給定或授予的事實」，亦即用來描述世界的各種事物。人們透過資料的理解而不斷地提升成為知識、智慧，協助人們更好的決策與行動（請見第五章）。

電腦、網際網路、感測器、物聯網讓人、事、物、時、地留下愈來愈多的數位資料，一方面提供更多機會讓人們透過數位化的資料理解世界、一方面產生大量、異質、複雜的數據，讓懂得挖掘的人能夠得到更多的價值。

試著回到第五章百貨公司的情境中，有哪些現有或可以尋找的數位化資料：

- **ERP、POS 系統資料**：百貨公司銷貨、交易的歷史紀錄。
- **客戶滿意資料或 CRM 資料**：百貨公司產品、周年慶活動官方網站、客戶抱怨等資料，可能包含對於產品或活動意見的文字性描述。
- **人流資料**：每天、每個時段或者周年慶活動時的顧客行為資料。人流資料可以來自於百貨公司的人流計數器或其他物聯網、RFID 感測資料。
- **銷售業績資料**：百貨公司或其他競爭商、市場業績的年度、前幾年周年慶的營收資料。
- **總經市場資料**：國內歷年與今年預估 GDP 成長率、消費者物價指數、零售業市場零售銷售狀況、消費者購物趨勢。這些資料可以來自於政府開放資料或者企業購買相關數據等。

以上各種資料來自於關聯式資料庫（如：ERP、POS）、依照時間記錄的人流記錄檔案、政府開放資料的 Excel 或文字檔案等。以此，數據理解就是要在理解商業目標後，進一步搜尋可能的數據、了解數據品質，並思考其他數據來源進行付費購買或與 IT 人員探討數據取得的方法等。

如圖 6-1 所示，ERP 資料庫、交易紀錄表或記載某客戶的交易品項、交易金額或各據點的人流紀錄等不同格式組織起來的數據，就是描述真實世界的部分記錄，是協助人們對場域問題理解的第一步。

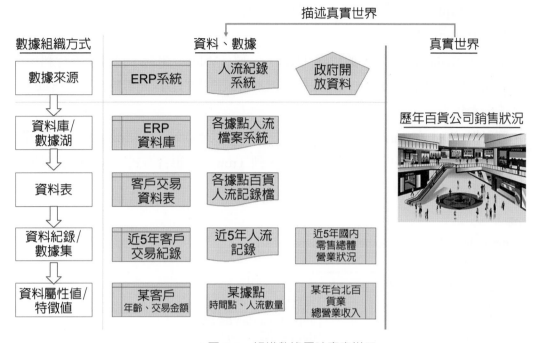

☆圖 6-1 組織數據反映真實世界

　　Python、R 等數據分析工具，即嘗試從資料紀錄、數據集乃至於資料表、資料庫等讀取數據，以進一步進行數據的探索、清理、整合、分析。

6-2 數據組織實作

（一）概念

　　試想一下，你會如何利用數據描述百貨公司情境裡的顧客交易狀況？可能包括顧客的姓名、年齡、性別、交易金額等。每一個顧客的數據組織起來就可以稱為一筆「資料紀錄」；一群顧客的資料，例如：台北分店的全年的顧客交易資料可以稱為一群「資料紀錄」或「數據集」。描述顧客的「姓名」、「年齡」等，則稱為該資料實例的「屬性」或「特徵」（如圖 6-1）。以此，數據分析工具最基本工作就是能夠組織、處理這些資料的結構。

　　Python 組織數據的資料結構有以下幾種類型：

- 列表（**Lists**）：列表包含一系列有順序的、可以變動的各種元素的集合。可以變動意味著可以在既有列表進行擴展、新增、排序等動作。列表以 [ ] 代表元素集合。

- 元組（**Tuples**）：元組包含一系列有順序的、不可以變動的各種對象的集合。元組以 () 代表元素集合。
- 字典（**Dictionary**）：字典以鍵（Key）、值（Value）組合，以方便進行利用鍵查找值。字典是由有順序的、可以變動但不可以重複的各種元素集合。字典以 { } 代表元素集合。
- 資料框（**Data Frame**）：資料框架以二維、可以變動的方式組織各種元素的組合，類似關聯式資料表中的行（column）、列（row）的組合方式。Python 資料框處理可以引入 pandas 資料分析套件來實作。

列表
```
commoditylist = ["book", "clothing", "accessories"]
```
元組
```
mytuple = ("charles", "male")
```
字典
```
cardict = {
 "brand":"Ford",
 "model": "Mustang",
 "year": 1964,
 "colors": ["red", "white", "blue"]
}
```
資料框
```
import pandas as pd
data = [['Charles',40, 30000],['David',45,
450000],['May',29, 56000]]
df = pd.DataFrame (data,columns=['Name','Age','Pay'])
```

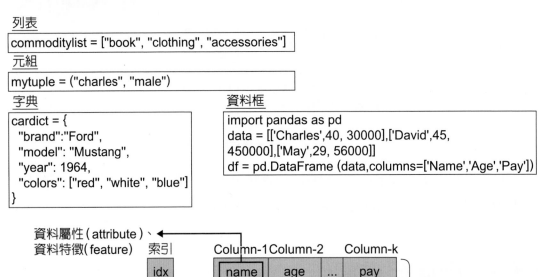

☆圖 6-2　Python 組織數據的主要資料結構

　　如圖 6-2 所示，我們可以將數據以列表、元組、字典乃至於資料框的方式以進行數據的組織，進一步進行數據的分析。程式範例 Ch6-1，舉出 Python 幾種資料結構的簡單操作，讀者可以進一步進行練習。例如：

- 資料框架建立：先利用 import pandas 將函數庫引入；將多個資料列 [] 的結構方式組成 data 資料列表。再利用 pd.DataFrame 轉換成資料框架，並賦予欄位名稱。

↘ **範例 Ch6-1**

```
import pandas as pd
data = [['Charles',40, 30000],['David',45, 450000],['May',29, 56000]]
df = pd.DataFrame(data,columns=['Name','Age','Pay'])
```

- 資料框架索引：將資料框進行 index 索引，利用 loc[] 方法查詢 "Customer3" 這一筆資料紀錄內容，並列出。

```
df = pd.DataFrame(data, index = ["Customer1", "Customer2", "Customer3"])
print(df.loc["Customer3"])
```

當然，大數據的資料常常從各種異質資料格式來源進行擷取，以下是最常見的 CSV 檔案、Log 檔案讀取資料的範例。

（二）CSV 檔案讀取實作範例

CSV 是文字檔案，以空白、逗點或其他符號進行分隔的檔案資料，是大數據分析最常接觸到的數據資料格式。CSV 檔案來源常常是從零售店 POS 交易紀錄、會員資料庫、財務資料庫、政府開放資料等匯出的檔案格式。

如範例 Ch6-2，我們可以利用 pandas 資料分析函式庫的 read_csv() 方法將 CSV 檔案轉成資料框格式。不過，由於利用 colab 雲端 Python 工具，所以先引用函式庫 files.upload() 將檔案匯入雲端中。當執行時，會要求從檔案中匯入，可以選擇將 CustomersTPE.CSV 上傳。

↘ **範例 Ch6-2**

```
from google.colab import files
uploaded = files.upload()
import pandas as pd
import io
df1 = pd.read_csv(io.BytesIO(uploaded['CustomersTPE.csv']))
df1.head()
```

執行完 df1.head() 後，可以看到顯示如圖 6-3 的資料框，即已經把 CSV 檔案資料匯入資料框 df1 中。另一種 colab 雲端檔案上傳的方式則是把檔案先放到雲端硬碟上，再透過 drvie.mount() 對映雲端硬碟檔案位置、read_csv() 讀取檔案，可以嘗試範例檔的第 2 種上傳檔案方式。

```
選擇檔案 CustomersTPE.csv
• CustomersTPE.csv(text/csv) - 139 bytes, last modified: 2023/2/25 - 100% done
Saving CustomersTPE.csv to CustomersTPE.csv
5
```

	id	age	sex	pay	lac
0	101	25	Male	30000	TPE
1	102	30	Male	40000	TPE
2	103	35	Female	45000	TPE
3	104	49	Female	50000	TPE
4	105	18	Male	20000	TPE

☆圖 6-3　本範例讀取 CSV 檔案結果

除了讀取檔案外，常見的檔案作業包含合併檔案、分割檔案：

1. **合併檔案**：把多個不同來源的檔案進行合併，以進行分析，例如：將台北、高雄分店的顧客資料合併。範例檔即示範將上傳在「我的雲端硬碟 /DATA 目錄下」(/MyDrive/Data) 的 CustomersTPE.CSV、CustomersKHH.CSV 等檔案進行合併。程式碼中的 map() 函式會把 joined_list 的各個檔案都套入 pd.read_csv() 功能中進行資料框 CSV 讀取；然後，利用 pd.concat() 將各個資料框進行合併。結果如圖 6-4 所示，合併各地地區的顧客資料。

```
drive.mount('/content/drive')
path = "/content/drive/MyDrive/Data/Customers*.csv"
joined_files = os.path.join(path)
joined_list = glob.glob(joined_files)
jdf = pd.concat(map(pd.read_csv, joined_list), ignore_index=True)
jdf.head(10)
```

```
Drive already mounted at /content/drive; to attempt to forcib
    id  age     sex    pay  lac
0  801   48    Male  25000  KHH
1  802   65  Female  35000  KHH
2  803   52  Female  71000  KHH
3  804   40    Male  23000  KHH
4  805   23  Female  33000  KHH
5  101   25    Male  30000  TPE
6  102   30    Male  40000  TPE
7  103   35  Female  45000  TPE
8  104   49  Female  50000  TPE
9  105   18    Male  20000  TPE
```

☆圖 6-4　本範例多個 CSV 檔案合併結果

2. **分割檔案**：把檔案數據進行分割，以方便管理與分析。例如：將顧客資料分爲男、女生，分別觀察其趨勢或分析。範例檔程式碼分別將 jdf 資料框，依照性別取出 male, female 的資料框，並透過 to_csv() 轉爲 CSV 檔案並顯示在畫面。

```python
import pandas as pd
male = jdf[jdf['sex'] == 'Male']
female = jdf[jdf['sex'] == 'Female']
male.to_csv('Gender_male.csv', index=False)
female.to_csv('Gender_female.csv', index=False)
print(pd.read_csv("Gender_male.csv"))
print(pd.read_csv("Gender_female.csv"))
```

```
     id  age    sex    pay  lac
0   801   48   Male  25000  KHH
1   804   40   Male  23000  KHH
2   101   25   Male  30000  TPE
3   102   30   Male  40000  TPE
4   105   18   Male  20000  TPE
     id  age     sex    pay  lac
0   802   65  Female  35000  KHH
1   803   52  Female  71000  KHH
2   805   23  Female  33000  KHH
3   103   35  Female  45000  TPE
4   104   49  Female  50000  TPE
```

☆圖 6-5　本範例資料框分割檔案結果

(三) Log 檔案讀取實作範例

Log 檔案主要來自於機器、伺服器紀錄運行狀態的日誌檔，常常是 Web 網站、設備感測器紀錄的數據紀錄格式。Log 檔案通常是帶有日期的時間序檔案（或簡稱「時序檔」），如範例檔的 Machinelogs.txt 格式即爲日期、IP 位址、狀態（成功或失敗）、訊息的方式，並以 "|" 符號分隔。

```
2023-03-01 22:26:44 | 140.12.11.2 | SUCCESS | Message
2023-03-01 22:26:54 | 140.12.11.3 | SUCCESS | Message
2023-03-01 22:27:01 | 140.12.11.4 | ERROR | Message
2023-03-01 22:27:03 | 140.12.11.5 | SUCCESS | Message
2023-03-01 22:27:04 | 140.12.11.2 | ERROR | Message
```

在範例程式檔 Ch6-2 中，我們將 Machinelogs.txt 檔案讀取，以鍵、值 (Key, Value) 的字典檔方式放在 Data[] 的列表中，最後將其轉換為 json 格式列出。json 格式是結構化的 web 檔案格式，常常用來進行不同系統間的文件交換。從程式碼中，可以看到幾個重點：

1. **for 迴圈**：Python 的強大功能在於 for 迴圈的彈性使用。例如：[x.strip() for x in details] 將 details 資料中的前後空白或換行符號除掉；{key:value for key, value in zip(order, details)} 將 order, details 變數以 key:value 方式結合（zip 方法），並形成 {} 字典格式。

2. **json 格式**：json.dumps(entry, indent = 4) 將 entry 變數（亦即每一個 key:value 元素）以 json 格式印出；indent = 4 代表縮排 4 格。

```
for line in file.readlines():
    details = line.split("|")
    print(details)
    details = [x.strip() for x in details]
    structure = {key:value for key, value in zip(order, details)}
    print(structure)
    data.append(structure)
for entry in data:
    print(json.dumps(entry, indent = 4))
```

```
{
    "date": "2023-03-01 22:26:44",
    "IP": "140.12.11.2",
    "type": "SUCCESS",
    "message": "Message"
}
{
    "date": "2023-03-01 22:26:54",
    "IP": "140.12.11.3",
    "type": "SUCCESS",
    "message": "Message"
}
{
    "date": "2023-03-01 22:27:01",
    "IP": "140.12.11.4",
    "type": "ERROR",
    "message": "Message"
}
```

☆圖 6-6　Log 檔轉成 json 格式結果

6-3 數據擷取實作 - 網頁爬蟲抓取

(一) 概念

產生大數據大量資料的原因之一即是網站、網頁的不斷地發展，提供許多資料可以查詢、擷取的空間；此外，政府開放資料也提供網站的網頁查詢、CSV、JSON、XML等各種格式資料下載的方式，讓企業、新創業者可以獲取許多公開的資訊。

網頁主要利用 HTML 具備標籤的格式化文字內容進行解析與展現；因此，利用程式進行各個網站的網頁資料抓取，成了時下最為流行的「網頁爬蟲」（web crawler）數據抓取方式。

網頁爬蟲經典案例是 Google 透過各個網頁內容的抓取、索引以及 URL 連結數目，並透過演算法，決定了在 Google 搜尋中各個網頁資料的排名順序，也造就 Google 龐大搜尋廣告的營收來源。此外，企業或電子商務業者可以針對特定網站進行產品名稱、商品價格、評論、促銷資訊等爬取，以理解市場競爭者、消費者的動態，稱之為瞭解「網路輿情」，公眾人物也可以透過網頁爬蟲程式分析理解網路聲量、民眾觀感等。

如圖 6-7 所示，網頁爬蟲程式利用某個 URL 網址，向特定網站進行 HTML 請求命令，並進一步解析 HTML、串連 URL 以連結更多網站等，進行網際網路上的網頁爬取與資料讀取。當然，有些網站會設定反爬蟲方法，以避免有心人士盜取資料或拖垮網站的服務效能等。爬蟲程式牽涉到許多有趣的解析與複雜的網站運作模式，有興趣讀者可以進一步參考相關課題。以下我們介紹兩個簡單的爬蟲程式範例。

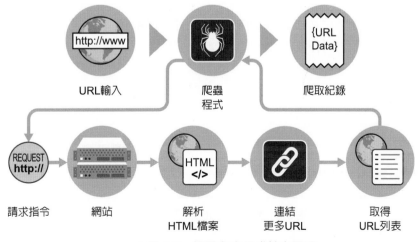

☆圖 6-7 網頁爬蟲程式基本原理

（二）Youbike 車位即時查詢實作範例

　　爬蟲程式在進行解析網頁之前，最簡單的動作就是將網頁的 HTML 內容數據取回。Ch6-3 第 1 個範例，運用 requests 函式將台北市 YouBike 的政府開放資料資訊取回。如程式碼所示，利用 requests.get() 方法即可將請求該 URL 位址資訊，並返回 json 格式儲存在 list_of_dicts 的字典列表中。最後，列印出特定地區（如：文山區）的 YouBike 站剩餘單車數量與地點。透過這樣的資訊，就可以快速發現哪裡還有可以騎乘的 YouBike 單車了！

↘ 範例 Ch6-3(1)

```
import requests
import json
url = 'https://tcgbusfs.blob.core.windows.net/dotapp/youbike/v2/youbike_
immediate.json'
web = requests.get(url, verify=False)
web.encoding='utf-8'
list_of_dicts = web.json()
myarea = " 文山區 "
for i in list_of_dicts:
 if i["sarea"] == myarea:
  print(i["sno"], i["sna"], " 總數 :" + str(i["tot"]), " 剩餘 :" +str(i["sbi"]),
i["infoTime"], i["ar"])
```

☆ 圖 6-8　YouBike2.0 政府資料開放平台網站

（三）統一發票號碼網頁解析實作範例

　　當然，不是所有的網站都像政府公開資料平台一樣提供結構化的 json 格式返回。我們必須要透過解析 HTML 內容以抓取相關重要的資訊。在 Ch6-3 第 2 個範例中，利用 BeautifulSoup 這個函式庫，我們可以尋找 HTML 重要的標籤與文字資訊，將其取回。如範例所示，我們利用 BeautifulSoup 的 find、find_all() 方法，取回財政部統一發票網站的特別獎、特獎、頭獎的數字，並列印出來。

↘ **範例 Ch6-3(2)**

```python
import requests
url = 'https://invoice.etax.nat.gov.tw/index.html'
web = requests.get(url)
web.encoding='utf-8'
from bs4 import BeautifulSoup
# 轉換成標籤樹
soup = BeautifulSoup(web.text, "html.parser")
# 取出中獎號碼的位置
tt= soup.find(class_='etw-container').find(class_='etw-on').text
td = soup.find_all(class_='etw-tbiggest')
ns = td[0].getText()   # 特別獎
n1 = td[1].getText()   # 特獎
# 頭獎，出現 /n 換行符，使用 [-8:] 取出最後八碼
n2 = [td[2].getText()[-8:], td[3].getText()[-8:], td[4].getText()[-8:]]
print(tt)
print("特別獎：" + (ns))
print("特獎：" + (n1))
print("頭獎：" + n2[0] + "," + n2[1] + "," + n2[2])
```

　　在進行這樣解析前，首先會到該網站，點選滑鼠右鍵以檢視網頁原始碼，進行觀察，以確定如何尋找相關標籤與網頁。如圖 6-9 所示，可以發現中獎號碼都在 "etw-tbiggest" 這個 class 標籤下。因此，程式中透過 soup.find_all(class_='etw-tbiggest') 來尋找。因為 class 字眼與 Python 的關鍵字相同，所以利用 class_ 來避免 Python 編譯器誤認。

```
116        <p class="etw-tbiggest"><span class="font-weight-bold etw-color-red">28089459</span></p>
117
118          <p class="mb-0">同期統一發票收執聯8位數號碼與特別獎號碼相同者獎金1,000萬元</p>
119        </td>
120      </tr>
121      <tr>
122        <td headers="th01" class="text-center">特獎</td>
123        <td headers="th02">
124
125          <p class="etw-tbiggest"><span class="font-weight-bold etw-color-red">30660303</span></p>
126
127          <p class="mb-0">同期統一發票收執聯8位數號碼與特獎號碼相同者獎金200萬元</p>
128        </td>
129      </tr>
130      <tr>
131        <td headers="th01" class="text-center">頭獎</td>
132        <td headers="th02">
133
134          <p class="etw-tbiggest mb-md-4">
135            <span class="font-weight-bold">65056</span><span
136            class="font-weight-bold etw-color-red">128</span></p>
137
138          <p class="etw-tbiggest mb-md-4">
139            <span class="font-weight-bold">07444</span><span
140            class="font-weight-bold etw-color-red">404</span></p>
141
142          <p class="etw-tbiggest mb-md-4">
143            <span class="font-weight-bold">44263</span><span
144            class="font-weight-bold etw-color-red">900</span></p>
```

☆圖 6-9　統一發票網站網頁原始碼檢視

是不是很簡單？我們已經完成了轟動武林的爬蟲程式。當然，如果網頁標籤格式變動，就要調整解析方式。此外，有些網頁是動態的，需要先傳遞相關訊息才會回應相關內容，有興趣讀者可以進一步查詢相關網頁爬蟲的撰寫方式。

6-4　小結

從本章可以理解數據組織的概念以及 Python 程式中的列表、字典、資料框架等數據組織的方式。此外，透過 Python 程式範例，我們也學習到如何利用 Python 進行 CSV 檔案讀取、Log 檔案解析以及利用爬蟲程式進行網站的 HTML 內容解析等。

習題

1. 請上網搜尋並思考不同場景，如：醫院、製造業、零售業可能有甚麼數據？會以甚麼樣的數據進行組織？
2. 請說明 Python 數據組織的幾種方式。
3. 請說明網路爬蟲的原理。
4. 請檢視 Yahoo 奇摩股票網頁 (https://tw.stock.yahoo.com/) 的「網頁原始碼」，討論如何運用爬蟲程式抓到台股「上市」、「上櫃」的大盤行情。

NOTE

Chapter 7

大數據分析：數據的準備

運用基本的敘述統計、視覺化圖形，探索資料的規律是數據分析師進行分析的第一步。探索資料的規律後，數據分析師進一步可以思考數據可以運用哪種模型或問題解決方法來分析商業問題。

本章首先協助讀者理解數據的衡量尺度類型，以理解不同尺度類型適合的統計、圖形展示方法。進一步，利用工作薪資、酒的評價、氣溫趨勢等程式範例，讓讀者理解如何利用 Python 程式進行不同類型資料的規律探索。透過本章，讀者可以理解描述性分析或探索性資料分析的概念及 Python 實作方式。

本章大綱

7-1　問題解決方向

　　資料不僅僅能夠描述世界，還能透過分析以理解事物的規律並探究原因。18 世紀工業革命的發展，社會經濟急速發展，亦帶來霍亂等疾病整個歐洲。那時候，微生物學還沒有發展，並不清楚霍亂是怎麼引起的？要如何遏止？

　　1848 年，英國發生了最慘烈的霍亂疫情，死亡人數高達 5 萬人。一名麻醉科醫師斯諾（John Snow, 1813-1858），開始著手調查。首先，斯諾詢問病患，了解有許多人都有腸胃症狀，判斷可能是從口感染。進一步，挨家挨戶地訪查疫情、發現可能與水有關，並調查了供水公司配管數據等；進一步透過死亡的案例，繪出了城區病例的散佈圖。斯諾發現到病例（圖示"圓點"）集中在寬街（broad street）的那一個汲水管（圖示方框"X"）。後來，斯諾說服地方首長將此汲水管拆除，慢慢地平息了霍亂。30 年後，終於透過顯微鏡研究證實霍亂細菌透過水的傳播，斯諾被稱為「現代流行性病學之父」。

☆圖 7-1　斯諾的城區霍亂病例視覺化

　　是不是很像 COVID-19 發生時，疫情指揮中心每天報告的數字、病例趨勢或透過華南市場病例分布，判斷感染源來自於外圍攤販呢？

　　本章介紹的大數據數據準備階段即是將蒐集來的數據透過敘述統計方法、視覺化圖形，以探究數據分布狀況，進一步進行數據的清洗、轉換，以便能夠有效地分析事物規律、探究可能原因。我們也可以說這個階段是一種描述性分析的資料分析模式，協助理解猶如傳統商業分析 What Happened？（請見第五章表 5-1）。

試著回到第五章的商業分析情境中，可以思考以下可能性：

- **百貨公司情境**：周年慶的消費是否與性別、年齡有關？還有甚麼樣的因素可能影響？百貨公司的週年慶營業收入是否與其他百貨公司或市場的成長趨勢一致？
- **工廠情境**：是否可以分析影響品質問題的因素可能有哪些？是否工廠品質良率變化有規律性？可能是甚麼原因？

一旦分析人員愈理解手中的數據，愈能夠回頭深究業務上的問題，並將一步思考與修正可能的數據分析問題。進一步，選擇有效的問題解決方法、數據模型以分析商業問題。

7-2 數據探索與視覺化

（一）概念

要深入了解數據以發現規律與探究原因，要進一步理解蒐集來的資料內涵。第六章我們談的是數據的結構，包含資料屬性、資料特徵、資料紀錄、資料框等；本章進一步深入資料紀錄裡面的內涵，探討資料型態是數值？是分類？或者整體資料的集中、分布狀況為何？

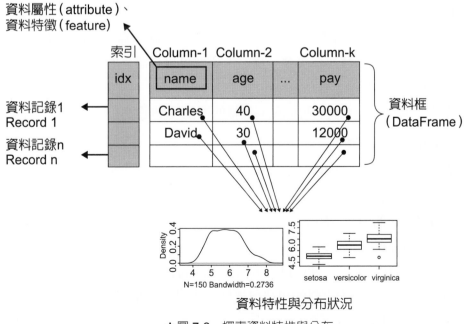

資料特性與分布狀況

☆圖 7-2 探索資料特性與分布

數據主要是用來描述真實世界，進一步深究蒐集取得的數據是如何衡量事物的呢？一般來說，我們可以直覺的分為定量、定性等兩種資料：

- 定量資料（**quantitative data**）：本質上是數值（numerical）的，亦即是可以利用數值來量化衡量的，例如：交易金額、年紀、溫度等。
- 定性資料（**qualitative data**）：本質上是分類（categorical），亦即是衡量某個事物的性質，例如：顧客姓名、性別、百貨公司地點、商品分類。

事實上，有些資料是可以定性也是定量的。例如：對商品的評價可以利用 1-5 顆星來評分，既是一種定量，也是定性的描述商品的喜好：討厭、喜歡、非常喜歡等。在統計上，我們進一步將其分為四種衡量尺度：

- 名目尺度（**nominal level**）：名目尺度的資料是將事物進行分類，並不具備數值計算的意義，例如：性別、血型、商品分類、百貨公司地點等。
- 順序尺度（**ordinal level**）：順序尺度資料有點像數值型、分類型的混合，是一種可以進行排序、比較、計算的分類型資料。例如：顧客對商品滿意度評分 1-5，分數大小具有順序的意義（如：分數愈高代表愈滿意度愈高），並可以進行計算求得平均、加總等。
- 區間尺度（**interval level**）：區間尺度不僅可以像順序尺度資料排序、加總，值之間的距離也有意義。例如：溫度可以排序、加總，溫差也有意義。反之，商品的喜好度、發生的頻率或學生排名差並沒有意義，是一種順序尺度。
- 比例尺度（**ration level**）：比例尺度不僅像區間尺度可以排序、加總以及值之間距離有意義，還具有原點 / 絕對零值，可以進行乘除運算、單位轉換，例如：周年慶交易的金額可以轉換為美金。反之，溫度可以有溫差的意義，但是乘除（如：100℃ /50℃）是沒有意義的。

想一想看，以下哪一些資料可能是甚麼樣的衡量尺度呢？

- 你的油箱有多少油？
- 你的成績等級？ **A+** ？ **B** ？
- 班上同學的居住地？
- 消費者在商店的消費金額？
- 班上同學的年齡？

區分資料的衡量尺度後，就可以思考面對不同的資料，利用何種描述性統計的計算與圖表繪製，以進一步探索資料的規律與趨勢。如圖 7-3 所示不同尺度的特性，以及適合的描述性統計、圖表方式。

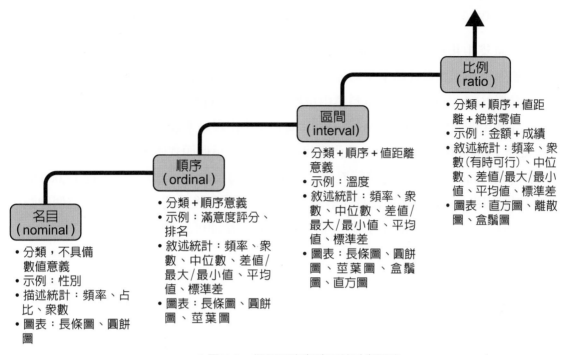

☆圖 7-3 衡量尺度與適用統計與圖表

（二）簡單敘述統計範例

瞭解資料的衡量尺度後，就可以利用不同敘述統計方法開始探索資料的分布、規律。

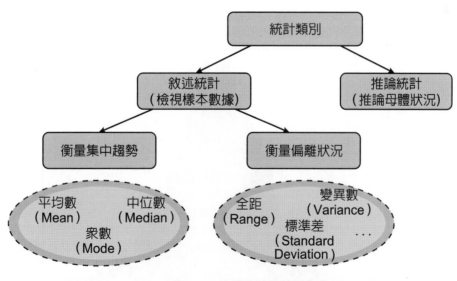

☆圖 7-4 敘述統計的計算方向

在這一階段，通常會使用統計中的敘述統計類別來分析集中與變異狀況：

- **衡量集中趨勢**：(1) 平均數（Mean）：取得的總樣本或觀察值加總後除以樣本總數。例如：計算社區中平均每家庭的孩子數量、計算城市的平均家庭所得。(2) 中位數（Median）：計算資料集中位數的方法，亦即將資料數值依大小排序，找出位於中間的值。(3) 眾數（Mode）：資料集中出現頻率最高的數值。

如下 Python 程式碼 Ch7-1，我們可以引用 numpy 這個函式庫，可以處理許多的統計計算。利用 random.normal 方法隨機產生 5000 個平均值約 27,000，標準差約 13,000 的數值，然後利用 mean() 這個方法即可計算最後平均值。最後，利用 matplotlib 這個繪圖函式庫 hist() 方法，可以繪出直方圖。利用 median() 方法即可計算中位數。

↘ 範例 Ch7-1

```
# 計算集中趨勢
import numpy as np
incomes = np.random.normal(27000, 13000, 5000)
# 平均值
np.mean(incomes)
import matplotlib.pyplot as plt
plt.hist(incomes, 50)
plt.show
# 中位數
np.median(incomes)
```

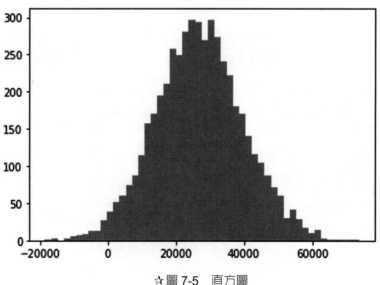

☆圖 7-5　直方圖

在這個階段，數據分析師常常思考的是資料是否有異常，需要把它剔除，以避免讓整個數據分析起來不符合常規。例如：在程式範例中，我們可以把原來的資料加上一個超大的數值；可以發現中位數、平均值計算起來的值差異很大。對數據敏感的數據分析師可以在計算時，就意識到其中有可能有異常的「離群值」，可以考慮找出來把它剔除掉。

```
# 離群值
incomesvar = np.append(incomes, [1000000000000])
np.median(incomesvar)
np.mean(incomesvar)
```

最後，可以利用 mode() 方法來計算眾數。如範例，引用 scipty stats 函數，利用 mode() 方法可以算出我們製造的 250 個 18-90 的亂數整數中 (np.random.randint(18, high=90, size=250))，哪一個數值出現最多。每次亂數產生的值可能不一樣，以這次跑出的結果最多的是 79，共出現 7 次。

```
# 眾數
ages =  np.random.randint(18,  high=90,  size=250)
ages

array([22, 23, 36, 54, 86, 29, 55, 79, 60, 46, 51, 35, 71, 79, 60, 85, 83,
       39, 27, 60, 75, 29, 46, 45, 75, 33, 52, 58, 47, 47, 48, 20, 29, 48,
       79, 19, 82, 76, 77, 44, 56, 45, 48, 47, 46, 85, 26, 32, 64, 52, 69,
       81, 42, 49, 68, 28, 23, 68, 81, 88, 51, 77, 76, 64, 42, 71, 30, 67,
       54, 79, 81, 61, 25, 19, 62, 38, 27, 48, 63, 88, 75, 51, 74, 82, 58,
       28, 39, 73, 82, 28, 87, 86, 70, 86, 50, 57, 44, 69, 43, 45, 66, 32,
       38, 46, 34, 63, 19, 26, 58, 26, 66, 38, 43, 85, 41, 19, 36, 63, 82,
       77, 19, 43, 86, 76, 69, 59, 24, 75, 30, 33, 79, 79, 69, 27, 47, 62,
       22, 47, 18, 64, 52, 73, 49, 40, 86, 46, 31, 39, 28, 50, 32, 85, 50,
       88, 76, 87, 58, 43, 42, 66, 83, 33, 89, 57, 18, 41, 72, 37, 70, 64,
       55, 81, 48, 70, 20, 83, 37, 78, 84, 50, 52, 56, 33, 36, 40, 67, 75,
       20, 34, 30, 57, 49, 61, 72, 21, 53, 45, 41, 37, 80, 21, 22, 89, 66,
       42, 51, 22, 52, 69, 35, 53, 68, 55, 36, 76, 89, 21, 59, 42, 79, 25,
       88, 25, 77, 86, 45, 27, 47, 82, 52, 61, 71, 73, 22, 34, 46, 34, 69,
       63, 43, 53, 22, 59, 86, 58, 56, 87, 80, 48, 38])

from  scipy  import  stats
stats.mode(ages,  keepdims=  False)

ModeResult(mode=79,  count=7)
```

☆圖 7-6　本範例眾數列表

- **衡量變異狀況**：變異數與標準差都是衡量資料分散程度。變異數是每個觀察資料與平均數值差的平方的平均值；標準差則是變異數的平方根。變異數、標準差愈大，代表資料的分散程度愈大，可能要思考去除離群值、異常值或者將資料分為不同群組，以便分析結果更能代表資料狀況。

如範例，我們可以創造平均值約 170，標準差約 50 的 500 個數值，以常態分佈（normal）方式產生，可以利用 std()、var() 分別算出標準差、變異數，大約 50, 2300 左右。進一步可以繪出直方圖。

在範例 Ch7-1 的後面程式，我們列出幾種繪圖的範例，包含圓餅圖、長條圖、散佈圖等，讀者可以試試看結果。

```
# 產生常態分佈 500 個隨機值
incomeshr = np.random.normal(170, 50, 500)
# 標準
incomeshr.std()
# 變異數
incomeshr.var()
# 直方圖
plt.hist(incomeshr, 50)
```

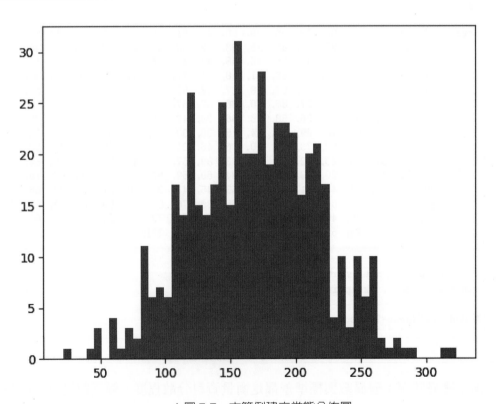

☆圖 7-7　本範例建立常態分佈圖

7-3 　探索性資料分析

（一）概念

從前述的範例中可以看到透過資料衡量尺度的辨別、敘述統計的計算以及視覺化圖形的顯示，我們可以進行資料的評估、選擇、清理等動作。我們又可以將這系列的動作稱爲「探索性資料分析」（Exploratory Data Analysis, EDA），作爲下一階段「建立模型」的數據準備。

探索性資料分析，有以下幾個重要的資料處理與分析動作：

- **選擇數據**：當前一階段「數據理解」選擇了資料紀錄或數據後，數據分析師在這一階段要更細部地選擇哪些時間段、哪些欄位／屬性進行數據探索或建立模型。例如：僅選擇北部區域百貨公司觀察、僅觀察金融海嘯以後的周年慶狀況、篩選可能影響品質因素進行分析。這些均牽涉到前階段對於商業問題、業務、數據的理解並利用敘述統計進行探索。
- **清洗數據**：是否數據集的哪些數據遺漏？具有錯誤的資料？數據的單位不一致？是否有離群值要剔除？這些常仰賴敘述統計以進行數據探索並進行清洗。
- **整合或轉換數據**：有些數據需要整合、合併成新的屬性或者根據公式、標準化等轉換成新的數值（如：服裝分爲不同類型風格；飛機衡量溫度、轉速等不同感測器資料轉爲 0..1 的區間數值）等。此外，爲了避免數據隱私洩漏，也要把資料適度地轉換、去識別化，以避免隱私爭議。

在前一節，我們已經示範了運用敘述統計、視覺化的方式進行了部分的探索性資料分析的練習。以下，我們將採用更眞實開放數據源，以進行探索性資料分析的實作。

（二）EDA 實作 - 舊金山工作類型薪資

範例 Ch7-2，我們取自 Kaggle 網站中關於舊金山工作類型薪資的資料集：Salary-by-job-classification.csv。

在讀取完資料後，首先可以運用 Salarydf.head() 來查看前幾筆資料，以理解該資料集狀況；其次，運用 Salarydf.isnull().sum() 發現資料集並沒有遺失、沒有值的資料。進一步，利用 Python pandas 函式庫的資料框提供的 describe() 方法，可以快速觀察該資料集的各個數值屬性的平均值、中位數等敘述統計狀況。

如圖 7-8 的列表，可以發現 FY 這個 2010 年度被當作數值來計算；此外，Biweekly High Rate 雙周最高薪竟然最小值為 0。

數據分析師可以先利用 Salarydf.FY.astype(str) 把 FY 轉為非數值的字串。其次，利用 Salarydf[Salarydf['Biweekly High Rate']!=0] 取出非臨時工的資料框 Salarydf1 作調查（註：這就是一種「選擇數據」）。

```
Salarydf.describe()
```

	FY	Sum FTE	Biweekly Low Rate	Biweekly High Rate
count	2986.0	2986.000000	2986.000000	2986.000000
mean	2010.0	10.566202	2859.964943	3474.723912
std	0.0	63.911325	1214.254594	1446.844802
min	2010.0	0.000000	0.000000	0.000000
25%	2010.0	1.000000	2074.000000	2521.000000
50%	2010.0	2.000000	2700.000000	3263.000000
75%	2010.0	6.000000	3446.000000	4188.000000
max	2010.0	2054.750000	12120.770000	12120.770000

☆圖 7-8　本範例資料框敘述統計

最後，利用 Salarydf1['Biweekly High Rate'].value_counts().plot(kind='box') 方式，繪出盒鬚圖。從圖中可以發現該雙周薪水離群值很多，的確薪資水平差異蠻大。

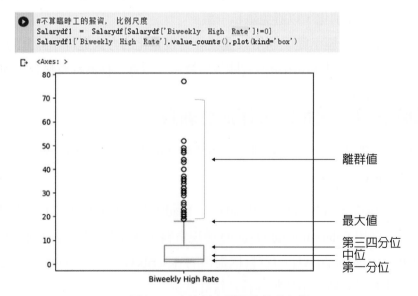

☆圖 7-9　本範例盒鬚圖數據分布狀況

不過，我們想要了解哪些工作雙周薪水特別高，不需要剔除離群值。我們可以運用 scatter 離散圖來檢視一下不同工作類別離散程度。

進一步，我們運用 Salarydf1. groupby('Job Title') 方式，將前 20 大平均值，利用長條圖列出以找出前 20 大薪資職位。另外，由於雙周薪水是比例尺度資料，除了計算、排列外，還可以進行除法。程式中我們算出最高與最低薪資，並相除得到 484 倍的數字，代表薪資的差距狀況。

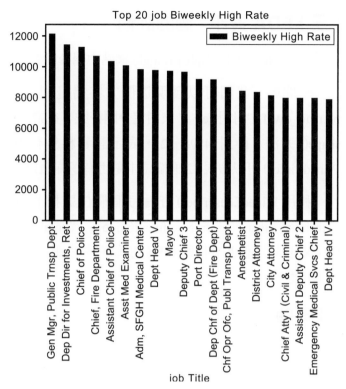

☆圖 7-10　本範例長條圖列出前 20 大工作類別雙周薪水

↘ 範例 Ch7-2

```
# 比例尺度 排序
TopSalary = Salarydf1.groupby('Job Title')[['Biweekly High Rate']].mean().
sort_values('Biweekly High Rate', ascending=False).head(20)
# 繪製長條圖
TopSalary.plot(kind='bar', title='Top 20 Job Biweekly High Rate',
color='darkorange')
# 比例尺度 除法有意義
SortedSalary = Salarydf1.groupby('Job Code')[['Biweekly High Rate']].mean().
sort_values('Biweekly High Rate', ascending=False)
# 最高與最低薪資比例
SortedSalary.iloc[0][0] / SortedSalary.iloc[-1][0]
```

（三）EDA 實作 - 酒的評價

範例 Ch7-3，我們取自 Kaggle 網站中關於酒類評價的資料集：winequality-white.csv。

一開始，我們可以發現這個文字檔是利用 " ; " 分隔，在 Python pandas 方法 pd.read_csv() 中可用 sep=';' 來指定分隔符號。在讀入資料框 Winedf 後，可以用用 Winedf. shape() 方法，得到 (4898, 12)，表示該資料集有 4898 筆資料紀錄、12 個欄位。利用 Winedf.info() 可以檢視 12 個欄位中是否有遺漏值以及資料型別。

利用 Winedf.describe() 查看每個欄位數據的資料分布狀況。從列表中可以發現 "residual sugar"，"free sulfur dioxide"，"total sulfur dioxide" 等幾個酒的成分最大值 (MAX) 與第三個四分位數 (75%) 數值有些差距，可能有離群值。我們可以繪出數個盒鬚圖進行觀察。

↘ 範例 Ch7-3

```
import matplotlib.pyplot as plt
fig, axes = plt.subplots(nrows=2, ncols=2)
#add DataFrames to subplots
Winedf['residual sugar'].value_counts().plot(ax=axes[0,0], kind = 'box')
Winedf['free sulfur dioxide'].value_counts().plot(ax=axes[0,1], kind = 'box')
Winedf['total sulfur dioxide'].value_counts().plot(ax=axes[1,0], kind = 'box')
Winedf['quality'].value_counts().plot(ax=axes[1,1], kind = 'box')
```

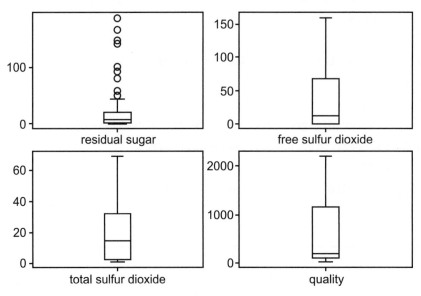

☆圖 7-11　本範例盒鬚圖檢視離群值狀況

從圖 7-11 中可以發現，僅有"residual sugar"有離群值，可以進一步檢視處理。

此外，我們想要進一步看顧客對於酒的評價分數"quality"，是一種順序尺度。我們可以運用 Winedf.quality.value_counts() 計算不同評價的數量，發現有 3,4,5,6,7,8,9 等分數評價，以"6"最多，有 2,198 筆，可以繪出長條圖、圓餅圖。

最後，若數據分析師思考想要建立這 12 個酒成分是否影響顧客對於評價 quality 的評分。數據分析師可以先利用「相關」探討是否可以選出最可能的幾個成分來與評價 quality 建立模型。如程式碼所示，我們利用 seaborn 的 heatmap() 方法來繪出各欄位屬性的相關（利用 corr()）熱點模型。其中參數 annot=True 代表要把相關係數值顯示出來。

```python
import seaborn as sns
import matplotlib.pyplot as plt
#specify size of heatmap
fig, ax = plt.subplots(figsize=(10, 5))
sns.heatmap(Winedf.corr(), cmap='Blues',annot= True)
```

如圖 7-12 所示的熱點圖，可以發現 (1)"density"與"residual sugar"有強的正相關 0.84、與"alcohol"有強的負相關 -0.78，可考慮"density"是否不加入模型中；"free sulfur dioxide"，"citric acid"與"quality"的相關各只有 0.0082, -0.098，考慮是否建模型時不考慮這兩個因素。例如：利用 Winedfformodel=Winedf.drop(columns=['free sulfur dioxide','citric acid']) 去除弱相關的欄位，建立新的資料框，為了未來建模的準備。

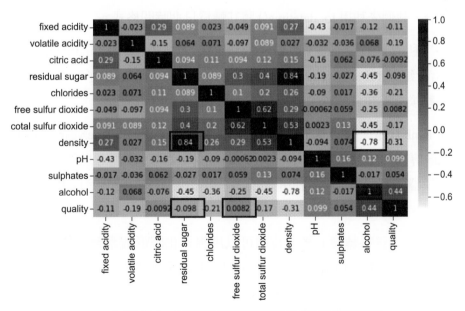

☆圖 7-12　本範例相關熱點圖檢視考慮建模的屬性

（四）EDA 實作 - 城市氣溫的趨勢

範例 Ch7-4，我們取自 Kaggle 網站中關於世界地面溫度的歷史紀錄，限縮在大城市的資料集：GlobalLandTemperaturesByMajorCity.csv。

從程式碼中可以看到，我們利用 Tempdf.isnull().sum() 可以發現 "AverageTemperature" 有許多的遺漏值。這種特別發生在天氣、交通、設備等連續觀測紀錄上。我們可以將遺漏值予以剔除：Tempdf.dropna(axis=0, inplace=True)。當然，有些例子，我們可能要用平均、內插、外插等各種方式來解決遺漏值問題，後續章節有相關作法或可以參考相關大數據分析書籍以更深入理解。

↘ 範例 Ch7-4

```
# 新增年的欄位
Tempdf['dt']=pd.to_datetime(Tempdf['dt'])
Tempdf['year']=Tempdf['dt'].map(lambda value: value.year)
# 只看台北，並新增世紀的欄位
import numpy as np
TempTPEdf = Tempdf[Tempdf['City'] == 'Taipei']
TempTPEdf = TempTPEdf.assign(century = TempTPEdf['year'].map(lambda x:
np.floor(x/100)+1))
```

在本例，我們想查看 "Taipei" 台北城市幾世紀來的平均溫度趨勢。首先，由於 "dt" 是年分，我們先利用 to_datetime() 將其轉為日期時間格式。

進一步，利用 map(lambda value: value.year) 的方式，取出 Tempdf['dt'] 的年分 (value.year) 傳回給新建立 Tempdf['year']。是不是很巧妙？這時我們建立了新的欄位，可以說是一種「資料轉換」，在資料科學中常用「特徵建立」來稱呼。

Python lambda 是一個特殊的函數；如程式 lambda value: value.year，即將第一個傳入參數 value 傳入，並傳回 value.year 的年份值。同樣地，我們可以利用 lambda 新增一個 "century" 欄位來代表世紀，利用 lambda 將年份傳入，並將其除以 100+1 傳回以產生「世紀」的值。

在做完這些「資料轉換」後，我們可以用視覺化圖形觀察台北的平均溫度，如圖 7-13 為依年、依世紀的平均溫度變化，台北是不是越來越熱了！

```
# 依世紀別的台北平均溫度直線圖
TempTPEdf.groupby('century')['AverageTemperature'].mean().plot(kind='line',
title = 'Taipei Temperature by Century')
# 依世紀別的台北平均溫度直線圖
TempTPEdf.groupby('year')['AverageTemperature'].mean().plot(kind='line', title
= 'Taipei Temperature by year')
```

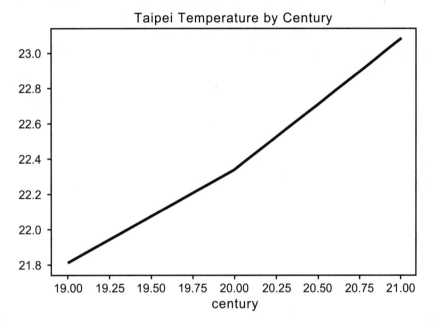

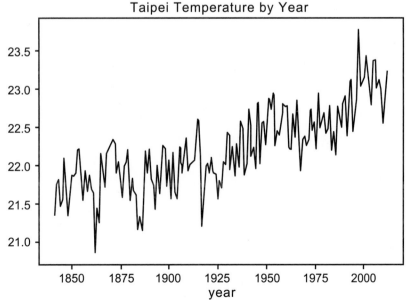

☆圖 7-13　本範例台北氣溫變化趨勢

7-4　小結

　　從本章可以理解數據衡量尺度的概念、探索性分析以及簡單及敘述統計、視覺化圖形分析概念與方法。此外，我們也學習到如何利用 Python 進行各種類型行量尺度的概念以及計算平均值、中位數、標準差的統計方式以及繪出直方圖、長條圖、離散圖等。

　　在衡量尺度上，(1) 名目尺度指的是分類的資料，如：性別、商品分類。(2) 順序尺度是一種排序、比較的資料，如：滿意度評分。(3) 區間尺度不僅可以排序也可以加總，值之間距離也有意義，如：溫度。(4) 比例尺度可以排序、加總以及值之間距離有意義，還具有原點或絕對零值，可以進行乘除運算、單位轉換，如：銷售額、捐款金額等。在敘述統計上，包含衡量集中趨勢的平均數、中位數以及衡量分散趨勢的標準差、變異數等統計方法。

　　探索性資料分析就是利用數據衡量尺度的辨別、敘述統計的計算以及視覺化圖形的顯示，以進行資料的 (1) 選擇 (2) 清洗 (3) 整合或轉換等動作，作為下一階段「建立模型」的準備。

習題

1. 請說明 4 種衡量尺度的意義,並舉例說明。
2. 請說明敘述統計中衡量集中趨勢、分散趨勢的方法,並說明對於數據分析的意義。
3. 請說明探索性資料分析的概念以及幾種作法。
4. 請說明離群值的意義,並試舉出如何找出?
5. 請從網路搜尋並舉例 COVID-19 疫情發生時,疫情指揮中心如何利用敘述統計、視覺化圖形說明疫情發展狀況。

NOTE

Chapter **8**

大數據分析：聚類與分類

　　數據「分析」的道理即是將事物「分」離，進一步解「析」。
本章從相似、分群、分類、比較問題解決的概念說明，帶領讀者進
入後續幾章大數據分析概念與實作。

　　在分析模型上，本章以聚類、決策樹分類模型為焦點，介紹
K-Means 聚類、決策樹分析的概念、應用方向與實作範例。透過本章，
讀者可以開始領略預測分析的程序以及解決問題方法。讀者也可以透
過本章，了解 K-Means 聚類、決策樹分析兩種模型方法。

本章大綱

8-1　問題解決方向

8-2　聚類分析實作

8-3　分類分析實作

8-4　小結

8-1 問題解決方向

　　尋找相似性，進而分群、分類或比較，是商業分析或預測分析的分析基礎。試想「分析」這個字，即是先將事物進行「分」離才能解「析」。例如：市場分析人員想將顧客「分群」，以針對「不同類型」的顧客群進行不同的推銷方式。品管工程師將可能影響品質原因「分類」，進一步解析哪些製程原因可能使得產品發生缺陷。傳統商業分析利用描述性方法，如：圖 5-2 的直方圖，讓分析人員主觀推敲相似與差異。大數據預測分析則運用「數據＋演算法」進行客觀、以數據為基礎的問題解決方法：

1. 聚類（**Clustering**）：群體中是否可分為不同相似特性的群組？

2. 分類（**Classification**）：解析群體中應分為哪些類型？其分類的原因為何？這些原因如何影響分類結果？

3. 相似性比對（**Similarity matching**）：根據已知個體，是否可找出相似的個體？

4. 異常偵測（**Abnormal detecting**）：根據已知群體，是否可找出異常行為的個體？

　　如圖 8-1 列出聚類、分類、相似性比對、異常偵測等預測分析問題解決方案的概念。本章後續分別實作聚類、分類的方法，後面幾章則聚焦在相似性比對、異常偵測與迴歸。

聚類
將數據分成不同群組

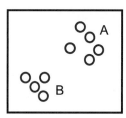

分類
將數據分為不同類別並預測

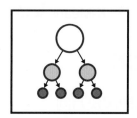

異常偵測
是否偏離目標群組

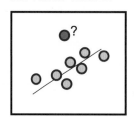

相似性比對
是否具相似性

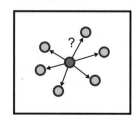

☆圖 8-1　四種預測分析方案類型概念

8-2　聚類分析實作

（一）概念

聚類分析（Clustering）是一種將資料進行自動分類的方法。聚類分析主要原理在於透過某種規則計算，將資料歸為幾種群組，使得同類資料群組內差異小、類別間的組外差異大。

由於聚類分析方式十分簡單，且分析人員不需事先明瞭資料特性或領域別知識，常可作為資料的初步過濾分析，例如：先將資料分群後，選出值得關注的某一群資料，再進一步利用其他方法深入探索原因與發現規則。以下列出幾個分析案例：

1. 信用卡公司將依照顧客的消費頻率、消費金額、利息支付等屬性，運用聚類分析發現可區分為三大顧客群：高度收支平衡的「左輪手槍型客戶」、「大筆交易型客戶」、「便利型用戶」。針對每種類型客戶，可思索不同誘發刷卡的策略。

2. 報紙公司將訂閱戶的訂閱時間、付款形式、人均收入、投訴率、年紀等屬性，運用聚類分析發現 4 個類型。行銷人員進一步針對「只有訂閱週日」報紙類型的客戶，進行平常日訂閱的電話促銷優惠方案行銷。

3. 農業大數據公司想要進行農作物收成預測，首先運用聚類分析將不同農地依肥料使用、天氣數據、農作物類型分為幾個群組，再進行預測分析。

4. 報紙公司想要針對不同城鎮予以歸類，以編輯製作不同新聞內容的報紙。報紙公司將不同城鎮的人口平均收入、訂閱戶訂閱時間、孩子數量、人口教育水準等進行聚類分析，劃分為 12 個編輯區的不同城鎮。

從這些案例可以理解，進行聚類分析可以再進一步思考以下問題：

1. 甚麼是聚類的對象呢？例如：訂閱戶、農地、城鎮。

2. 哪些屬性可以代表對象？例如：訂閱戶的訂閱時間 / 人均收入、城鎮的人口平均收入、孩子數量、訂戶平均收入等。這些代表屬性可能來自於分析師主觀判斷、假設及透過描述性分析判定。

3. 屬性要從哪些地方蒐集？例如：信用卡公司消費者刷卡紀錄、國家人口統計資料庫、社群網站等。

4. 屬性要怎麼轉換以代表對象？例如：城鎮教育水準利用大學以上學歷的人口比率代表；訂閱戶的訂閱時間以 1 年內、2 年為區分。

最後，數據分析師或資料科學家要進一步選擇適當的聚類分析演算法，例如：資料間距離判定（如：K-means、K-Medoids 演算法）、資料密度判定（如：DBSCAN 演算法）、期望值判定（如：EM 演算法）等。這些聚類分析演算法通常具有以下特性：

1. 延展性：聚類分析演算法常僅適用於數百、數千資料的分群，太大量的資料可能會有偏誤。

2. 異質類別處理：許多聚類分析演算法均以差距作為分析，可以適用於類別、數字型態等資料型別。

3. 不需豐富領域知識：許多聚類分析演算法僅需輸入少數參數，且分析師不需對數據領域具有豐富知識以作為判別。

4. 雜訊處理：許多聚類分析演算法可以屏除異常或雜訊資料，使得計算結果偏誤不會過大。

5. 簡單維度：許多聚類分析演算法僅能處理 2-3 個資料屬性的分類，並不適用利用過多屬性進行群組分類。

回顧第五章的兩個商業應用情境：(1) 行銷經理小敏是否可運用多種顧客屬性、顧客消費行為等，針對顧客進行分群？(2) 生產課長小剛是否可將根據各批生產缺陷歷史數據進行分群，以分析各批是否有所不同？進一步找出可能原因？

（二）K-Means 實作範例

K-Means 平均值演算法是最簡單與易用的聚類分析演算法之一。K-Means 將每一聚類對象的數據都視為空間上的 1 個點。K-Means 目的是找到 K 個點作為群集中心，每個 1 個點（聚類對象）歸屬於最近的群集中心。群集中心以群集的屬性平均值為數值，不斷地疊代計算以找出 K 個中心點為止，亦即決定聚類組別數目。數據點是屬於哪個群組別，根據散佈圖中離哪一個中心點最近而決定。K 值由分析師設定演算法的參數值決定。如圖所示，數據分析師設定 K=3，找出 3 組的聚類。K-Means 對於異常值或極值敏感，穩定性差，因此適用於分布均勻的大樣本資料集。

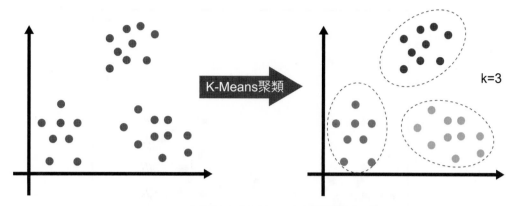

☆圖 8-2 K-Means 方法的概念

以下介紹利用 Python 實現的案例。

1. 業務理解

本範例 Ch8-1 為國家出生率與死亡率的社會總體資料。社會總體資料可以從國家統計局、政府公開資料網站等取得，對於理解某地區的社會人口狀況、醫療狀況、所得狀況、消費趨勢等均有所助益。通常我們對於這些總體趨勢不夠清楚，可以先從探索性分析、聚類方法以了解資料樣貌。

2. 數據理解與準備

本例為從公開網站下載的國家出生率與死亡率文字檔資料，資料以空白進行分隔。利用 birthcdf.info() 可以了解該資料有 68 筆資料、3 個欄位。我們利用 birthcdf.columns = ['country', 'birth', 'death']，將資料框架命設定 country（國家名）、birth（出生率）、death（死亡率）3 個欄位命名。

↘ 範例 Ch8-1

```
birthcdf = pd.read_csv(io.BytesIO(uploaded['BirthforCluster.txt']), sep=' ')
birthcdf.columns = ['country', 'birth', 'death']
birthcdf.info()
birthcdf.columns = ['country', 'birth', 'death']
birthcdf.head()
```

我們可以進一步利用敘述統計、圖形等進行資料探索分析。如程式碼，我們利用散佈圖觀察出生率、死亡率的分布狀況。如圖 8-3 所示，似乎可以觀察到資料點有 2 或 3 個群組聚集的傾向，可以利用聚類分析進一步釐清。

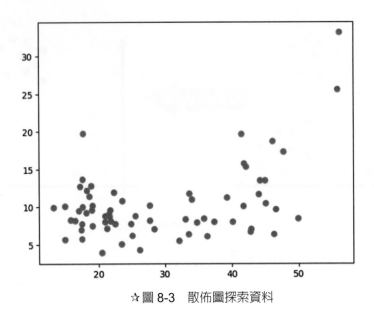

☆圖 8-3　散佈圖探索資料

3. 建立模型

我們引用 sklearn 的 cluster 函式庫中的 KMeans 方法，利用 KMeans(n_clusters=3, n_init =10).fit(birthx) 指令，即可建立 KMeans 模型。其中參數，n_clusters=3 代表 K=3，尋找 3 個中心以分組；n_init =10 表示利用 10 個隨機點開始尋找中心點。

plt.scatter(birthx[:,0], birthx[:,1], c=model.labels_.astype(float)) 即表示繪散佈圖；而參數 c 代表不同點的顏色，利用建立 kmeans model 模型中的 labels_ 所代表每個資料點，分屬為 0, 1, 2 等 3 個中心點的數值作為顏色繪出；因此，可以在散佈圖上分別著上不同組別資料點顏色。

```python
from sklearn.cluster import KMeans
import matplotlib.pyplot as plt
# 建立 K-Means 模型並繪出散佈圖
birthx=birthcdf.filter(items=['birth','death']).to_numpy()
model = KMeans(n_clusters=3, n_init =10).fit(birthx)
plt.figure(figsize=(8,6))
plt.scatter(birthx[:,0], birthx[:,1], c=model.labels_.astype(float))
# 標示中心點與關心的國家
n=birthcdf.filter(items=['country']).to_numpy()
centers = model.cluster_centers_
plt.scatter(centers[:,0], centers[:, 1], c='black',s=100, alpha=0.5);
strings = ['TAIWAN', 'CHINA', 'JAPAN','INDIA','HONGKONG','UNITEDSTATES']
```

```
for i, txt in enumerate(n):
  if txt in strings:
    plt.annotate(txt,(birthx[i,0],birthx[i,1]))
plt.show()
```

　　最後，我們利用 plt.annotate() 將資料中心、關心的國家名字標示在資料點上，可以作為資料分析與解釋。如圖 8-4 所示，我們可以看到日本、美國、印度似乎在同一個組別；中國、台灣、香港則在另一個組別，表示社會人口情況可能分屬在不同組別。

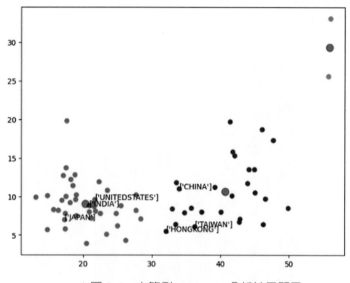

☆圖 8-4　本範例 K-Means 分析結果顯示

4. 模型評估

　　儘管我們在資料探索時，透過散佈圖主觀判斷資料點可以分為 3 個類別，因而利用 k=3 的 K-Means 建立模型。不過，3 個聚類真的是最好的嗎？ Python sklearn 套件提供 metrics 這個方法進行聚類的績效評估。

　　如程式碼，透過 for 迴圈，我們可以設定 k=2-11，建立不同的模型以計算 metrics. silhouette_score() 的輪廓係數的績效。metrics.silhouette_score() 主要的參數為資料框 birthx 的資料點以及每次建模後所產生 model.labels_ 各資料點屬於的聚類組別，進行計算。最後，繪出 k=2-11 的分數長條圖，愈接近 1 愈好。如圖 8-5 所示，我們可以判斷 k=2 或 3 的分數最高。

```
# 3. 模型評估 - 評估 Kemans K 值績效
from sklearn import metrics
silhouette_avgs = []
ks = range(2, 11)
for k in ks:
    model = KMeans(n_clusters=k, n_init =10).fit(birthx)
    cluster_labels = model.labels_
    silhouette_avg = metrics.silhouette_score(birthx, cluster_labels)
    silhouette_avgs.append(silhouette_avg)
plt.bar(ks, silhouette_avgs)
```

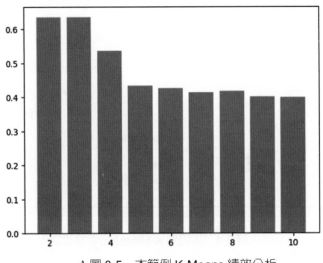

☆圖 8-5　本範例 K-Means 績效分析

5. 其他聚類方法

　　除了 K-Means 外，還有各種聚類的方法，例如：階層式（hierarchy clustering）、DBSCAN 等。如本章所附的階層式聚類程式碼，執行程式後，可以看到階層式聚類會產生 2 個不同聚類組別。數據分析師可以進一步的分析與解釋。

```
#4. 補充：階層式系譜群組
from scipy.cluster.hierarchy import linkage, dendrogram
complete_clustering = linkage(birthx, method="complete", metric="euclidean")
average_clustering = linkage(birthx, method="average", metric="euclidean")
single_clustering = linkage(birthx, method="single", metric="euclidean")
dendrogram(complete_clustering)
plt.show()
```

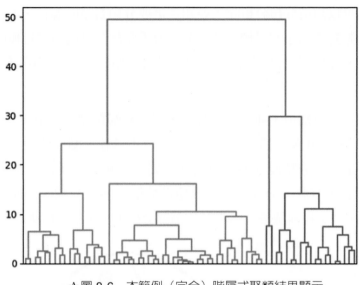

☆圖 8-6　本範例（完全）階層式聚類結果顯示

8-3　分類分析實作

（一）概念

聚類分析僅僅將不同目標進行分組，不容易讓決策者清楚知道分組的原因。許多時候，企業分析應用的情境需要解析原因，亦即回答爲什麼？（Why）的問題。例如：哪些因素（屬性）決定顧客在周年慶消費的金額多寡？哪些因素會導致顧客流失至競爭者？哪些設備或製程因素影響產品的良率？哪些因素會導致房貸顧客還款或不還款？

分類分析的目的即是運用歷史數據學習有效的分類規則（影響因素），以協助進行預測。如圖 8-7 所示，銀行想要知道影響顧客還款的因素，以決定貸款利息、本年度發放貸款額度等決策。銀行從過去顧客還款紀錄中，運用顧客的性別、年齡、所得、貸款總額等屬性進行分類，看哪些分類規則最容易分辨？如圖 8-7 所示，運用所得 4 萬元的分類，可以發現：所得小於 4 萬，還款機率是 0.43、不還款機率是 0.57；所得大於等於 4 萬，還款機率是 0.78、不還款機率是 0.22。以此，如果有一個新顧客進行貸款，其所得爲 4.5 萬，銀行就可以預測其還款機率約 78%。

　　以此，我們可以知道分類分析除了要知道需要分類對象的屬性，如：所得、貸款總額；還要決定分類對象的預測目標，即：還款或不還款。具備預測目標的分析方法稱為「監督式學習」，如：分類分析方法。不具備預測目標的分析方法稱為「非監督式學習」如：聚類分析方法。

　　此外，我們還可以知道，運用屬性分類，不容易歸類完美的結果。如圖 8-7 所示，所得小於或大於等於 40 萬，都有部分還款、部分不還款。屬性值的邊界會是哪裡？是 40 萬或 45 萬才是好的分類規則嗎？要用全部屬性分類還是部份屬性？屬性是否有分類先後順序？以此，有許多分類分析方法協助能解決各項分類的問題，包括：決策樹（Decision Trees）、支援向量機（SVM）、迴歸分析等，本章介紹決策樹。

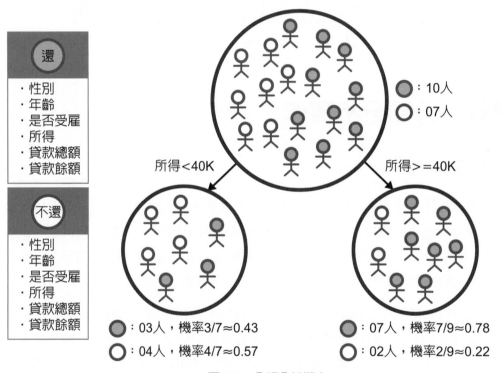

☆圖 8-7　分類分析概念

（二）決策樹方法

　　CART（Classification and Regression Tree）決策樹演算法是最常見的決策樹演算法，並適用於連續型或離散型的目標變數。CART 與其他許多決策樹演算法一樣，均是由上而下進行分割、分支以建立樹根節點、節點與葉節點的樹狀結構。

　　Python scikit-learn 套件採用優化版的 CART 算法，但不支持類別型的目標變數。scikit-

learn 具 備 DecisionTreeClassifier、DecisionTreeRegressor 兩 種 模 式。DecisionTreeClassifier
模式中，較適用類別的離散型目標變數，但必須要將目標變數轉爲整數；
DecisionTreeRegressor 則是適用目標變數爲具備小數的浮點數值，如：銷售金額。

以下以 Python 語言爲分析工具，示範客戶捐款預測案例進行 CART 決策樹建構的範例。

（三）決策樹實作範例

1. 業務理解

本範例 Ch8-2 資料來源爲 KDD Cup 1998 資料案例，主要目的是透過會員過去捐款
狀況與會員屬性，預測下一次郵件行銷時，會員捐款可能性或金額。以此，主管單位可
以針對最可能捐款的會員寄送郵件，以節省郵件成本，並獲得最大效益。儘管是早期的
案例，至今在零售業要理解顧客可能的消費情況受到甚麼因素影響，仍然適用這樣的概
念。

2. 數據理解與準備

從資料來源（cup98LRN.txt）可以觀察約有 95,412 筆資料、481 個欄位。481 個欄
位代表每個一個會員相關屬性變量（包括：年齡、平均消費金額、職業別、家庭所得等
等）以及是否捐款（Target_B 欄位）以及捐款金額（Target_D 欄位）。由於本案例爲眞
實數據，因此在數據準備與探索階段，分析師必須將遺漏或不全的資料進行整理，並要
從 481 個屬性中選擇可能的輸入（影響）變量，以簡化分析與決策複雜性。（註：本例
資料較大，利用 Google Colaboratory 雲端分析工具讀取檔案可能花費 15 分鐘上傳。）

↘ 範例 Ch8-2

```
cup98Subdf= cup98df.filter(items=["TARGET_B","TARGET_D","AGE", "AVGGIFT", "CARD
GIFT", "CARDPM12",
"CARDPROM", "CLUSTER2","GENDER","HIT", "HOMEOWNR","DOMAIN","HPHONE_D", "INCOME
", "LASTGIFT", "MAXRAMNT",
"MINRAMNT", "NGIFTALL", "NUMPRM12","TIMELAG"])
cup98Subdf.info()
cup98Subdf.dropna(axis=0, inplace=True)
```

如程式碼所示，我們首先選擇了包含目標變數捐款紀錄 Target_B 及捐款金額 Target_
D 欄位等 20 個欄位。詳細的 481 個欄位的定義可以從資料集中所附的字典檔 cup98dic.
txt 瞭解每個欄位的意義，探索可能選擇的欄位。

　　當然，我們可以利用敘述統計或圖形進行探索可能的影響捐款的變數有哪些？如程式碼，我們篩選 'TARGET_D'>0 的紀錄進行觀察。將年齡劃分為 0-20、21-40、41-60、61-80、81-100 的區間，並利用箱型圖觀察是否影響捐款金額。如箱型圖，20-80 平均捐款金額較高，且 61-80 最高；年齡似乎影響捐款金額，可以將其選擇為影響變數之一。

```
cup98POS=cup98Subdf[cup98Subdf['TARGET_D']>0]
cup98POS['AGERANGE']=pd.cut(cup98POS['AGE'],5,labels=["0-20", "21-40", "41-
60", "61-80","81-100"])
cup98POS.boxplot(column='TARGET_D', by='AGERANGE')
```

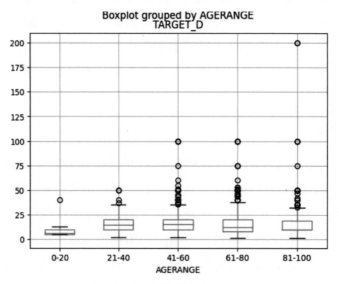

☆圖 8-8　年齡區隔與捐款金額箱型圖

　　在經過資料探索後，終於可以決定先採取哪些變數並建立決策樹模型。如程式碼所示，我們選擇 'AGE' 等欄位做為可能的影響變數，建立新的資料框架 cup98X。此外，由於 Python scikit-learn 套件的決策樹模型在影響變數上必須利用數值，我們先建立 d 的字典 {}，再利用 map(d) 方式將幾個非數值的欄位轉換成 0,1,2 等數值。

```
# 決策樹變數處理
cup98X= cup98Subdf.filter(items=["AGE", "AVGGIFT", "CARDGIFT", "CARDPM12",
"CARDPROM", "CLUSTER2","GENDER","HIT", "HOMEOWNR","DOMAIN","HPHONE_D", "INCOME
", "LASTGIFT", "MAXRAMNT",
"MINRAMNT", "NGIFTALL", "NUMPRM12","TIMELAG"])
# 轉換屬性
d = {'H':1, 'U': 0}
```

```
cup98X['HOMEOWNR']=cup98X['HOMEOWNR'].map(d)
d = {'M':1, 'F': 0}
cup98X['GENDER']=cup98X['GENDER'].map(d)
cup98X['SES']=cup98X['DOMAIN'].map(lambda X: X[1:2]).to_numpy()
d = {'1':1, '2': 2, '3':3, '':0}
cup98X['SES']=cup98X['SES'].map(d)
d = {'U':1, 'C': 2, 'S':3, 'T':4, 'R':5}
cup98X['URBANCITY']=cup98X['DOMAIN'].map(lambda X: X[0]).map(d)
cup98X=cup98X.drop('DOMAIN', axis = 1)
```

其中，較爲複雜的是，從 cup98dic.txt 資料字典中，瞭解 "DOMAIN" 這個欄位代表城市 / 鄉村與社經地位，分別爲 U/C/S/T/R + 1/2/3 的組合。分析師認爲這可能影響捐款的金額，因此，程式碼中將欄位分離爲 "SES"、"URBANCITY" 等兩個欄位，做了個「整合或轉換數據」的資料轉換。程式碼爲：

cup98X['SES']=cup98X['DOMAIN'].map(lambda X: X[1:2]).to_numpy()

這個作法是一個簡潔的 Python 資料轉換技巧。Lambda 函式會將 cup98X['DOMAIN'] 欄位資料的第 2 字元 (X[1:2]) 取代資料 (X)，成爲 cup98X['SES'] 欄位的值。cup98X['SES'] 再利用 map(d) 轉爲數值 0-3。

☆圖 8-9　cup98dic 字典檔的描述

那麼，是否就完成了決策樹的模型數據準備呢？眞實世界的數據並沒有那麼美好！還有許多的遺漏值，亦即是會員沒填或不願意填的空白資料。在程式中，我們引用了 sklearn.impute 的遺漏值轉換函式，我們利用 'mean' 平均數作爲替代空白的遺漏值，轉換了 'GENDER'、'HOMEOWNR'、'SES'、'URBANCITY' 等欄位。sklearn.impute 的轉換策略還有 'median'（平均數）、'most_frequent'（最常出現數值）、'constant'（某一個常數）等進行遺漏值的替換。或者，分析師也可以斟酌是否將遺漏值的紀錄刪掉。

最後，我們設定兩個目標變數 TARGET_B、TARGET_D 分別爲 cup98YB、cup98YD 作爲兩個決策樹模型的目標變數。前者爲分類決策樹，必須要爲整數值；後者爲迴歸決策樹，必須要轉換爲浮點值。終於，準備好決策樹模型的影響變數、目標變數了！

```python
# 處理遺漏值
from sklearn.impute import SimpleImputer
import numpy as np
imputer = SimpleImputer(missing_values=np.nan, strategy='mean')
cup98X['GENDER'] = imputer.fit_transform(cup98X['GENDER'].values.reshape(-1,1))
[:,0]
cup98X['HOMEOWNR'] = imputer.fit_transform(cup98X['HOMEOWNR'].values.
reshape(-1,1))[:,0]
cup98X['SES'] = imputer.fit_transform(cup98X['SES'].values.reshape(-1,1))[:,0]
cup98X['URBANCITY'] = imputer.fit_transform(cup98X['URBANCITY'].values.
reshape(-1,1))[:,0]
# 設定目標變數
cup98YB=cup98Subdf.filter(items=['TARGET_B']).astype('int')
cup98YD=cup98Subdf.filter(items=['TARGET_D']).astype('float')
```

3. 建立模型

首先，我們要建立一個分類決策樹，利用 cup98YB 爲目標變數，亦即分析會捐款與不捐款的決策因素有哪些。如程式碼所示，我們先利用 train_test_split() 將資料分爲訓練集與測試集，test_size=0.3 代表 30% 測試集、70% 訓練集；目的是驗證訓練集資料建立的模型，利用測試集來測試正確性如何，以作爲評估。

分類決策樹模型利用 DecisionTreeClassifier() 進行參數設定、clf.fit() 建立模型。最後，利用 clf.predict() 將測試集代入，以認證測試集滿足訓練模型的正確性。以這個分類模型來看，我們可以看到正確率約 0.94，亦即可說模型 94% 可準確預測該會員是否會或不會捐款。

```python
# 分類決策樹
from sklearn.tree import DecisionTreeClassifier
from sklearn.model_selection import train_test_split
from sklearn.metrics import accuracy_score
from sklearn.preprocessing import StandardScaler
# 70% 訓練集 , 30% 測試集
```

```
X_train, X_test, Y_train, Y_test = train_test_split(cup98X, cup98YB, test_
size=0.3, random_state=1)
clf = DecisionTreeClassifier(max_leaf_nodes=5, max_depth=6, min_samples_
split=1000, min_samples_leaf=400, random_state=0)
clf = clf.fit(X_train,Y_train)
Y_pred = clf.predict(X_test)
print("Accuracy:", accuracy_score(Y_test, Y_pred))
```

　　最後，利用 tree.plot_tree() 進行決策樹的繪圖。其中，參數 featture_name 表示要將資料框 cup98X 欄位轉換成列表 (list) 型態、proportion=True 表示要顯示比例。繪出分類決策樹如圖 8-10 所示。

```
from sklearn import tree
features = list(cup98X.columns)
plt.figure(figsize=(10, 12))
tree.plot_tree(clf, feature_names=features,proportion=True)
plt.show()
```

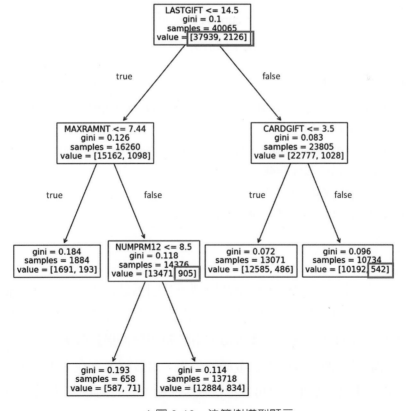

☆圖 8-10　決策樹模型顯示

　　那麼要如何解釋呢？如圖 8-10 所示，LASTGIFT（最近一次得到禮物的金額）似乎影響捐款與否，可以作爲一開始的決策規則思考。其中，value=[37939, 2126] 代表 40,064 樣本中，37,939 筆是沒有捐款（亦即 TARGET_B=0）、2,126 筆有捐款（亦即 TARGET_ B=1）。其中，gini 吉尼係數用來測定分類效果是否優良，數值愈小表示該影響變數進行分類效果愈好。

　　再往下細分，在 LASTGIFT<=14.5 爲 false 狀況下（亦即 LASTGIFT 最近收到禮物的金額大於 14.5 美金），如果也收到 CARDGIFT<=3.5 爲 false 狀況（亦即最近收到卡片促銷的次數大於 3.5 次），即有 542 人是會進行捐款的。

　　或者，在 LASTGIFT<=14.5 爲 true 狀況下（亦即 LASTGIFT 最近收到禮物的金額小於 14.5 美金），但至今最大消費金額 MAXRAMNT 比 7.44 美元還多的，有 905 人會進行捐款。

　　分析師可以跟商業部門經理討論，要篩選甚麼樣的人進行促銷活動宣傳、給予多少金額的捐款禮物及考量最終成本等，進行決策思考。

　　也可以進一步建立迴歸決策樹，來思考捐款金額。如程式碼所示，利用 DecisionTreeRegressor() 來建立；其中，cup98YD 爲目標變數，亦即捐款金額。迴歸決策樹正確率計算（註：dtr.score()，與分類決策樹計算方式不一樣）爲 -0.0021，正確率並不高。

```
# 70% 訓練集，30% 測試集
X_train, X_test, Y_train, Y_test = train_test_split(cup98X, cup98YD, test_
size=0.3, random_state=1)
dtr = DecisionTreeRegressor(max_leaf_nodes=5, max_depth=6, min_samples_
split=1000, min_samples_leaf=400, random_state=0)
dtr = dtr.fit(X_train,Y_train)
print("Accuracy:", dtr.score(X_test, Y_test))
```

4. 模型評估

　　前述的分類決策樹、迴歸決策樹兩個模型，分別爲是否捐款、捐款金額不同種類的目標變數，我們可以發現是否捐款爲目標變數的分類決策樹有達 94% 的正確率、捐款金額目標變數僅有－ 0.0021。顯示本樣本中，用於預測是否捐款效果較好、捐款金額則很難預估。這有可能是每個會員的捐款金額的差異、離散程度實在太大了，預測捐款金額並不實際。若要預測捐款金額，也可以把捐款金額較大的先剔除，以進行更有效的分類。

　　此外，如同前一段落的 K-means 設置 K 值的參數外，決策樹也有許多不同種參數設定。我們在 K-means 範例中，設置 K=2-11 來判定 2,3 是最好的參數設定。在決策樹中，我們可以利用隨機森林（RandomForestClassifier 或 RandomForestRegressor）來發展不同隨機訓練樣本，以建立多棵樹進行比較，得到最好的正確率。

　　另外一種作法則不斷地調整同樣模型參數以得到最好的結果；有一些方法運用 K-Means、決策樹、迴歸模型等不同模型進行比較，以選擇最好的預測模型。這種整合多種資料、模型等方法稱爲「整合學習」（Ensemble Learning），在雲端計算能力愈來愈好的今天，已經成爲愈來愈多分析師採用的策略，以尋找分類最佳、預測能力最強的模型。

```
#隨機森林整合學習
from sklearn.ensemble import RandomForestClassifier
# 70% 訓練集 , 30% 測試集
X_train, X_test, Y_train, Y_test = train_test_split(cup98X, cup98YB, test_
size=0.3, random_state=1)
rf = RandomForestClassifier(n_estimators = 100, max_depth = 3,random_state = 0)
rf.fit(X_train,Y_train)
from sklearn import tree
features = list(cup98X.columns)
plt.figure(figsize=(10, 12))
tree.plot_tree(rf.estimators_[3], feature_names=features,proportion=True,round
ed=True)
plt.show()
```

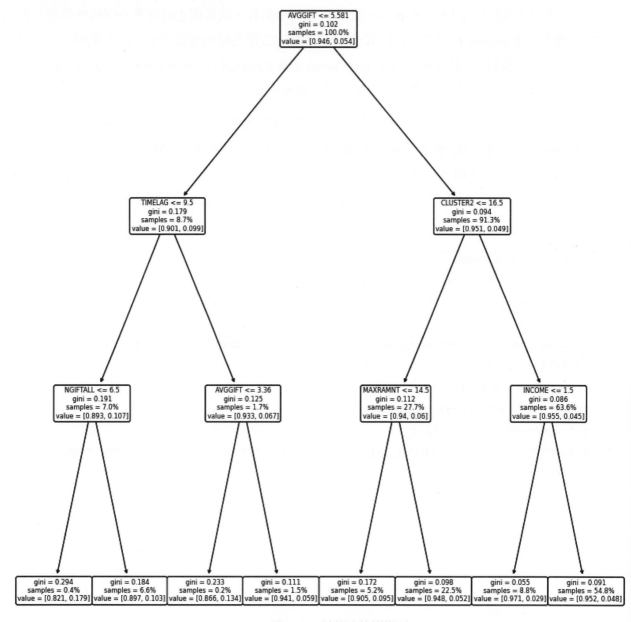

☆圖 8-11　隨機決策樹模型

我們利用 100 種隨機樣本，建立 100 顆樹，最終尋找最好的決策樹模型。

最後，利用 rf.predict() 的方法，帶入新樣本欄位，以預測該樣本會不會捐款（0 代表不捐、1 代表捐款）。

8-4　小結

從本章可以理解聚類分析、決策樹分析等聚類與分類分析的概念與 Python 實作方式。

聚類分析主要透過某種規則計算，將資料歸為幾種群組，使得同類資料群組內差異小、類別間組外差異大。聚類分析可運用在顧客分群、異常篩選等應用以及各類數據分析前的分群，以篩選重要群組進行深入分析。

分類分析不僅要將事物分類，還要理解分類原因及如何影響預測目標。決策樹是一種常見的分類方法，以樹狀結構方式，分析屬性的值如何影響目標變數。決策樹樹狀結構呈現決策規則或分類過程，使得分析師容易解讀、判別，也容易依此制定決策規則。分類分析可以應用在風險辨識與預測、顧客流失、設備錯誤預測、良率預測等各種廣泛領域。

習題

1. 請說明聚類分析的意義。
2. 請舉出 2 個運用聚類分析的應用案例？
3. 請討論第五章兩個應用情境，運用聚類分析的方式。
4. 請說明 K-Means 聚類分析的概念。
5. 請說明分類分析的概念，並比較與聚類分析的不同。
6. 請說明決策樹分析的概念與決策樹結構代表意義。
7. 請舉出 1 個決策樹分析應用案例，並說明其影響變數與目標變數為何？

Chapter

9

大數據分析：迴歸與趨勢

　　「預測」目的就是從歷史數據尋找規律，進一步可以針對新的資料進行分類、推論、數值推估。本章延續決策樹二方法分類概念進一步探討多元線性、非線性迴歸與時間趨勢分析概念，讓讀者理解預測的概念與方法。

　　在分析模型上，本章介紹多元線性迴歸、SVM 非線性分類 / 迴歸及時間序列分析概念、應用方向與實作範例。透過本章，讀者可以更深入了解多元數值迴歸預測、分類分析的概念與作法。透過本章，結合前一章決策樹分析，讀者可以了解分類、迴歸、時間序列趨勢分析的主要預測分析方法。

本章大綱

9-1　問題解決方向

　　從聚類分析、決策樹分析方法，我們可以了解許多預測分析的原則是奠基在分類、相似比較的概念。亦即，預測分析模型在於利用歷史資料的訓練集，運用演算法找出最合適的分類方法，進而能對新資料或新「實例」（instances）進行分類、推論、預測。

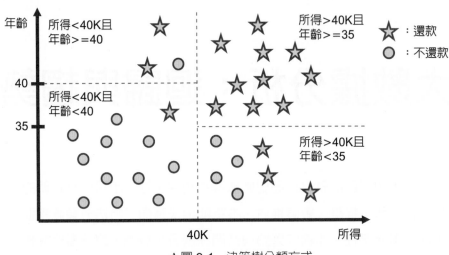

☆圖 9-1　決策樹分類方式

　　在決策樹分析中，我們可以發現決策樹分類方法是基於二分法分類方式。如圖 9-1 所示，該決策樹模型根據所得 40K、年齡 35、40 歲作為決策邊界，以分類不同的個體。這樣的分類固然簡單，且可以容易地讓分析或決策人員清楚知道各種規則（如：所得 < 40K 且年齡 <40 歲）。然而，有沒有更好分類方式，以區分還款與不還款？而能減少圖中每一個分類區隔中，有例外還款或不還款顧客？統計學家或資料科學家開始發展不同方式來進行更佳的分類方式。

　　如圖 9-2 所示為線性分類方式，將還款與不還款更明確分為兩個區隔。意味著我們不是一步步地用所得、年齡等屬性去分類，而是一起考慮所得與年齡如何共同決定分類還款與不還款消費者。實際上，影響預測目標的因變數有許多，即可以列式為 $y = f(x) = w_0 + w_1 x_1 + w_2 x_2 + w_3 x_3 + ...$。我們可以說，在數學上，許多預測分析方法就是在求解 $f(x)$ 的函數；亦即給定一系列的因變數，便能夠透過 $f(x)$ 函數來預測 y 的值。其中，權數 w_i 代表因變數對於目標變數的影響重要性。

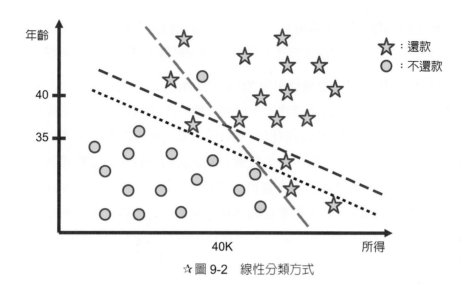

☆圖 9-2 線性分類方式

　　這種求解 f(x) 函數，計算多種變數對於目標變數值影響進而求出數值（亦即預測），稱爲迴歸分析（regression analysis）。分類分析的目標變數資料型態常常非連續或無次序等離散型變數爲主（例如：風險、流失類型或還款類型）。迴歸分析的目標變數則常爲數字或連續值，例如：預測消費者在促銷周購買的金額多少、預測還款金額多少、流失機率多少等。迴歸分析應用十分廣泛，以下列出幾個分析案例：

1. 服裝公司想要預測下一個月的網路平台銷售量。首先，選定服裝類型，如：羽絨外套作爲銷售量預測目標。其次，選出影響商品月銷售量的可能變數，如：尺寸、風格、顏色、定價、羽絨含量、月銷量、消費者年齡等。其中，風格必須轉換爲幾種類型：是否中長版、是否帶帽、是否修身、領型等。最後，服裝公司運用近 3 年的羽絨外套銷售歷史數據進行預測分析，發現中長版最能影響銷售量。

2. 車輛保險公司想要了解哪些因素影響理賠的風險。保險公司設想預測變數爲某年度該車輛是否發生理賠：0 代表沒有理賠金額發生、1 代表有理賠金額發生。影響理賠的因素中，保險公司選擇汽車車齡、排氣量、是否進口車、是否防盜裝置、駕駛人年齡、駕駛人取得駕駛執照時間、駕駛人性別、駕駛人婚姻狀況等進行迴歸分析。最後，保險公司發現新手駕駛、進口車、小排氣量汽車、新車（車齡小於 1 年）最可能有理賠金額發生。最後，保險公司將理賠金額發生機率 0-1，分爲五等分。依據新申請保險案例，預測不同風險區隔，給予不同保費申請。

3. 電信業想要預測 VIP 顧客流失機率，以提前一個月針對顧客進行電話拜訪挽留。電信業將顧客訂閱歷史紀錄中，選出顧客某特定月屬性以及下一個月後是否流失狀況作爲顧客流失預警模型。電信業發現上網時間、該月資費、顧客通話人數、每次通話平均時間、顧客通話人數變化、該月資費變化對流失影響大，作爲因變數；下個月是否流失（1= 流失、0= 不流失）則作爲預測變數，建立迴歸分析模型。

4. 航空公司想要預測其每架飛機引擎的剩下壽命時間，以提前在最恰當時間進行維修。航空公司在引擎上裝了感測器，偵測溫度、馬達轉速、引擎運轉次數等數百個數據。航空公司首先找出數百個已失效引擎，過去飛行期間時偵測到的各項感測資料值及當時引擎已運轉次數。將失效轉速減去當時運轉次數成爲預測變數 - 引擎剩餘壽命。進一步，由於每個感測資料屬性值大小不一，利用 MinMax() 統計方法將其正規化到 0...1 區間。利用標準化的各種感測值爲因變數、引擎剩餘轉速爲預測變數，運用迴歸分析建立模型。之後，可以爲每個引擎正在飛行時的感測數據，預測其剩餘轉速，以提前維修。

從這些案例可以理解，進行迴歸分析方法，可以再進一步思考以下問題：

1. 甚麼是有效的預測變數呢？例如：下一個月銷售量、當年是否有理賠金額、下個月是否流失、剩餘引擎運轉次數等。分析師需要與事業單位討論，選擇有意義的預測變數，並予以轉換，例如：銷售量、理賠金額轉爲是否有理賠、引擎運轉次數轉爲剩餘次數。迴歸分析目標變數主要是百分比、數值或 0/1。

2. 進行訓練的歷史數據期間爲何？分析師要根據商業問題以及可能的預測變數，思考選擇的數據期間。例如：保戶每年度是否具有理賠金額？顧客某月電信使用行爲與下一個月流失與否。每個引擎的每次感測器狀況與每次飛行已運轉次數等。

3. 哪些屬性可作爲因變數？分析師要根據商業問題以及簡單數據分析，判別哪些屬性最可能最爲因變數，並進行數值轉換。例如：衣服風格轉換爲是否中長版、是否帶帽等類型。顧客平均每次通話時間、顧客通話人數與前月的變化、資費與前月的變化作爲流失影響因變數等。

9-2　迴歸分析實作

（一）概念

簡單來說，迴歸分析依據歷史數據中，1 個或數個輸入變數（或因變數）對於目標變數或預測變數的關係，建立迴歸方程式或模型。透過迴歸模型，分析師可進一步給予新的因變數組合（即新實例）而預測目標變數值。簡單迴歸（Simple Regression）用來探討 1 個因變數與 1 個目標變數關係、多元迴歸（Multilpe Regression）用來探討多個因變數與 1 個目標變數的關係。大數據發展後所衍生的預測分析，更重視多元迴歸的分析與預測。常見的多元迴歸分析有 3 種（圖 9-3）：

1. **線性迴歸**：利用線性模型以預測目標變數值。

2. **非線性迴歸**：從資料中找出一條接近資料曲線以預測目標變數值。

3. **邏輯迴歸**：將目標變數轉化爲 0 或 1 的數值，利用 S 邏輯曲線以預測目標變數 0 或 1 的機率。例如：利用設備的各種參數，預測損壞的機率（損壞 =1、健康 =0）、利用顧客行爲，預測下個月是否會流失（1= 流失、0= 不流失）。

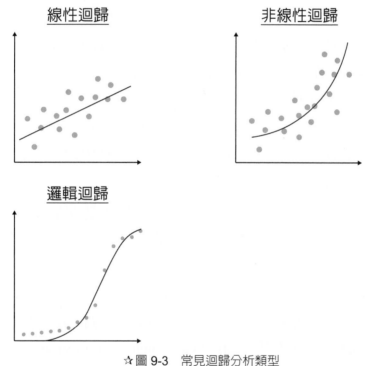

☆圖 9-3　常見迴歸分析類型

回顧第五章的兩個商業應用情境：(1) 行銷經理小敏是否可運用多種顧客屬性、顧客消費行爲等，分析哪些顧客會對周年慶有貢獻？將可貢獻多少金額？ (2) 生產課長小剛是否可以運用多種設備參數、物料狀況等，預測每一批生產的良率會是多少？

(二) 多元線性迴歸實作範例

迴歸是最常被運用來進行預測的方法之一。線性迴歸是探討多個因變數與預測目標的應變數之間是否有線性關係？進而找出最能預測迴歸預測函數。

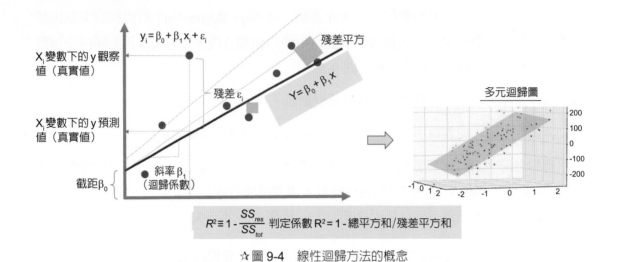

☆圖 9-4 線性迴歸方法的概念

如圖 9-4 所示，線性迴歸方法即是找到一條線性迴歸線：$Y = \beta_0 + \beta_1 X$，使得其判定係數 R^2 能夠最大，亦即每個資料點與預測點的殘差平方值要愈小愈好。所謂殘差值（residuals）是指資料點的觀察值或真實值與迴歸線方程式算出的預測值的差別（ε_i）。

當然，如果是分析多個變數影響的多元線性迴歸，顯示在座標平面上是多個維度的呈現。如圖右邊的 3D 多元迴歸圖顯示兩個 X 變數與 Y 預測變數的關係，如果是更多的 X 變數，可以顯見會產生更加複雜的圖形。

要執行線性迴歸至少要注意幾個適合度：(1) 預測目標是連續變數（如：數值），而不是分類或者是評比分數。(2) 因變數與預測目標呈現線性關係。(3) 因變數間要互相獨立，亦即相關性要愈低愈好。

Python 中可以實現線性迴歸的方法有許多，包含：sklearn 機器學習套件、numpy 數學函式套件、statsmodels 統計函式庫等，乃至於 seaborn 繪圖函式庫都可以計算線性迴歸線。不過，儘管這些函式庫主要都是利用 OLS（ordinary least squares）「普通最小平方法」的線性迴歸計算方法進行，然而計算細節並不相同，結果也有些許差異。以下介紹利用 Python 實現的案例。

1. 業務理解

本例 sklearn 函式庫中預設的「加州房屋」資料集，可以用來示範小量因變數對於預測目標的分析與預測。在企業中，可以思考關鍵變數對於銷售量的影響，進而預測或者設備壽命預測、品質良率預測、顧客是否會流失分析等。

2. 數據理解與準備

　　本例 Ch9-1 直接從 sklearn.datasets 函式庫中引進房屋資料集。sklearn.datasets 還包含新聞資料、人臉辨識、花卉數據、乳癌等數據集，可以作爲練習使用。

　　如程式碼，利用 fetch_california_housing(as_frame=True)，我們將資料集以資料框架的方式傳回，並可以利用 housing_dataset.keys() 了解資料集的資料字典有哪些可以運用、housing_dataset.DESCR() 了解資料集的數量、欄位屬性以及每個欄位的說明。查看資料集，我們可以了解該資料具有 20,640 筆資料、8 個欄位以及預測變數 target。8 個欄位包含：區塊所得中位數、房屋年齡、平均房間數、平均臥室數、區塊人口數、平均家戶人口、區塊的經度、緯度等。target 預測變數‘MedHouseVal’是房價中位數，以 10 萬美元爲單位。

↘ 範例 Ch9-1

```
# 多元線性迴歸範例
from sklearn.datasets import fetch_california_housing
housing_dataset = fetch_california_housing(as_frame=True)
print(housing_dataset.keys())
print(housing_dataset.DESCR)
```

　　我們可以進一步利用敘述統計、視覺化圖形等進行資料探索；如：target 預測變數以及 8 個因變數欄位的直方圖。或者，我們可以繪出經緯度地點的房價分布狀況。如程式碼所示，我們利用 seaborn 函式庫的散佈圖，繪出房價預測變數的分布狀況。其中，hue="MedHouseVal" 的參數代表利用不同房價變數的顏色來形成點狀。如圖 9-5 所示，可以看到如加州灣形狀的房價散佈圖，其中 1-5 代表房價中位數 10 萬 -50 萬美金；可以發現沿著海岸的房價似乎有較高的傾向。

```
import seaborn as sns
sns.scatterplot(data=housing_dataset.frame,
                x="Longitude", y="Latitude",
                size="MedHouseVal", hue="MedHouseVal",
                palette="viridis", alpha=0.5)
```

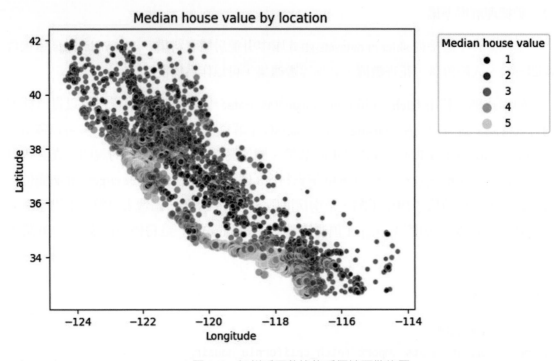

☆圖 9-5　加州房屋數據集房價地區散佈圖

　　此外，我們也可以運用 sns.pairplot() 繪出因變數與預測變數關係的散佈圖；或者，繪出變數間的相關矩陣圖。如圖 9-6 所示，MedHouseVal 房價中位數與 MedInc 區塊所得中位數有 0.69 程度的相關；AveRooms 平均房間數及 AveBedrms 平均臥室數間的相關則有 0.85；經緯度的相關也有 -0.92 負相關。

```python
import pandas as pd
housingdf = pd.DataFrame(housing_dataset.data, columns=housing_dataset.feature_names)
housingdf['MedHouseVal'] = housing_dataset.target
import seaborn as sns
# 建立變數相關矩陣圖
correlation_matrix = housingdf.corr().round(2)
sns.heatmap(data=correlation_matrix, annot=True)
```

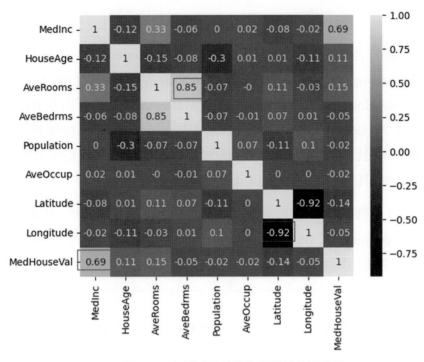

☆圖 9-6 加州房屋數據集相關係數矩陣圖

　　最後，我們也可以利用 seaborn 函式庫 regplot() 繪出‘MedHouseVal’房價中位數與‘MedInc’的簡單線性迴歸關係。從圖 9-7 中可以發現，似乎存在部分線性的關係。

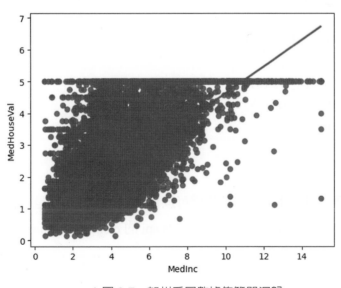

☆圖 9-7 加州房屋數據集簡單迴歸

3. 建立模型

　　建立多元線性迴歸模型可以引用 sklearn.linear_model 即可。如程式碼，我們先選擇因變數 'housingx'，亦即去掉在 housingdf 資料框架的 'Longitude'、'Latitude'、'AveBedrms'、'MedHouseVal' 的欄位。其中，'AveBedrms' 去掉原因是由於 'AveRooms' 平均房間數及 'AveBedrms' 平均臥室數間的相關太高，影響線性關係；'Longitude'、'Latitude' 經緯度則是已經從前面點狀圖了解地點對房價影響，此次觀察不想加入來混淆。'MedHouseVal' 則將其設定為 housingy 作為預測目標變數。

　　進一步，我們選擇 20% 作為測試集、80% 為訓練集。然後引用 sklearn 的 linear_model.LinearRegression 以及 fit() 進行模型訓練並評估。我們也可以引進 statsmodels.api 進行訓練並列出分析結果。

```
# 建立模型
housingx= housingdf.drop(['Longitude','Latitude','AveBedrms','MedHouseV
al'], axis=1).values
housingy = housingdf['MedHouseVal'].values
X_train, X_test, Y_train, Y_test = train_test_split(housingx, housingy, test_
size = 0.2, random_state=1)
lr = linear_model.LinearRegression()
lr.fit(X_train, Y_train)
# 模型評估
r_sq = lr.score(X_train, Y_train)
#statsmodels 模型建立與評估
x = sm.add_constant(X_train)
olsmodel = sm.OLS(Y_train, X_train).fit()
print(olsmodel.summary())
```

4. 模型評估

　　利用 sklearn 函式庫的 lr.score()，我們可以算出本例的截距約是 -0.078, R 平方約 0.515 以及 5 個因變數的迴歸係數。利用 statsmodels.api 的 olsmodel.summary() 也可以看到 R 平方值為 0.885 以及 5 個迴歸係數。

```
                          OLS Regression Results
================================================================================
Dep. Variable:                      y   R-squared (uncentered):            0.885
Model:                            OLS   Adj. R-squared (uncentered):       0.885
Method:                 Least Squares   F-statistic:                   2.551e+04
Date:                Tue, 18 Apr 2023   Prob (F-statistic):                 0.00
Time:                        08:28:10   Log-Likelihood:                  -19843.
No. Observations:               16512   AIC:                           3.970e+04
Df Residuals:                   16507   BIC:                           3.974e+04
Df Model:                           5
Covariance Type:            nonrobust
================================================================================
                 coef    std err          t      P>|t|      [0.025      0.975]
--------------------------------------------------------------------------------
x1             0.4418      0.003    135.917      0.000       0.435       0.448
x2             0.0171      0.000     47.394      0.000       0.016       0.018
x3            -0.0251      0.002    -11.080      0.000      -0.030      -0.021
x4          2.134e-05   5.06e-06      4.221      0.000    1.14e-05    3.13e-05
x5            -0.0044      0.001     -8.038      0.000      -0.005      -0.003
================================================================================
Omnibus:                     3679.485   Durbin-Watson:                     1.979
Prob(Omnibus):                  0.000   Jarque-Bera (JB):               9156.937
Skew:                           1.226   Prob(JB):                           0.00
Kurtosis:                       5.701   Cond. No.                       1.04e+03
================================================================================
```

☆圖 9-8　OLS 線性迴歸模型評估結果

　　如程式碼，我們可以選擇 R 平方較好的 olsmodel 模型進行預測，並將訓練資料與預測結果記錄到 result 的資料框。進一步，利用 seaborn 函式庫 regplot() 繪出預測結果 Predicted 和原訓練資料眞實值 True(亦即 Y_train) 之間的簡單線性迴歸線圖。由圖中可以看出，的確有簡單的線性迴歸關係。其中，我們利用 result.sample(frac=0.03) 的小技巧，以隨機方式取得 result 的 3% 部分資料進行繪圖，使得較容易觀察圖形。

```
#Y_predict= lr.predict(X_train)
Y_predict= olsmodel.predict(X_train)
result = pd.DataFrame(zip(Y_train,Y_predict,Y_train-Y_predict),columns=['True'
,'Predicted', 'Difference'])
result.head()
result = result.sample(frac=0.03) #取隨機樣本，以簡化顯示
sns.regplot(x='True',y='Predicted',ci=68,color ='red', data=result)
plt.xlabel('True')
plt.ylabel('Predicted')
```

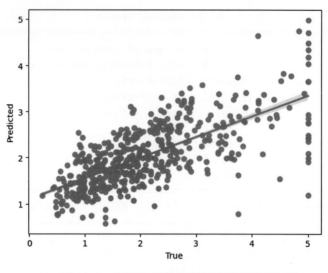

☆圖 9-9　加州數據集真實與預測值簡單迴歸

（三）SVM 非線性分類 / 迴歸實作範例

　　那麼，如果是非線性的關係怎麼辦？最常使用的模型是「支援向量機」（Support Vector Machine, SVM）方法。相較於線性迴歸以殘差的總和愈小愈好，SVM 的計算希望能將分類區隔愈開，亦即圖中找到邊距（Margin）愈大愈好的決策邊界。

　　此外，SVM 的分類區隔線是超平面，亦即可以在多維空間中區隔更多元的因變數，亦即可以發展非線性區隔線以區隔更複雜的關係。如圖 9-10 右邊，將區隔線從多維空間進行區隔形成多邊形的超平面線。在此，我們不再往下詳細說明 SVM 的演算法，有興趣的讀者可以詳查其他資料研究。

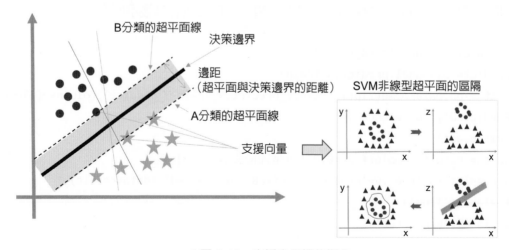

☆圖 9-10　支援向量機的概念

SVM 方法可以進行分類（預測目標是分類變數）或迴歸（預測目標是連續變數），適用情境爲：(1) 非線性關係。(2) 因變數或特徵較多的情況下。因此，常常被用在影像、文字等非結構化資料產生較多特徵分析上，如：顏色 / 大小 / 半徑爲特徵、語詞 / 片語爲特徵。(3) 資料集紀錄量不可以過大。

Python 中可以實現 SVM 的方法主要爲 sklearn.svm 函式庫，並可以實現線性、多項式等多種區隔方式。以下介紹利用 Python 實現的案例。

1. 業務理解

本例 sklearn 函式庫中預設的「乳腺癌」資料集，可以用來示範多特徵因變數對於預測目標的非線性分析與預測。乳腺癌是世界上女性中最常見的癌症，佔所有癌症病例的 25%。這些細胞形成腫瘤，可以通過 X 射線看到或在乳房區域感覺爲腫塊，透過提早檢測診斷可以增加生存機會。研究表明，經驗豐富的醫生可以 79% 的準確率檢測癌症，而使用大數據分析可以達到 91% 以上的準確率。

2. 數據理解與準備

本例 Ch9-2 直接從 sklearn.datasets 函式庫中引進乳腺癌資料集。利用 breastcancer_dataset.DESCR() 的查詢，可以知道該資料集的屬性、特徵有 30 個，共 569 筆記錄。資料集特徵主要是從乳房腫塊的組織細胞切片進行檢測的特徵，包含：半徑（Radius）、紋理（Texture）、周長（Perimeter）、區域（Area）、平滑度（Smoothness）等。目標變數則有惡性（Malignant）與良性（Benign）的分類，分別利用 0、1 代表。

如程式碼所示，利用 breastcancer_dataset.frame.info() 可以發現沒有 null 的遺漏值，可不用進行遺漏的補正。此外，利用 seaborn pairplot() 繪出幾個特徵間的散佈圖關係或者繪出各個特徵與目標變數的相關數，可以理解變數間的相互關係。

3. 建立模型

由於 SVM 有多種模式，且從前述的散佈圖、相關圖等人工檢視，不容易地看出資料爲線性、多項式等各種關係。本例利用繪圖的方式將幾個主要 Python 的 sklearn 套件的 SVM 參數模型建立並繪出決策邊界。利用 numpy 函式庫的 meshgrid 網格方法，我們繪出線性（linear）、多項式（poly）、徑向基函數網路（rbf）等方法。詳細關於 meshgrid 網格方法或 SVM 參數等進階作法，在此不進一步詳述，有興趣讀者可參閱相關資料。

↘ **範例 Ch9-2**

```python
# 繪出 SVM 各種模型決策邊界圖比較
import numpy as np
from sklearn.svm import SVC
from sklearn import svm
X = cancerdf.values[:, :2]
Y = cancerdf['target']


svc = svm.SVC(kernel='linear').fit(X, Y)
poly_svc = svm.SVC(kernel='poly').fit(X, Y)
rbf_svc  = svm.NuSVC(kernel='rbf').fit(X,Y)
lin_svc = svm.LinearSVC().fit(X, Y)
h = .02
# create a mesh to plot in
x_min, x_max = X[:,0].min()-1, X[:,0].max()+1
y_min, y_max = X[:,1].min()-1, X[:,1].max()+1
xx, yy = np.meshgrid(np.arange(x_min, x_max, h),
                     np.arange(y_min, y_max, h))
titles = ['SVC with linear kernel',
          'SVC with polynomial (degree 3) kernel',
          'rbf SVC',
          'LinearSVC (linear kernel)']
plt.figure(figsize =(6,6))
for i, clf in enumerate((svc, poly_svc, rbf_svc, lin_svc)):
    # 畫決策邊界

    plt.subplot(2, 2, i+1)
    plt.subplots_adjust(wspace=0.4, hspace=0.4)
    Z = clf.predict(np.c_[xx.ravel(), yy.ravel()])
    Z = Z.reshape(xx.shape)
    plt.set_cmap(plt.cm.Paired)
    plt.contourf(xx, yy, Z)
    plt.axis('tight')
    plt.scatter(X[:,0], X[:,1], c=Y)
    plt.xlabel('mean radius')
    plt.ylabel('mean texture')
    plt.title(titles[i])
plt.show()
```

　　如圖 9-11 所示，我們繪出四個不同參數的線性、非線性 SVM 分類圖。由此可以先目視判斷一下哪一個邊界最好；圖示判斷看起來似乎是 rbf SVC 繪出的曲線橢圓決策邊界的劃分最好，可以較完整的區隔。

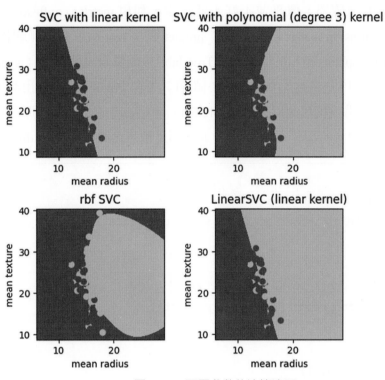

☆圖 9-11　不同參數的決策邊界

　　以此，我們可以選擇 rbf 參數，利用 sklearn.svm 函式的 SVC() 方法建立模型。就這樣，我們建立了乳線癌 SVM 的預測模型，可以從近 30 個特徵來預測是否惡性或良性腫塊。

```
# 建立模型
from sklearn.model_selection import train_test_split
from sklearn.svm import SVC
from sklearn import svm
cancerx= cancerdf.drop(['target'], axis=1).values
cancery = cancerdf['target'].values
X_train, X_test, Y_train, Y_test = train_test_split(cancerx, cancery, test_size = 0.3, random_state=1)
svc_model = SVC(kernel='rbf',C=1,gamma='auto')
svc_model.fit(X_train,Y_train)
Y_predict= svc_model.predict(X_test)
```

4. 模型評估

建立模型後，數據分析師可以利用模型的正確率或多個模型的比較以選擇最適當的模型。我們利用 sklearn.metrics 的 accuracy_score(Y_test, Y_predict) 可以計算模型的正確率約 63% 的準確率，似乎並不好。進一步，利用 metrics.confusion_matrix 可以建立混淆矩陣（confusion matrix）來比較 Y_predict 與 Y_test 的準確預測關係。如 metrics.ConfusionMatrixDisplay() 繪出的圖顯示，True labe 代表實際是健康的（is_healthy 標籤，亦即 Y_test 的資料中是良性、Target 或 Y 值 =1），在 Predicted lable 預測中有 108 筆都是健康（X_test 利用模型預測出來的 Y_predict），相當準確；然而，原本實際上是不健康的 (is_cancer)，但預測卻有 63 筆資料中通通都是預測為健康 (is_healthy)。

```python
# 模型評估
from sklearn import metrics
from sklearn.metrics import accuracy_score,classification_report

# 評估模型正確率
print(accuracy_score(Y_test, Y_predict))
print(classification_report(Y_test, Y_predict))

# 混淆矩陣評估
plt.figure(figsize =(3,3))
cm = metrics.confusion_matrix(y_true=Y_test, y_pred=Y_predict)
cm_display = metrics.ConfusionMatrixDisplay(confusion_matrix = cm, display_
labels = ['is_cancer', 'is_healthy']).plot()
```

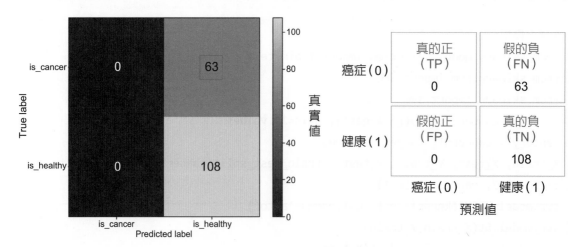

☆圖 9-12　混淆矩陣

　　混淆矩陣可以讓數據分析師在參考正確率的值外，也可以進行多一層考量。以本例情境，真實「不健康」卻預測「健康」是相當不好的模型（如圖 9-12 所示，稱爲「假的負」）；意味著有許多惡性的患者沒有能即早診斷，喪失了提早治療的良機，進而可能死亡（亦即成本非常大）。在這個醫療情境下，數據分析師要進行參數調整，以避免這種狀況（亦即減少本例的 63 筆預測錯誤）。

　　後續的程式碼，我們思考可能是不同特徵值、因變數的數值差異太大，嘗試將其利用 preprocessing.MinMaxScaler(0,1)，將數值等比例縮放到 0-1 之間。如程式碼，計算結果得到的正確率高達 96%，且不健康卻預測爲健康的「假的負」縮小到只有 6 筆資料，感覺還不錯的結果。

```python
# 數值標準化 sacaled
from sklearn import preprocessing
scaler = preprocessing.MinMaxScaler()
X_train_scaled = scaler.fit_transform(X_train)
X_test_scaled = scaler.fit_transform(X_test)
svc_model.fit(X_train_scaled,Y_train)
Y_predict = svc_model.predict(X_test_scaled)
plt.figure(figsize =(3,3))
cm = metrics.confusion_matrix(y_true=Y_test, y_pred=Y_predict)
cm_display = metrics.ConfusionMatrixDisplay(confusion_matrix = cm, display_
labels = ['is_cancer', 'is_healthy']).plot()
```

　　進一步，聰明的數據分析師還想到可以利用 GridSearchCV 網格搜尋方法，將有可能的參數值全部放進去，讓程式挑選最佳值。最後，系統選擇最佳參數值爲 {'C': 10, 'gamma': 1, 'kernel': 'rbf'}。得出模型的正確率約爲 94%；混淆矩陣中「假的負」縮小到只有 1 筆資料，但健康被判定爲癌症的有 9 筆。

　　此時，數據分析師可以與領域專家的乳癌醫師（亦即是使用者）探討要選擇哪一個模型是最佳的？最符合領域上的實際作法。

```python
# 尋找最佳參數
from sklearn.model_selection import GridSearchCV
param_grid = {'C':[0.1,1,10,100,1000],'gam
ma':[1,0.1,0.01,0.001,0.001], 'kernel':['rbf']}
grid = GridSearchCV(SVC(),param_grid,verbose = 4)
grid.fit(X_train_scaled,Y_train)
```

```
# 選擇最好參數與估計值
grid.best_params_
grid.best_estimator_
grid_predictions = grid.predict(X_test_scaled)
```

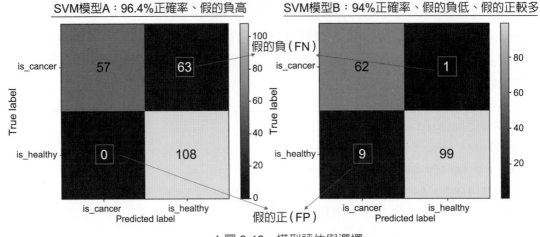

☆圖 9-13　模型評估與選擇

9-3　時間趨勢實作

（一）概念

　　有些商業分析情境僅僅只要依據時間推移預測，預測下一段時間的數量，例如：下一季銷售量、下一個月旅客數等。時間序列（Time Analysis）即是一種根據歷史循序資料，從時間角度切割，以發現變化規律並進行預測的分析方法。例如：根據過去銷售紀錄，發現不同季節對於銷售金額有所影響，因而依據季節模式預測未來各季銷售預測；根據過去股票大盤指數，預計未來各季股票漲跌；根據過去生產良率紀錄，預測未來良率變化。

　　時間序列分析具有預測變數 Y，並為時間的函數 Y=F(t)。分析師利用時間序列分析演算法或模型進行兩項分析內涵：(1) 瞭解、發現資料變化規律並建立模型。(2) 利用模型預測未來時間點的預測變數值。解析時間序列資料變化規律，通常包含幾個重要元素（圖 9-14）：

1. **長期趨勢**：預測變數具有系統性的上升或下降變化傾向。例如：手機銷售逐年增加、消費物價緩慢增加、產品價格上升至高峰後逐漸下降等。時間序列分析演算法可利用移動平均、最小平方等統計方法解析長期趨勢變動狀況。

2. **循環變動**：預測變數隨時間具有長期的循環起伏的變動狀況。例如：3-5 年景氣循環狀況。這類型長期循環變動狀況通常發生在 2 年或更長期的變動週期，每次循環變動幅度亦可能不一定。

3. **季節變動**：預測變數在一年中具有週期性變動規律，如：每月、每季的變化。例如：巧克力銷售受到情人節因素影響、電子產品銷售受到聖誕節假期影響、冰品銷售受到夏天影響。季節變動可以做爲預測未來一年各季節的變動程度。

4. **不規則變動**：預測變數受到不規律的事件影響，如：地震、洪水、罷工等。

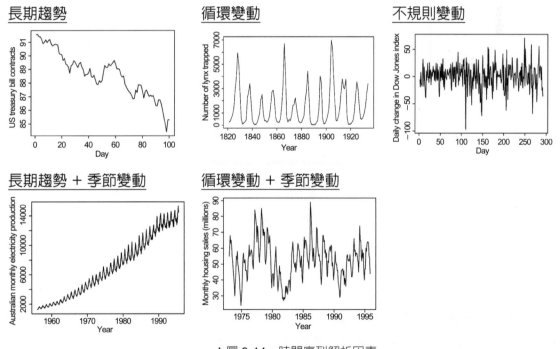

☆圖 9-14　時間序列解析因素

　　時間序列分析演算法或模型即協助分析師解析資料中時間推移的規律，並進行預測。

　　回顧第五章的商業應用情境，行銷經理小敏是否可運用時間序列預測方式，預測今年的營業額？今年預定的節慶檔期銷售額是否可依據歷史週期性進行預測？

（二）ARIMA 實作範例

ARIMA 演算法是最爲常見與簡單的時間序列演算法之一，其他尚有 AR、指數平滑法、ARMA 等。ARIMA（Autoregressive Integrated Moving Average model）主要利用自迴歸、移動平均等建立時間序列模型並預測。

自迴歸（Autoregressive）意味著將時間視爲重要影響因素，探討過去和未來的數據之間存在某種的相關。亦即可列出：$Y_t = \beta_0 + \beta Y_{t-1} + \varepsilon_i$ 的迴歸式。移動平均（Moving Average）則是利用一定時間間隔（如：1 周、1 月）的平均值來減少數據噪音或平穩變異趨勢。ARIMA 即是將自迴歸、移動平均等概念整合，使得能夠解析時間序列的穩定的變動規律，以進行預測。

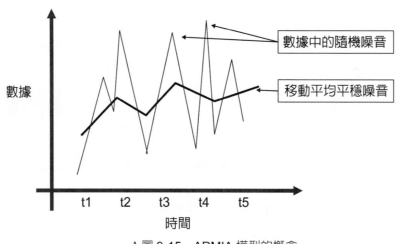

☆圖 9-15　ARMIA 模型的概念

以下以 Python 語言爲分析工具，示範將某商店的銷售紀錄進行時間序列分析並預測。

1. 業務理解

本例爲 Kaggle 大數據競賽的羅斯曼商店銷售的案例數據庫（https://www.kaggle.com/c/rossmann-store-sales）。Kaggle 是一個數據競賽的社群平台，企業可以發布競賽，設定問題目標並提供資料向大眾徵求問題大數據分析解決方案。本案例競賽成績第一名獎金爲 15,000 美金。

羅斯曼在 3 個歐洲國家經營著 3,000 多家藥店。該挑戰是能夠提前六周預測每個店的每日銷售額。每個實體店銷售受許多因素影響，包括促銷、競爭、學校和州假日、季節性和地點等因素，店經理靠各自預測都有很大的差異。

2. 數據理解與準備

本例 Ch9-3 資料集有 RossStoreTrainData、RossStoreTestData、RossStoreData 等 CSV 檔案。檢視檔案，可以發現 RossStoreTrainData 主要是每個分店的每日的銷售額、是否促銷、是否受假期影響、客戶數等，共約 100 多萬筆資料紀錄；RossStoreData 則包含 1,000 多家店的型態、是否參與 2 次促銷、競爭者距離等。我們可以運用 traindf.merge(storedf,how='left',on='Store' 的方式將 RossStoreTrainData、RossStoreData 合併，以分析更多的資訊。

↘ 範例 Ch9-3

```
#時間序列
from google.colab import files
import pandas as pd
import io
uploaded = files.upload()
traindf = pd.read_csv(io.BytesIO(uploaded['RossStoreTrainData.csv']),sep=',')
testdf = pd.read_csv(io.BytesIO(uploaded['RossStoreTestData.csv']),sep=',')
storedf = pd.read_csv(io.BytesIO(uploaded['RossStoreData.csv']),sep=',')

#檔案合併
train_joineddf=traindf.merge(storedf,how='left',on='Store')
test_joineddf=testdf.merge(storedf,how='left',on='Store')
```

首先，我們要將合併的檔案 train_joineddf 進行日期的轉換；程式中建立 convert_date(df) 的日期函式，以進行 "Date" 欄位日期轉換，並建立 "Year"、"Month"、"Day"、"WeekofYear" 等欄位。此外，將 "Date" 日期欄位作為資料框架的索引值：df.set_index(df['Date'],inplace=True)，以因應後續的時間序列分析。

```
#日期轉換
def convert_date(df):
    df['Date']=pd.to_datetime(df['Date'])
    df['Year']=df.Date.dt.year
    df['Month']=df.Date.dt.month
    df['Day']=df.Date.dt.day
    df['WeekOfYear']=df.Date.dt.isocalendar().week
    df.set_index(df['Date'],inplace=True)
convert_date(train_joineddf)
```

　　進一步，利用統計圖表以進行探索性分析。例如：利用 sns.catplot() 繪出每年每月、每周、星期一到日的加總銷售趨勢以及是否受到促銷 (Promo, Promo2) 的影響。如圖所示，可以看出似乎銷售額呈現一種增長與下降的規律（如：暑假、年底銷售額較高；周一銷售最多等）。

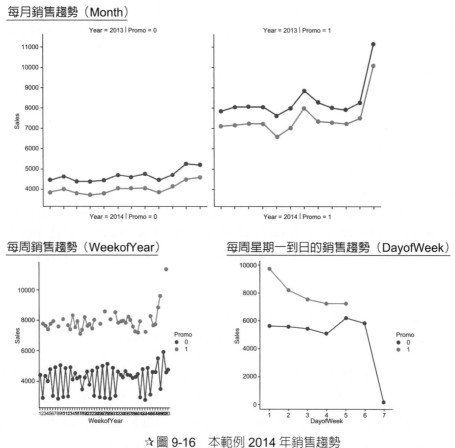

☆圖 9-16　本範例 2014 年銷售趨勢

　　最後，我們選擇某一個商店以準備後續的時間序列的觀察與預測。如程式碼，選出 3 號商店，並利用 resample 方式將該資料框架依照周別來加總銷售額進行繪圖觀察。

```
ctrain_joineddf['Sales'] = train_joineddf['Sales'].astype('float64')
sales_a = train_joineddf[train_joineddf.Store == 3]['Sales'].sort_index()
sales_a.resample('W').sum().plot()
```

3. 建立模型

　　在 Python 中，我們可以利用 statsmodels 的 seasonal_decompose 以先解析資料集的時間規律。運用 seasonal_decompose() 即可將該資料框架進行解析。如圖 9-17 所示為解析結果，似乎每年底的銷售會呈現較高趨勢、季節性因素影響並不明顯。

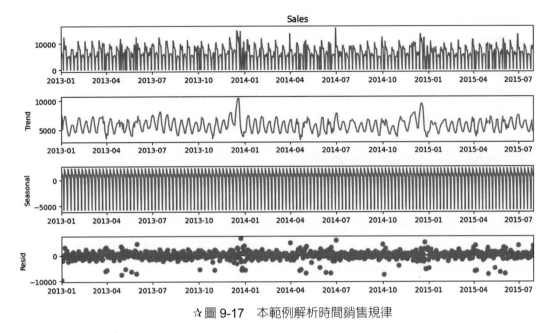

☆圖 9-17　本範例解析時間銷售規律

其次，建立模型之前，可以利用 list(itertools.product(p, d, q) 的方式建立 p, d, q 參數的組合、網格搜尋方法選出最低的 AIC 值等。我們可以將找出最低 AIC 值的參數值套入模型並印出 AIC 結果。如顯示：ARIMA(1, 0, 1)x(1, 1, 1, 12)12 - AIC:17455.082496578747 為最低 AIC 結果。

```python
# 產生不同組合
import itertools
p = d = q = range(0, 2)
pdq = list(itertools.product(p, d, q))


# 計算 p,d,q 最佳組合的 AIC 分數
import statsmodels.api as sm
import warnings
warnings.filterwarnings("ignore")
for param in pdq:
  for param_seasonal in seasonal_pdq:
    try:
      mod = sm.tsa.statespace.SARIMAX(sales_a,order=param,seasonal_order=param_
seasonal,enforce_stationarity=False,enforce_invertibility=False)
results = mod.fit()
```

```
            print('ARIMA{}x{}12 - AIC:{}'.format(param, param_seasonal,
results.aic))
    except:
        continue
```

我們利用 SARIMAX(sales_a,order=(1, 0, 1),seasonal_order=(1, 1, 1, 12)) 設立參數、fit() 來建立 ARIMA 模型。最後，利用 summary() 進行評估。

```
# 建立 ARIMA 模型，根據最小 AIC 值參數
import statsmodels.api as sm
model_sarima = sm.tsa.statespace.SARIMAX(sales_a,order=(1, 0, 1),seasonal_
order=(1, 1, 1, 12),enforce_stationarity=False,
                                        enforce_invertibility=False)
results_sarima = model_sarima.fit()
print(results_sarima.summary().tables[1])
```

4. 模型評估

除了利用 summary() 外，也可以利用 plot_diagnostics() 繪出相關的評估圖形。最後，利用 get_prediction(start=pd.to_datetime('2015-01-11'))，我們可以建立資料內的預測的結果比對；或者，利用 get_prediction(start=pd.to_datetime('2015-01-11'), end = datetime.strptime("2015-08-11", "%Y-%m-%d"))，我們選擇多預測 1 個月到 2015/08/11 的預測（訓練資料集只到 2015/07），並透過繪圖呈現預測狀況。如圖 9-18 顯示，的確有預測到資料的上下起伏，但似乎絕對值仍有一定的落差。

```
# 模型預測
from datetime import datetime
from sklearn.metrics import mean_squared_error
import numpy as np
# 預測既有資料，並評估殘差
inner_pred = results_sarima.get_prediction(start=pd.to_datetime('2015-01-11'),
dynamic = False)
train_arima_forecasted = inner_pred.predicted_mean
train_arima_truth = sales_a["2015-01-11":]
# 殘差評估
mse_arima = mean_squared_error(train_arima_truth, train_arima_forecasted)
print("Mean Square Error(MSE): ", mse_arima)
```

```
rmse_arima = np.sqrt(mse_arima)
print("Root Mean Squared Error(RMSE): ", rmse_arima)
rmspe_arima = np.sqrt(rmse_arima) / np.mean(train_arima_truth) * 100
print("Root Mean Square Percentage Error(RMSPE): ", rmspe_arima)
# 預測超過既有資料，以預估未來銷售量
outer_pred = results_sarima.get_prediction(start=pd.to_datetime('2015-01-11'),
end = datetime.strptime("2015-08-11", "%Y-%m-%d"))
pred_ci = outer_pred.conf_int()
ax = sales_a["2014":].plot(label = "observed", figsize=(15, 7))
outer_pred.predicted_mean.plot(ax = ax, label = "Forecast", alpha = 1)
ax.fill_between(pred_ci.index,pred_ci.iloc[:, 0],pred_ci.iloc[:, 1],
                color = "k", alpha = 0.05)
ax.set_xlabel("Date")
ax.set_ylabel("Sales")
plt.legend
plt.show()
```

　　在殘差的評估上，可以利用「均方誤差」（MSE）、「均方根誤差」（RMSE）以及「均方根誤差百分比」（RMSPE）進行衡量。以本範例的計算結果來看，RMSE 大約 3,000 多，意味著眞實值與預測值每周的銷售預測誤差平均 3,000 多。對於有時候 5,000 左右、最高 1,5000 的銷售額來看，實在誤差不小。

　　如果從競賽評估來看，以「均方根誤差百分比」（RMSPE）分數進行排名比較（亦即 RMSE 除以眞實值銷售資料的百分比）。前幾名的 RMSPE 大約是 0.08，本範例則爲 0.97，差了近 10 倍！因此，本次的範例的模型效果評估並不好。有興趣讀者可以進入該 Kaggle 大數據競賽的網頁（https://www.kaggle.com/c/rossmann-store-sales），查看排名前面競賽隊伍的作法。有沒有發現它們考慮的更周詳？分類的更細緻的作法呢？

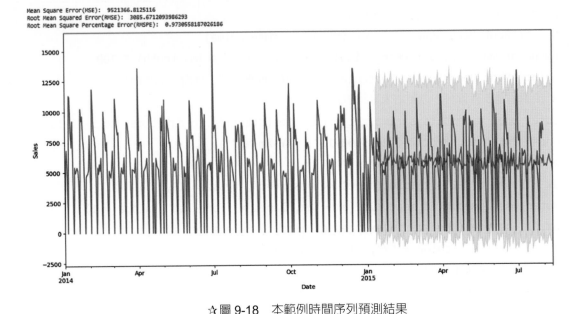

☆圖 9-18   本範例時間序列預測結果

9-4   小結

　　從本章可以理解多元線性、非線性分類與迴歸分析、時間預測分析等預測分析的概念與 Python 實作方式。

　　相較於決策樹二元分類分析，迴歸分析、非線性 SVM 分析，更能探討多種因變數、特徵變數對於目標變數影響進而求出預測數值或分類結果。分類分析的目標變數資料型態常常非連續或無次序等離散型變數為主；迴歸分析的目標變數則是數字或連續值為主，例如：預測消費者在促銷周購買的金額多少、預測還款金額多少、流失機率多少等。

　　著名迴歸分析演算法有線性迴歸、邏輯迴歸、廣義模型迴歸以及非線性的 SVM 分析等。時間預測根據歷史循序資料，利用時間切割以發現變化規律並進行預測分析，著名演算法有 ARIMA、ARMA、指數平滑法等。

習題

1. 請問決策樹在分類上的缺點為何？
2. 請舉出 1 個迴歸分析應用案例，並指出其因變數與預測變數。
3. 請說明線性、邏輯迴歸、非線性、3 種迴歸分析的意義。
4. 請說明 SVM 非線性迴歸分析的概念。
5. 請討論第五章兩個應用情境，運用迴歸分析的方向。
6. 請說明時間序列的意義。
7. 請說明時間序列的 4 種規律分析方式。
8. 請連結 Kaggle 的商店大數據競賽網站（https://www.kaggle.com/c/rossmann-store-sales），
   查看下排名較高的程式碼，運用甚麼樣的數據分析方式，使得 RMSPE 值較低？

NOTE

Chapter

10

大數據分析：相似與推薦

　　預測分析的基本原理是尋找數據中的相似規律以解決問題。本章介紹判別相似性、異常偵測的概念與方法，可以讓讀者理解從商業問題思考可能運用的預測分析方法。

　　在分析模型上，本章介紹 K-NN 最鄰近相似性判別與協同過濾推薦方法的概念、應用方向與實作範例。透過本章，讀者可以了解相似性在預測分析上的運用概念，也能運用相似性判別與協同過濾推薦方法。

本章大綱

10-1 問題解決方向

　　不論是聚類分析、決策樹分析、迴歸或時間預測，皆是透過歷史數據，將具備相似性個體進行分群或是找出個體相似的特性，進行分類或預測。在生活或商業案例中，還有一種常見的情境是根據特定個體或群體特性，判別新實例是否相似或異常。例如：

1. **顧客購買**：想要瞭解新客戶是否會參與週年慶活動，比對是否與某些已參與顧客具有相似的特性？

2. **詐欺偵測**：從過去已知詐欺案例中，偵測新案例是否具備相似性，進而進行處理。

3. **設備異常偵測**：從過去已知設備參數數據模型，偵測新案例是否具備相似性，進而進行提醒。

4. **醫學治療**：從過去已知檢查案例中，判別病人是否生病或健康？

5. **配對測試**：想測試新商品、新促銷方案是否對於營收有影響。先選取相似的商店，一個進行實驗組、一個進行對照組。測試實驗組商店是否有顯著營收成長。

6. **喜好推薦**：從過去顧客購買商品或對商品喜好的評論，判定相似顧客也會對商品喜好，進而推薦顧客商品。

　　那麼如何判別個體間的相似性呢？常見的作法是計算個體屬性間的幾何空間距離。如圖 10-1 所示，想要判定新顧客 Charles 與哪幾個顧客最為相似，運用「歐幾里德距離」計算各個顧客在年齡、所得、信用卡張數的屬性與新顧客 Charles 的距離。由圖表可知，最小距離分別為 Allen(6.8)、Dick(12.4)、Ford(13.2) 為新顧客 Charles 最鄰近的 3 個鄰居。我們可以依此來計算（預測）新顧客各種未知數值，例如：可以計算新顧客還款機率為 0.67%（Allen, Ford 兩個還款、Dick 1 個不還款，可以利用 2/3 = 0.67%）；或者計算新顧客還款金額、消費金額等。

　　當然，為什麼要選三個鄰居做計算？為什麼要選擇這幾個屬性？為什麼這些屬性值大小差異不一樣？是否每個屬性重要性相等？是否有其他計算距離的方法？（其他還有「曼哈頓距離」、「餘弦距離」等。）這些都有待數據分析師進一步根據預測分析方法、商業應用情境進行調整。

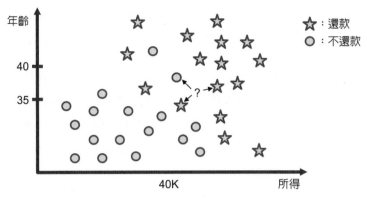

顧客	年齡	所得	信用卡張數	是否還款	與目標距離 (以歐幾里德距離計算) $d(x,y)=\sqrt{(x_1-y_1)^2+(x_2-y_2)^2+...+(x_n-y_n)^2}$
Charles	36	52	2	?	
Allen	33	46	3	是	6.8
Bard	60	150	2	否	100.9
Dick	39	40	1	否	12.4
Eden	50	130	2	否	79.2
Ford	37	65	4	是	13.2

☆圖 10-1 相似性的判別

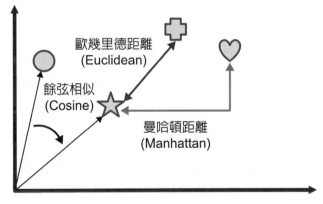

☆圖 10-2 三種相似性距離計算方法

　　綜合來看，這種相似比對的作法，是透過比對其他實例屬性相似性進而推論新實例的可能值，又常被稱為「實例學習」（instance-based learning）或「記憶推論」（memory-based reasoning, MBR）。記憶推論的應用十分廣泛，以下列出幾個分析案例：

1. 房屋仲介商想要預測一個新城鎮的房租價格。透過人口與房價調查結果，可以知道鄰近幾個城鎮的人口數、房價、租賃家庭數、租金以及地理位置等數據。運用房價價格的中位數、人口數對數值等計算相似的兩個城鎮的租金各為 700 美元、1,100 美元。房屋仲介商運用租戶數目為權重，計算新城鎮的房租價格為 950 美元。

2. 威士忌酒商想要引進新的酒品進入市場，想要瞭解該市場的客群為何？定價應為何？市場促銷手法應為何？透過過去在該市場威士忌酒販賣的狀況，可以獲得每個威士忌酒的顏色、氣味、味道、尾韻、訂價、銷售額等屬性數據。酒商運用顏色、氣味、味道、尾韻等屬性，找出最相似的一支酒。酒商參考該支酒的訂價、客戶群進行新威士忌酒的市場行銷策略。

3. 信用卡公司想偵測是否有盜刷的可能性發生，以拒絕刷卡或提醒用戶。信用卡公司過去的作法以幾個特定規則來監控：時間、地點、刷卡金額。例如：10 分鐘內連刷 3 筆、短期間不同國家刷卡、刷卡金額超過平均刷卡金額等，均會判定異常。然而，隨著盜刷行為愈來愈複雜，也無法依據每個人習慣進行異常判別，信用卡公司開始思考運用大數據分析方式解決。信用卡公司運用過去確認的盜刷紀錄的數千種特徵作為範本，當某用戶新刷卡行為連續發生，即可比對是否符合盜刷行為，進而寄簡訊或打電話與用戶確認狀況。信用卡公司有效降低盜刷金額為總收入 0.3% 以下。

4. 電子商務公司想要知道新產品可以推薦給哪些顧客。過去的做法是依據新產品的市場定位設想可能購買顧客屬性，例如：性別、收入、年齡等。然而，這種做法不能貼近每個顧客的個別偏好、購買習慣等，往往轉換率不高，也浪費客服人員撥打電話時間與成本。電子商務公司運用大數據分析方法，運用顧客屬性、產品消費紀錄等數據，進行相似性比對並產生推薦客戶名單，讓客服人員針對購買機率高客戶進行撥打電話詢問，提供命中率至 12%。

5. 新創公司想要藉由智慧手機 APP，讓顧客可以播放一段歌曲，進而猜出該歌曲的作品名稱與作曲者等。新創公司首先記錄數百萬首歌曲每個時間片段的頻率、強度。當新歌曲傳入時，快速比對數據庫，具備類似時間片段頻率是否相同，即可判定最相似的歌曲為哪一首？

從這些案例可以理解，進行記憶推論方法進行分析，要再進一步思考以下問題：

1. 甚麼變數可以衡量相似度呢？例如：房價價格的中位數、人口數有意義？顧客的性別、購買產品次數？威士忌酒的氣味、味道？信用卡刷卡的地點、金額、商店？分析師需要與事業單位討論，選擇有意義的變數。沒有意義的變數可能會變成雜訊，影響相似度的計算。此外，選擇變數後也要進一步進行變數轉換，例如：房價價格的中位數、時間片段的頻率、醫療 X 光片檢測的數字等，**讓變數具代表性**或進行取值範圍更一致。

2. 相似度要如何計算呢？運用屬性的距離來計算相似度嗎？距離的函數？歐幾里德距離？曼哈頓距離？屬性間是否有不同權重以計算距離？不同相似度計算方法會決定運用不同的演算法以進行模型建構。

3. 計算哪些預測值或目標變數？分析師要根據商業問題選取、轉換與計算預測值。例如：運用租戶數目為權重，計算新城鎮的房租價格而不是相似兩個城鎮的平均值；或者運用迴歸分析，把可能變數加入，計算新城鎮房租價格？如何計算是否還款的機率？如何計算盜刷可能性的機率？如何計算顧客喜好商品的程度（如：購買 5 次，代表喜好度為 100%）。

10-2　異常與相似性判定實作

(一) 概念

分析事物的異常與相似是一體的兩面。傳統異常分析利用統計方法解析是否觀測值超乎中位數、平均值、3 個標準差等「正常」的範圍，作為變異或者異常的檢測。例如：第五章所談的工廠良率改善情境。傳統統計學做法可以運用「管制圖」去監測各個品質特性（如：磨損、凹痕、刮傷等缺陷）是否超過平均值中間線（Central Line, CL）以及上下 2 個平均值標準差為上界限（Up Central Line, UCL）、下界限（Low Central Line, LCL）來進行監測。這樣的傳統做法有幾個缺點：(1) 每張圖只能針對某個品質特性進行異常判定，常常必須透過多個管制圖監控不同品質特性狀況，複雜性高。(2) 假設建立在常態分配，適用於穩定生產製程環境，不適用常變動製程、物料的狀況。(3) 只能事後檢測，不能事前預測。

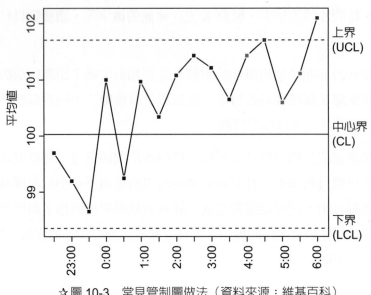

☆ 圖 10-3　常見管制圖做法（資料來源：維基百科）

　　運用大數據預測分析方法，可以同時考慮多元變數，進行異常檢測：

1. **線性迴歸**：找出與線性模型最遠、誤差最大的實例。

2. **決策樹**：找出最短樹路徑分類的實例。

3. **時間序列**：找出遠離季節或趨勢週期最遠的實例。

4. **聚類分析**：找出與每一個聚類中心最遠的實例（或可找位於密度最低的實例）。

5. **最鄰近分析**：找出鄰近相似的實例，判定是否屬於異常？

　　由此可見，從問題的解析與商業情境的配合，進一步運用可能的演算法進行預測分析模型建立，並評估哪一個模型最適合預測分析的實作方式。

　　我們回顧第五章的兩個商業應用情境，可以有相似性與異常偵測的問題思考：(1) 生產課長小剛是否可以運用多種設備參數、物料狀況等，即時偵測每一批生產良率是否可能異常？ (2) 行銷經理小敏是否可運用多種顧客屬性、顧客消費行為等，去分析哪些顧客與標竿顧客相似性高，可進行電話活動邀約？或者推薦可能喜好的商品？

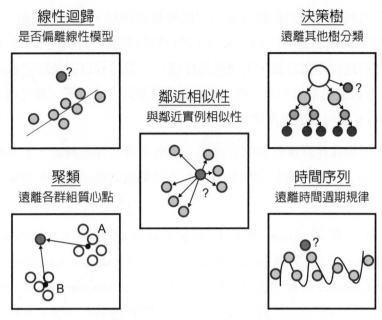

☆圖 10-4 常見多元變數異常偵測方法

（二）K-NN 最鄰近相似判定實作範例

K-NN 是一種以距離為基礎的相似性判定或異常大數據分析方法。相較於 K-means 等以群組質心來判別，K-NN 可運用有限的鄰近實例來進行新實例判別與預測，運用在實例聚集、重疊性較高的狀況下。

如圖 10-5 所示，K-NN 可運用在分類、迴歸的問題上。以分類問題來看，找出最近的 K 個鄰近（如圖為 3 個）實例，判斷屬於哪個分類的實例較多以決定新實例的類別；以迴歸問題來看，選出 K 個鄰近實例，可以進行這些實例的數值平均或中位數以作為新實例的預測值。

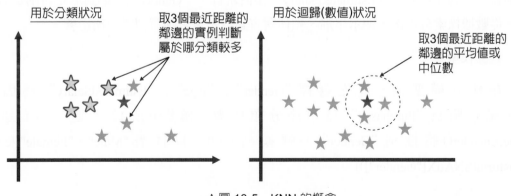

☆圖 10-5 KNN 的概念

K-NN 最鄰近判別方法的距離可以運用歐幾里德距離、曼哈頓距離。要執行 K-NN 最鄰近判別方要判斷幾個適用性：(1) K-NN 適合特徵數較少的狀況下，若較多則建議採用 SVM。(2) 由於進行距離計算，因變數最好進行特徵縮放以避免因變數間的數值差異太大。(3) 若離散值或異常值太多，要先進行異常值刪除、取代等，避免新實例靠近異常值造成誤判。(4) K 值可以盡量選擇奇數。

K-NN 可以運用在社群媒體的內容推薦、金融業貸款等級判定、手寫辨識、醫療異常檢測等，也可以運用來處理缺值的替代（如：最鄰近的幾個值的平均值來取代原本的值）等。

Python 中可以利用 sklearn 套件的 neighbors 函式庫的 KNeighborsRegressor()、KNeighborsClassifier 方法等進行 K-NN 算法。此外，sklearn.neighbors 函式庫也有 RadiusNeighborsClassifier 計算半徑內的相似或 sklearn.metrics.pairwise 中 cosine_similarity 計算餘弦相似度等多種相似度計算方法。以下介紹利用 Python 實現 K-NN 的案例。

1. 業務理解

本例為 Kaggle 網站的社群廣告的案例數據庫（https://www.kaggle.com/datasets/rakeshrau/social-network-ads）。本例社群廣告資料集，可以用來示範少量因變數進行 K-NN 鄰近分類。在企業中，可以思考針對相似市場區隔、產品、影片內容等，進行新實例的推薦。

2. 數據理解與準備

本例 Ch10-1 資料集為 Social_Network_Ads.csv 檔案。運用 info()，可以知道該資料集主要是不同使用者的性別、年齡、預估薪資以及是否購買（1 代表購買）等欄位組成，共約 400 多筆資料紀錄。我們可以運用盒鬚圖觀察 "Age" 性別、 "Gender" 年齡對於是否購買有影響；或者， "EstimatedSalary" 預估薪資、 "Gender" 年齡對於是否購買有影響。從數據探索分析後，顯示年齡、預估薪資對於是否會購買似乎有所影響。

3. 建立模型

在建立模型前，首先選擇 "Gender"， "Age"， "EstimatedSalary" 為因變數、是否購買 "Purchased" 為預測分類變數（值為 0 或 1）。進一步，運用 LabelEncoder() 將性別 "Gender" ，轉換為 1、0，以代表 "Male"、"Female"(le.fit_transform(SNAdX["Gender"]))。

↘ **範例 Ch10-1**

```
# 模型數據準備
SNAdX= SNAddf.filter(items=["Gender", "Age", "EstimatedSalary"])
SNAdY = SNAddf['Purchased']
# 將性別 encode 轉換成 0, 1 代表
from sklearn.preprocessing import LabelEncoder
le = LabelEncoder()
SNAdX["Gender"] = le.fit_transform(SNAdX["Gender"])
```

在數據轉換後，就可以開始建立模型了。如程式碼，首先將資料分為 25% 的測試集、75% 的訓練集。進一步，利用 StandardScaler 將測試集與訓練集的因變數數值尺度轉換到 1 與 -1 之間。

引用 sklearn.neighbors 的 KNeighborsClassifier 進行 K-NN 最鄰近方法的分類計算。其中，參數取用 K 值為 5 個 (n_neighbors=5)、p=2 代表使用歐幾里得距離計算。若選為 p=1 則為曼哈頓距離、p 值為任意值則為明氏距離。

```
# 建立模型
from sklearn.model_selection import train_test_split
from sklearn.preprocessing import StandardScaler
X_train, X_test, Y_train, Y_test = train_test_split(SNAdX, SNAdY, test_
size=0.25, random_state=42)
ss = StandardScaler()
X_train = ss.fit_transform(X_train)
X_test = ss.transform(X_test)
from sklearn.neighbors import KNeighborsClassifier
knn_model = KNeighborsClassifier(n_neighbors = 5, p = 2)
knn_model.fit(X_train, Y_train)
Y_pred = knn_model.predict(X_test)
```

最後，利用 knn_model.fit(X_train, Y_train)，即可建立訓練模型。利用 Y_pred = knn_model.predict(X_test) 進行測試集的預測。

4. 模型評估

如程式碼，我們利用混淆矩陣進行評估模型（confusion_matrix()）、並計算正確性（accuracy_score()）。如圖 10-6 所示，正確率為 92%，算是還不錯的分類。

```
# 模型評估
from sklearn import metrics
from sklearn.metrics import accuracy_score
import matplotlib.pyplot as plt
plt.figure(figsize =(3,3))
cm = metrics.confusion_matrix(y_true=Y_test, y_pred=Y_pred)
cm_display = metrics.ConfusionMatrixDisplay(confusion_matrix = cm, display_
labels = ['not_purchased', 'is_purchased']).plot()
ac = accuracy_score(Y_test,Y_pred)
print(accuracy_score(Y_test, Y_pred))
```

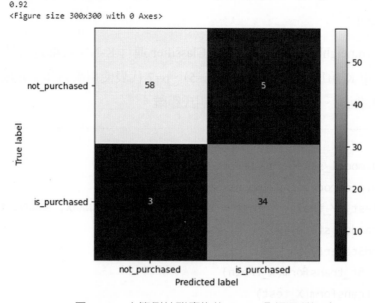

☆圖 10-6　本範例社群廣告的 K-NN 分類混淆矩陣

　　程式碼最後，我們也可以利用新的實例來預測，如：[0,20, 30000],[1, 60, 40000] 代表兩個實例，分別為 (1) 女性、20 歲、預估薪資 30,000；(2) 男性、60 歲、預估薪資 40,000。利用本模型預測後，NewY_pred 為 [0,1] 代表第 1 筆預測為不購買（數值為 0）、第 2 筆預測為購買（數值為 1）。因此，若是在網路行銷廣告上，我們可以針對第 2 筆的男性網頁投以該廣告，以精準行銷。

```
# 新實例預測
NewX = [[0,20, 30000],[1, 60, 40000]]
NewX = ss.transform(NewX)
NewY_pred = knn_model.predict(NewX)
```

10-3 相似性推薦實作

(一) 概念

　　承接相似性的概念，尋找相似的實例後，就可以根據參考值與計算規則，預估新實例可能值或機率，例如：惡性腫瘤的機率、是盜刷行為的機率、新酒的可能價格、城鎮的房租租金預估等。另一種相似性的預測做法也很常見，那就是針對新實例，產生建議產品或顧客的「清單」列表以進行推薦。

　　最為著名的推薦案例來自於線上電影 Netflix 所進行的推薦做法。Netflix 具備龐大的用戶及用戶觀看不同影片的紀錄，可以針對用戶喜好，推薦不同影片觀賞。

　　那麼，如何推薦呢？傳統做法，可以利用用戶的屬性或產品屬性的相似來探討，稱為「基於內容的推薦」。例如：20-30 歲年輕女性喜歡看的電影有哪些，就推薦給屬於此類別客戶；如前述社群網路廣告 K-NN 相似性實作，根據性別、年齡、預估薪資來預測是否會購買某產品。或者，我們也可以從影片的屬性，如：愛情、恐怖、動作、科幻等類型來進行推薦，例如：用戶填寫喜歡哪些類型或看過哪些類型的影片，就推薦同類型的顧客給該用戶。

　　然而，電影的製作很多元化，一部電影很難利用恐怖或愛情等類型來歸類。或者，用戶其實也很難確定自己到底喜歡看甚麼或者今天想看甚麼？以此，在網際網路發展盛行的大數據時代，發展了一個根據用戶群的瀏覽、觀賞或評分的「行為偏好」來進行推薦，稱為「協同過濾推薦」（collaborative filtering）。亦即我們現在網路上常看到的「看過這個商品的人，也在看這些商品！」

　　如圖 10-7 所示，用戶 1 喜歡產品 1、產品 2、產品 3、產品 4；用戶 2 喜歡產品 2；用戶 3 喜歡產品 2、產品 3。運用演算法，判定用戶 1 與用戶 3 具有喜好「相似性」，所以也推薦用戶 3 購買產品 1、產品 4 等用戶 1 也喜歡的產品，即是「協同過濾推薦」的作法。若是內容相似的推薦，則根據產品本身的內涵、屬性進行推薦；圖中，產品 1 霜淇淋、產品 3 蛋糕屬性接近，若判定為產品相似性，只會推薦產品 1 霜淇淋給用戶 3。

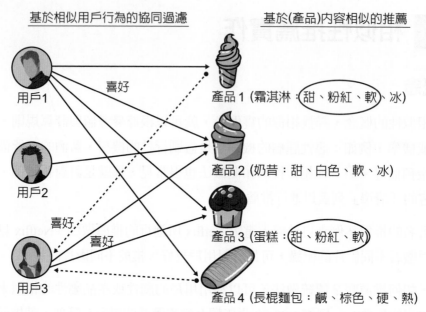

☆圖 10-7　協同過濾與基於內容相似的推薦作法概念

　　因此，數據分析師進行商品推薦分析時，有幾個必須考慮的：

1. **相似**：用甚麼來衡量相似？指的是尋找用戶屬性相似、尋找產品屬性相似（基於內容推薦）或者用戶對產品喜好行為的相似（協同過濾）？運用哪種計算方法（如：K-NN 最近鄰相似、歐幾里得距離？曼哈頓距離）來判定分數多少是稱為相似呢？

2. **喜好**：甚麼叫做喜好？是指顧客購買過該產品或看完該電影、或者點選評分為 4 顆星或 5 顆星？或是曾經加入購物車、曾經瀏覽次數？喜好程度是否有等級區分？隨著應用情境以及能取得的數據不同，數據分析師必須考量蒐集不同數據與進行轉換。

　　由此也可以看到，相似性推薦是因應大數據時代的作法。如果企業能擁有愈多用戶與產品喜好行為數據就愈能夠精準的推薦；反之，企業僅有稀少數據僅能思考依個人喜好產品、電影類型來設定推薦方式（但在網路時代，隱私權保護高漲，用戶愈來愈不想透漏自己的喜好或屬性）。事實上，我們知道用戶當下的動態行為，例如：最近要去旅遊所以正在搜尋相關產品，比起屬性來說，更容易推薦而誘使用戶購買！

　　實務上，我們真的也很難預測用戶的各種行為，只好採取混合「內容基礎」與「協同過濾」推薦的作法！畢竟，有時候身為用戶的我們，也不能預測自己每天的心情想要看哪類型電影！如圖 10-8 所示，Netflix 串流平台利用多種影片推薦方式，滿足用戶的各種喜好。

☆ 圖 10-8　Netflix 串流平台多種推薦作法混合（資料來源：Netflix）

(二) 協同過濾實作範例

協同過濾是根據用戶對於產品喜好行為進行相似性的判定。那麼，是甚麼相似呢？用戶喜好相似？還是影片相似讓用戶喜好？如圖 10-9 所示，我們可以分為 (1) 基於用戶喜好相似的過濾（user_based filtering）：基於用戶對於哪些產品的喜好程度作為用戶間的類似。我們常這麼形容：「跟你喜好相同的人也看過這些影片」、「跟你一樣的人也買過這些產品」。(2) 基於項目喜好相似的過濾（item_based filtering）：以產品為基礎，計算是否被類似用戶喜好或具有類似評分作為產品相似的判定。這種有點類似基於內容的推薦中的「依產品相似推薦」，但這個方法不分析產品本身的特徵（如：粉紅色或甜的），只看產品被用戶喜歡或觀看；可以這麼說「看過這個影片的人也看過這些影片」、「閱讀本文的客戶還閱讀了這些」。你會選擇哪一種呢？

事實上，許多專家認為基於項目喜好相似過濾較為實際，原因是：(1) 每個人喜好常常變動。(2) 產品 / 影片相似機會比數億人找行為相似機會更高。(3) 新用戶還沒開始使用產品時，基於用戶喜好相似無法計算。(4) 用戶常常是沒有登入網站的瀏覽行為，我們通常很難知道用戶的使用紀錄而進行用戶喜好相似推薦等。

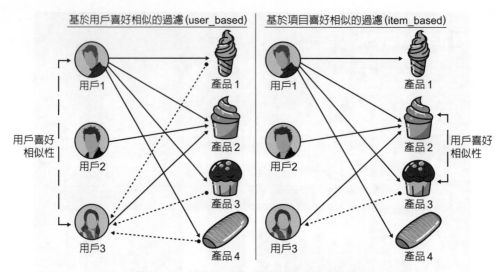

☆圖 10-9　基於用戶與項目的兩種協同過濾作法概念

　　另一種類型的協同過濾推薦方式是 2009 Netflix 大數據競賽得獎團隊運用的矩陣分解 SVD 奇異值模型方法。奇異值模型方法利用數學方法，從用戶喜好行為、電影被喜好行為中找到潛在規律因素（好比是「最近電影」、「刺激」或「適合心情舒緩的人」等規律，但並非數據分析師根據經驗判斷），進行有效的推薦。如圖 10-10 所示，用戶以及產品／電影的評分矩陣圖，可以轉為用戶相似、項目相似或者是 SVD 奇異值的矩陣分解方式。

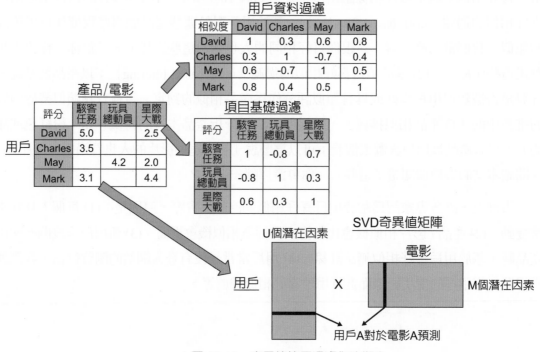

☆圖 10-10　奇異值協同過濾作法概念

　　SVD 奇異值模型的好處是可以解決上述沒有相似使用者或新使用者、新電影加入的擴展性問題，但缺點是找出潛在因素不容易解釋是甚麼？（如同聚類分析，我們無法解釋為何這些實例是聚合在同一起）。

　　以下以 Python 語言為分析工具，示範將某電影進行項目基礎的推薦。對於 SVD 奇異值推薦有興趣的讀者可以進一步研究，可利用 numpy 或 superise 函式庫建立模型。

1. 業務理解

　　本例為經典電影推薦的案例 MovieLens 社群的 100K 的 10 萬筆電影評價案例（https://grouplens.org/datasets/movielens/）。隨著社群網路的發達，這種產品評價或同好社群網站愈來愈多，也產生愈來愈多的應用可以進行協同過濾推薦，如：美國最著名的商店評論網站 Yelp、中國「大眾點評」網站、葡萄酒點評網站 Vivino 等，可以進行各種用戶社群產品推薦。

2. 數據理解與準備

　　本例 Ch10-2 資料集有 movie_ratings、movie_attr.csv 等 CSV 檔案。檢視檔案，可以發現 movie_ratings 主要是每個電影的點評，包含：用戶 ID、電影 ID、評分（ratings）以及時間等；movie_attr 包含電影 ID、電影片名（title）以及屬性（如：冒險、奇幻、浪漫等）。

　　首先，我們可以利用統計圖表檢視評論的分布狀況，例如：每個電影被評論的次數、用戶進行評論的次數、電影評分 1-5 分的次數多寡等。從統計圖表可以發現，有些用戶評論很多、有些則否；許多電影被用戶評論亦很少。

　　其次，我們可以將兩個檔案進行合併：moviesdf.merge(ratingsdf, on='movieId', how='inner')，將兩個資料框以 movieId 來合併。進一步，我們只篩選被評選超過 100 次的電影作為「熱門電影」，以提高推薦的準確率（如下方程式碼），並將選擇出的熱門電影利用電影片名 Title 來合併 movieratings 評論檔案，形成熱門電影用戶評論資料框 popularmovieratingsdf。

↘ 範例 Ch10-2

```
# 篩選熱門電影為推薦目標
agg_ratings = movieratingsdf.groupby('title').agg(ratingmean = ('rating',
'mean'),ratingcounts = ('rating', 'count')).reset_index()
popularmoviesdf = agg_ratings[agg_ratings['ratingcounts']>100]
popularmoviesdf.sort_values(by='ratingcounts', ascending=False).head()
# 合併只留熱門電影的用戶評價
popularmovieratingsdf = pd.merge(movieratingsdf, popularmoviesdf[['title']],
on='title', how='inner')
popularmovieratingsdf.head()
```

3. 建立模型

在進行協同過濾推薦模型之前，先要建立 user-items 的用戶產品矩陣。如程式碼，利用：pivot_table(index='title', columns='userId', values='rating').fillna(0) 可以將 popularmovieratingsdf 熱門電影用戶評論資料框轉換成用戶產品矩陣 useritemmatrix。其中，fillna(0) 是將沒有評分的” NA”轉為數值 0。進一步，利用：csr_matrix() 轉換成稀疏矩陣，以減少運算時間。圖 10-11 顯示本例的用戶產品矩陣。

```
# 建立熱門電影用戶產品矩陣
useritemmatrix = popularmovieratingsdf.pivot_table(index='title',
columns='userId', values='rating').fillna(0)
useritemmatrix.head(20)
# 建立稀疏矩陣
from scipy.sparse import csr_matrix
user_item_matrix_sparse = csr_matrix(useritemmatrix.values)
```

userId title	1	2	3	4	5	6	7	8	9	10	...	601	602	603	604	605	606	607	608	609	610
2001: A Space Odyssey (1968)	0.0	0.0	0.0	0.0	0.0	0.0	4.0	0.0	0.0	0.0	...	0.0	0.0	5.0	0.0	0.0	5.0	0.0	3.0	0.0	4.5
Ace Ventura: Pet Detective (1994)	0.0	0.0	0.0	0.0	3.0	3.0	0.0	0.0	0.0	0.0	...	0.0	2.0	0.0	2.0	0.0	0.0	0.0	3.5	0.0	3.0
Aladdin (1992)	0.0	0.0	0.0	4.0	4.0	5.0	3.0	0.0	0.0	4.0	...	0.0	0.0	0.0	3.0	3.5	0.0	0.0	3.0	0.0	0.0
Alien (1979)	4.0	0.0	0.0	0.0	0.0	0.0	0.0	0.0	0.0	0.0	...	0.0	0.0	5.0	0.0	0.0	4.0	3.0	4.0	0.0	4.5
Aliens (1986)	0.0	0.0	0.0	0.0	0.0	0.0	0.0	0.0	0.0	0.0	...	0.0	0.0	4.0	0.0	0.0	3.5	0.0	4.5	0.0	5.0
Amelie (Fabuleux destin d'Amélie Poulain, Le) (2001)	0.0	0.0	0.0	0.0	0.0	0.0	0.0	0.0	0.0	0.0	...	0.0	0.0	0.0	0.0	4.5	0.0	0.0	0.0	0.0	4.0
American Beauty (1999)	5.0	0.0	0.0	5.0	0.0	0.0	4.0	0.0	0.0	1.0	...	0.0	0.0	5.0	0.0	0.0	4.5	3.0	5.0	0.0	3.5
American History X (1998)	5.0	0.0	0.0	0.0	0.0	0.0	0.0	0.0	0.0	0.0	...	0.0	0.0	3.0	0.0	0.0	4.0	0.0	4.0	0.0	0.0
American Pie (1999)	0.0	0.0	0.0	0.0	0.0	0.0	0.0	0.0	0.0	0.0	...	0.0	0.0	2.0	0.0	0.0	1.0	0.0	2.5	0.0	0.0
Apocalypse Now (1979)	4.0	0.0	0.0	0.0	0.0	0.0	4.0	0.0	0.0	0.0	...	0.0	0.0	5.0	0.0	0.0	4.5	0.0	3.0	0.0	5.0

用戶對於電影的評分的用戶產品矩陣

☆圖 10-11　本範例的用戶產品矩陣

其次，利用 sklearn 套件的 NearestNeighbors() 模型演算法（相較於前面 KNeighborsClassifier() 演算法，是一種不需分訓練集、測試集的無監督式演算法），我們可以建立 K-NN 最鄰近模型來計算熱門電影間的相似性（本例利用” cosine”參數為餘弦相似度計算）。

```
# 建立 KNN 模型作為基於項目推薦
from sklearn.neighbors import NearestNeighbors
KNN_model = NearestNeighbors(n_neighbors=30, metric='cosine',
algorithm='brute', n_jobs=-1)
KNN_model.fit(user_item_matrix_sparse)
```

4. 模型評估

建立完 K-NN 訓練模型後，就可以利用模型進行項目基礎的電影推薦應用。如程式碼所示，我們可以隨機選出電影編號，並找出最相近的 6 個電影（包含選出的電影編號本身，亦即推薦 5 部電影）。

```
#隨機選電影編號
import numpy as np
query_index=np.random.choice(useritemmatrix.shape[0])
query_index
#進行最鄰近的 6 部電影
distances,indices=KNN_model.kneighbors(useritemmatrix.iloc[query_index,:].
values.reshape(1,-1),n_neighbors=6)
print("Distances; ",distances," MovieIndices;",indices)
for i in range(0,len(distances.flatten())):
  if i==0:
      print("\nRecommendation for {0}:".format(useritemmatrix.index[query_
index]))
  else:
      print("{0}: {1}, with distance of {2}:".format(i,useritemmatrix.
index[indices.flatten()[i]],distances.flatten()[i]))
)
```

如圖，本次我們找出了電影編號 85 的電影：Mission: Impossible（1996）不可能任務，其相似推薦的電影有：ID4 星際終結者、Jurassic Park（1993）侏羅紀公園、Twister 龍捲風等，似乎是科幻、刺激等類型的電影，是不是有推薦的有道理呢？

```
Distances; [[0.        0.32264587 0.40772347 0.41159338 0.43483163 0.44934722]]  MovieIndices; [[ 85  67  72 127  99  56]]

Recommendation for Mission: Impossible (1996):
1: Independence Day (a.k.a. ID4) (1996), with distance of 0.32264586874635703:
2: Jurassic Park (1993), with distance of 0.407723472449955:
3: Twister (1996), with distance of 0.41159338079400065:
4: Rock, The (1996), with distance of 0.4348316264341321:
5: GoldenEye (1995), with distance of 0.4493472248976118:
```

☆圖 10-12　本範例相似電影推薦結果

10-4 小結

　　從本章可以理解相似性判定、異常偵測以及最鄰近分析、協同過濾分析概念與 Python 實作方式。相似性與異常偵測可以運用在相似顧客推薦、詐欺偵測、醫療病症檢測、配對測試等領域。

　　判定相似性有許多的作法，迴歸分析、決策樹、時間預測等都可以作爲相似性探討，本章主要介紹幾何空間距離作爲相似性判定基礎。傳統統計技術可運用變異分析進行相似與相異判定，缺點在於基於常態分佈、單一變數等分析原則，較不適用變動頻繁、多元變數的分析情境。

　　K-NN 是一種以距離爲基礎的相似性或異常判定的常用預測分析方法，可運用「歐幾里德距離」、「曼哈頓距離」、「餘弦距離」等計算最鄰近 K 個鄰居，可進行推論或預測目標實例可能值或機率。

　　協同過濾是目前最常見相似性推薦作法之一。由於大數據時代的資料量累積以及個資法的保護問題，愈來愈多推薦作法以使用者喜好行爲而不僅僅是用戶屬性、產品屬型來進行相似性推薦。例如：基於用戶喜好行爲、基於項目被喜好的行爲統計進行「跟你喜好相同的人也看過這些影片」、「看過這個影片的人也看過這些影片」等推薦作法。

習題

1. 請舉出 1 個相似或異常判定的應用案例？
2. 請舉出 1 個記憶推論的應用案例，並說明用甚麼屬性衡量相似度？
3. 請舉出 3 種運用大數據預測方法進行異常檢測的方式。
4. 請討論第五章兩個應用情境，運用異常偵測的應用方向。
5. 請說明 K-NN 如何在幾何平面上判定相似性？
6. 請說明協同過濾方法的概念以及基於用戶喜好、基於項目喜好的作法不同。
7. 請上 Netflix 網站檢視各種影片推薦方式，試著猜測背後哪些是用戶屬性、產品屬性或協同過濾的作法。

NOTE

Chapter

11

大數據分析：關聯與關係

尋找事物的關係是預測分析的核心概念。本章回到預測分析的問題解決源頭，從「關係」思考分析方向。

本章在分析模型上，介紹關聯分析、貝氏網路分析概念、應用方向與實作範例。透過本章，讀者可以了解「關係」思考在預測分析上的重要性，並啟動尋找事物間關係的數據分析思維。讀者也可以透過本章，了解關聯分析與貝氏網路分析兩種模型方法。

本章大綱

11-1 問題解決方向

不論是聚類、分類或相似性與推薦等預測分析，都是尋找事物間的「關係」法則，以做推論與預測。例如：

1. 聚類分析尋找「組內最接近質心」關係的實例群為同一群組，並「推論」會有相同的行為或數值。

2. 線性迴歸尋找因變數與應變數間的「線性關係」函式，以透過新實例屬性（因變數），「推論」與「預測」應變數的值。

3. 時間序列尋找時間週期與歷史實例值的「週期變動關係」，以推論新實例落在哪一個週期，以「推論」與「預測」可能值。

4. 最近鄰相似性比對尋找新實例「最近距離」的數個實例，進一步透過加權、平均等方式進行新實例數值或機率的「推論」。

以此，商業分析師與數據分析師探討商業應用情境時，可以再深入思考想要探討的新實例與歷史數據間是否存在可能的不同關係。回顧第五章的兩個商業應用情境，可從其他「關係問題」思考：(1) 生產課長小剛是否思考不同設備參數狀況、物料狀況等出現是否有時間循序關係？ (2) 行銷經理小敏檢視過去周年慶銷售時，是否有商品同時銷售的機會？ A 商品與 B 商品購買是否有先後順序關係？或搭配關係？

相似關係
是否實例間具有相似性？

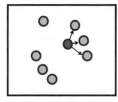

迴歸關係
是否存在因變數（屬性）與應變數迴歸關係？

時間週期相關
是否存在時間週期關係？

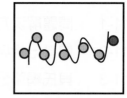

循序關係
是否實例間具有順序關係？

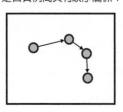

連結關係
是否實例間具有連結關係？

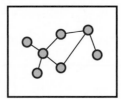

條件關係
是否實例間具有已知依賴關係？

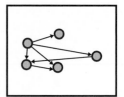

☆圖 11-1　從關係思考數據分析方向

　　當然，要去思索領域其他可能存在「關係」時，有賴分析師對於商業領域可能「關係」的了解與假設，並從數據中探索、驗證可能存在的「關係」。本章與下一章進一步介紹三種不同關係的演算方法與案例：

1. **關聯分析（Association Analysis）**：是一種發現實例間「同時出現」的頻率關係。

2. **貝氏網路（Bayesian Networks）**：根據經驗，建構前後事件「依賴關係」條件機率網路圖，以分析新實例發生可能機率。

3. **馬可夫網路（Markov Network）**、**隱馬可夫模型（Hidden Markov Model, HMM）**：根據經驗，建構時間序事件間複雜的「依賴關係」狀態機率網路圖，以分析與預測新實例可能狀態的機率。

4. **連結分析（Link Analysis）**：根據網友的「連結關係」，分析連結網路的緊密程度？誰的連結程度強？透過誰可以容易連結到其他人？

11-2　關聯分析與實作

（一）概念

　　關聯分析（Association Analysis）是一種發現實例數據出現頻率規則（共現）的預測分析方法。例如：發現消費者購買商品時，牛奶與麵包常常一起被購買；發現消費者購買數位商品，會先買電腦然後再購買數位相機、記憶卡等順序關聯。購物籃分析（Market Basket Analysis）即是最常運用關聯分析的應用。零售業者想要知道消費者哪些商品會常一起購買，以制定聯合促銷、櫃位擺放等銷售手法。

　　如圖 11-2 所示購物籃分析概念，零售業者可以發現消費者柳橙汁、可樂一起購買頻率最高（共現次數 =2），而制定將柳橙汁、可樂搭配促銷或放置在相鄰貨架的策略。其中，每個購買品項叫做「項目」（item）、每一購物籃叫做「項目集」（itemset）。在實務上，每一購物籃可能是每一個客戶的一個訂單或一個時間內購買品項的組合。

客戶購物籃

客戶	項目集
1	柳橙汁、可樂
2	牛奶、柳橙汁、地板清潔劑
3	柳橙汁、洗衣粉
4	柳橙汁、洗衣粉、可樂
5	地板清潔劑、可樂

產品共現

	柳橙汁	地板清潔劑	牛奶	可樂	洗衣粉
柳橙汁	4	1	1	2	1
地板清潔劑	1	2	1	1	0
牛奶	1	1	1	0	0
可樂	2	1	1	3	1
洗衣粉	1	0	0	1	2

☆圖 11-2　購物籃分析概念

　　購物籃分析最為津津樂道的故事來自於 90 年代 Walmart 超市發現「尿布」、「啤酒」兩者看似不相關的產品常會一起購買。經過仔細調查後，發現原因是父親常在周五被要求去購買尿布而順便多帶一點啤酒過周末。Walmart 超市於是將啤酒、尿布放在鄰近的貨架，果然增加銷售額。

　　儘管 90 年代已經發展這樣的分析應用，但由於方法簡單且僅需準備訂單交易紀錄資料，仍成為目前常用的預測分析方法。在現在熱門的電子商務購物領域，我們也常常看到「購買此商品的顧客也同時購買」的促銷頁面或是各種個性化廣告，背後均使用關聯分析方法進行分析。此外，許多零售業者也進一步將天氣資料、社群資料等非結構化資料一起分析，以發現更為有趣的頻率規則。例如：某家零售發現溫度超過攝氏 30 度時，靠海岸的零售分店海鮮銷售較好、內陸的零售分店則銷售較多牛肉。或者，可以運用關聯規則來進行比較：

1. 促銷期與平時的銷售關聯是否不一樣？

2. 不同銷售區域、不同國家銷售模式是否不一樣？

3. 不同銷售季節是否銷售商品有所差別？

　　其他可能應用場景包括：詐騙偵測、消費行為預測、財務風險分析、設備異常發現、醫療病徵關聯、供應商績效分析等各領域。值得注意的事，關聯規則算出來的結果可能是常識、促銷造成的結果或者純粹碰巧的規則等，仍有賴分析師進一步探究原因，才能訂定有效的商業規則。

（二）實作範例

　　Apriori 關聯演算法是最為常見與簡單的關聯分析演算法之一，其他尚有 Eclat、FP-Growth 等。Apriori 主要是搜尋所有交易資料中，計算項目集組合同時出現頻率的多寡，再利用支持度（support）、可靠度（confidence）、提升度（lift）等參數來過濾關聯強度較高的組合。

　　假設有 100 次的交易，其中 10 次購買牛奶、8 次購買麵包、6 次同時購買兩者。以下是三個主要參數的概念與計算結果：

- 支持度（**support**）：衡量 X,Y 項目出現次數在所有交易 / 事件中的比例。計算方式為：support (X->Y)= frq(X,Y)/N。本例計算：support (牛奶 -> 麵包)=6/100=0.06。

- 可靠度（**confidence**）：衡量在 X 發生下，X,Y 項目同時發生的機率。也被稱為「置信度」，計算方式為：confidence(X->Y)= frq(X,Y)/frq(X)。亦即項目集組合出現次數除以 X 出現次數。本例計算：confidence(牛奶 -> 麵包)=6/10=0.6。

- 提升度（**lift**）：衡量項目集之間的相關性 / 依賴性。計算方式為：lift(X->Y)= confidence(X->Y)/support(Y)。如果 lift=1，X 和 Y 是獨立的；如果 lift > 1，則表示 X、Y 正相關，彼此提升了可能性；如果 lift < 1，表示 X 和 Y 是負相關的，這表示顧客往往不會同時購買 X 和 Y。本例計算：lift(牛奶 -> 麵包)=0.6/0.08=7.5。

　　在 Python 中，常用 Apriori 關聯法則函式庫為 apyori、mlxtend 套件包。以下利用 apyori 套件包，示範某零售店銷售產品進行 Apriori 關聯分析的範例。

1. 業務理解

　　本例為常見的購物籃分析方式，思考同時購買、事件同時發生的規律。除了購物場景的應用，也可以運用在詐騙偵測、設備異常偵測，以判定是否同時發生類似事件群為異常狀況？例如：設備溫度降低、同一個時段馬達也降低轉速的事件群。比較前一章，判定異常的思考方向是否不同？此外，也可以運用在醫療病徵關聯、語音辨識等領域。

2. 資料準備與探索

本例 Ch11-1 為從 kaggle 社群取得的 Groceries 資料集，為某零售店的銷售紀錄。（https://www.kaggle.com/datasets/heeraldedhia/groceries-dataset）

首先，分析師可以檢查 Groceries 資料集資料狀況。利用 grocerydf.info()，可以發現 Groceries 資料集具有 38,675 個交易資料、"Member_number"，"Date"，"itemDescription" 等 3 個欄位。將 "itemDescription" 產品名稱群組，繪出次數直方圖，可以看出全脂牛奶（Whole Milk）、其他蔬菜（other vegetables）的購買次數最多。

↘ 範例 Ch11-1

```
# 繪出購買次數直方圖
grocerydf.groupby(by = "itemDescription").size().reset_index(name='Frequency').
sort_values(by = 'Frequency',ascending=False).head(10).plot(x='itemDescription
',kind='bar')
# 列出前 10 筆紀錄狀況
grocerydf.head(10)
# 群組每個顧客同天購買商品描述
itemsetdata = grocerydf.groupby(['Member_number','Date']).
agg({'itemDescription': lambda x: ', '.join(x)}).reset_index()
```

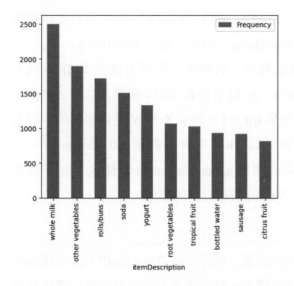

☆圖 11-3　本範例購買紀錄狀況檢視與繪圖

　　進一步，分析師檢查各交易項目的詳細狀況。如圖 11-3 所示檢視前 10 筆紀錄，每筆交易資料包含爲數不等的項目。由此可以知道，關聯分析法對於資料要求十分簡單，僅需羅列每次購買的各個銷售項目的品名即可。企業如果需從銷售點交易系統或訂單管理系統蒐集資料進行分析，僅需轉出某觀察時間的銷售項目資料即可。

　　我們也可以將 "Member_number"，"Date" 進行群組，計算每個顧客同一天購買的商品組合有哪些？利用：groupby(['Member_number','Date']).agg({'itemDescription': lambda x: ', '.join(x)}).reset_index() 的作法，我們將每次購買的商品組合以 "," 來連結，產生如圖 11-4 所示的購物籃項目集組合的資料框 itemsetdata。

	Member_number	Date	itemDescription
0	1000	15-03-2015	sausage, whole milk, semi-finished bread, yogurt
1	1000	24-06-2014	whole milk, pastry, salty snack
2	1000	24-07-2015	canned beer, misc. beverages
3	1000	25-11-2015	sausage, hygiene articles
4	1000	27-05-2015	soda, pickled vegetables
...	...	...	...
14958	4999	24-01-2015	tropical fruit, berries, other vegetables, yog...
14959	4999	26-12-2015	bottled water, herbs
14960	5000	09-03-2014	fruit/vegetable juice, onions
14961	5000	10-02-2015	soda, root vegetables, semi-finished bread
14962	5000	16-11-2014	bottled beer, other vegetables

14963 rows × 3 columns

☆圖 11-4　本範例購物籃項目集組合

　　事實上，進行 Apriori 關聯法則只要項目集的組合資料就好。以此，我們利用以下作法將 itemsetdata 轉爲 transactions 陣列組合，作爲建立模型的資料準備。

```
#資料準備
transactions = []
for row in range(0,len(itemsetdata)):
    transactions.append(itemsetdata['itemDescription'][row].split(','))
transactions[:3]
```

```
[['sausage', ' whole milk', ' semi-finished bread', ' yogurt'],
['whole milk', ' pastry', ' salty snack'],
['canned beer', ' misc. beverages']]
```

3. 建立模型

在 Python 中，可以安裝 apyori 套件包來進行 Apriori 關聯法則模型建立。如程式碼所示，將 transactions 陣列帶入 apriori() 函式中，即可以產生 Apriori 關聯法則 rules。每一個法則即是不同的項目集組合以及其支持度等指標。apriori() 函式中，利用 min_support, min_confidence, min_lift 等來過濾最小支持度、可信度、提升度等。min_length 則是最少幾個項目的組合。

```
# 建立模型
!pip install apyori
from apyori import apriori
rules = apriori(transactions, min_support=0.0002,min_confidence = 0.05,min_lift
= 2,min_length = 2)
results = list(rules)
results
```

我們可以定義 inspect(results) 的函式，將 rules 結果整理好放到資料框中，以便觀察。如圖 11-5 所示，整理好的資料框 resultsdf，包含：LeftHandSide、RightHandSide 亦即是第 1 個項目、第 2 個項目，以及支持度（Support）、可性度（Confidence）、提升度（Lift）以及規則（Rules）。

```
# 定義解析規則方式
def inspect(results):
    lhs  = [tuple(result[2][0][0])[0] for result in results]
    rhs = [tuple(result[2][0][1])[0] for result in results]
    supports = [result[1] for result in results]
    confidences = [result[2][0][2] for result in results]
    lifts = [result[2][0][3] for result in results]
    return list(zip(lhs, rhs, supports, confidences, lifts))
# 將解析規則放到資料框
resultsdf = pd.DataFrame(inspect(results), columns = ['LeftHandSide',
'RightHandSide', 'Support', 'Confidence','Lift'] )
resultsdf['Rules'] = resultsdf['LeftHandSide'] + ' -> ' +
```

```
resultsdf['RightHandSide']
ftHandSide'] + ' -> ' + resultsdf['RightHandSide']

# 列出前 20 項解析規則資料框紀錄
resultsdf.nlargest(n=20, columns="Lift")
```

	LeftHandSide	RightHandSide	Support	Confidence	Lift	Rules
843	other vegetables	pork	0.000200	0.136364	204.040909	other vegetables -> pork
842	frankfurter	other vegetables	0.000200	0.300000	83.127778	frankfurter -> other vegetables
365	bottled beer	frankfurter	0.000200	0.500000	82.214286	bottled beer -> frankfurter
841	butter	soda	0.000200	0.136364	65.819648	butter -> soda
844	other vegetables	citrus fruit	0.000200	0.187500	60.990489	other vegetables -> citrus fruit
457	ham	canned beer	0.000200	0.060000	52.810588	ham -> canned beer
299	soups	seasonal products	0.000200	0.075000	44.889000	soups -> seasonal products
484	citrus fruit	specialty chocolate	0.000200	0.500000	44.269231	citrus fruit -> specialty chocolate
487	citrus fruit	specialty chocolate	0.000200	0.500000	44.269231	citrus fruit -> specialty chocolate
354	beverages	specialty bar	0.000200	0.375000	39.238636	beverages -> specialty bar
845	rolls/buns	soda	0.000200	0.050847	34.583205	rolls/buns -> soda
540	frankfurter	other vegetables	0.000334	0.054945	31.620879	frankfurter -> other vegetables
850	soda	whole milk	0.000200	0.136364	30.915289	soda -> whole milk
848	rolls/buns	whole milk	0.000200	0.120000	27.624000	rolls/buns -> whole milk

☆圖 11-5 本範例關聯法則結果

4. 模型評估

　　我們可以利用支持度（Support）、可性度（Confidence）、提升度（Lift）等來過濾選擇適當的關聯法則。如圖 11-6，利用點狀圖繪出 Support、Confidence 為軸的各個關鏈法則，並利用提升度數值標示出顏色與圓點大小，以方便分析師選擇適當的關聯法則進行評估。

　　例如：bottled beer-->frankfurter（罐裝啤酒 / 香腸）似乎可性度高（縱軸）、提升度也不低（圓點大小），是否可以考慮將兩者放在冰箱的附近位置，以提高商品組合銷售？

```python
# 繪圖比較各種關聯規則
import matplotlib.pyplot as plt
import seaborn as sns
plt.figure(figsize = (20,20))
support = resultsdf['Support']
confidence = resultsdf['Confidence']
lift = resultsdf['Lift']
rule = resultsdf['Rules']
ax = sns.scatterplot(data = resultsdf, x = 'Support', y = 'Confidence', hue =
'Lift', size = 'Lift', sizes = (50,500))
for i,j in enumerate(rule):
 if lift[i] > 45:
  plt.annotate(j, (support[i] + 0.00003, confidence[i] ))
plt.title('Scatter Plot of Rules By Support, Confidence and Lift', fontsize
= 20)
```

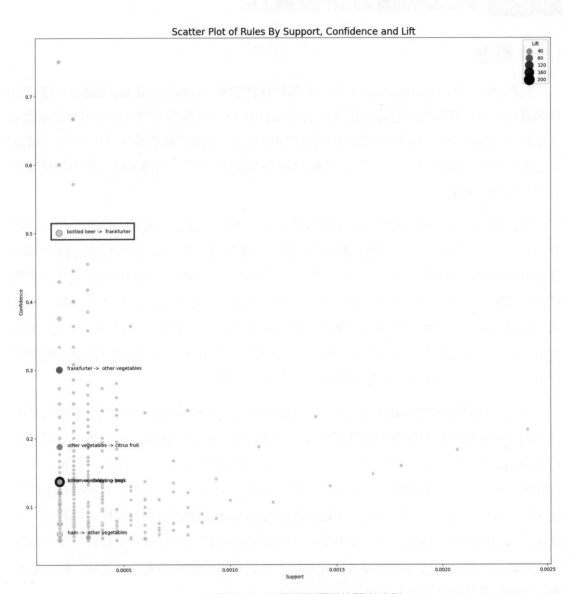

☆圖 11-6　本範例繪圖評估關聯法則

　　實務上在實施關聯法則時，分析師還可能會加入成本、利潤來考量是否要實施某些關聯法則。例如：本例顯示罐裝啤酒、香腸的關聯度高，但是否都是低毛利產品？是否有助於共同產品行銷提升營收或毛利？或者要選擇哪個品牌的啤酒、香腸來搭配？

　　在模型上，分析師可以進一步進行參數調整與評估，如：調整支持度、可靠度、提升度甚至利用卡方檢驗、基尼係數等來評估。

11-3 貝氏網路分析與實作

(一) 概念

貝氏網路（Bayesian network）是一種基於條件機率（conditional probability）建立的依賴關係模型。條件機率意義即是事件 A 在事件 B 發生的條件下發生的機率，表示為 p（A|B），讀作「A 在 B 發生的條件下發生的機率」。p 指的是機率，「|」表示「給定的」或是「在 ... 條件之下」。「|」左邊是我們感興趣的事件、右邊就是我們的知識或我們假定為真的事件。

在日常生活中，我們常常運用這種條件機率，例如：看到天很黑、烏雲很多，媽媽警覺到下午下雨的機率很高，趕快把在外面曬的衣服收好。在大數據分析或預測分析中，數據科學家會用：p(今天下午下雨 | 今天早上雲的狀況) = 60%。亦即根據今天早上雲的狀況（知識），我們判定今天下午會下雨的機率為 60%。事實上，許多現代預測分析或人工智慧均採用條件機率的概念。例如：(1) 電影推薦例子：對於「驚奇隊長」高評價的使用者，愛看「復仇者聯盟 4」、「蜘蛛人：離家日」的機率會是多少？(2) 網路搜尋例子：輸入「復仇者」後，後面是「聯盟 4」的機率是多少？

然而，我們如何能夠知道今天下午下雨的機率？這個機率的計算可能要累積大量不同雲的狀況數據及規則發現才能進行推算。貝氏定理（Bayes' theorem）即思考能不能先從主觀的機率「假定」（或稱「信念」），然後根據發現的事實進行更新「假定」；在不斷地「假定」、更新過程中以推算更正確的機率。例如：在自駕車中，根據目前的位置、內部狀態的資訊，如：車速、車輪角度和加速度等及地圖知識、物理定律計算，不斷地計算與預測下一秒的位置，並判定可能遇到的路面狀況、建築乃至於行人等。貝氏定理的概念亦即是從已知的知識（先驗知識），透過事實數據的蒐集及推論，建立愈來愈可靠的知識（後驗知識）。

以醫療業的例子來看，如果你是一個醫生，有病人身上出現紅疹來求診。你猜測是麻疹，然而如何運用客觀的數據來驗證你的想法？如果評估 P（麻疹 | 紅疹狀況），可能要蒐集很多紅疹狀況與是否得麻疹的數據才能建立這個條件機率值。如果利用貝氏定理可以評估此任務：p(H= 麻疹 |E= 紅疹狀況) = p(E|H) . p(H)/p(E)

- **p(E= 紅疹狀況 |H= 麻疹)** 等於是得了麻疹會有紅疹狀況的機率。這從臨床上的數據可以得到確診麻疹病患是否有紅疹的病徵。

- **p(H= 麻疹)** 等於是群體中得到麻疹的機率。這也可從全國、全世界目前得麻疹的數目來推算。
- **P(E= 紅疹狀況)** 等於是群體中得到紅疹的機率。這也可從目前臨床病徵數目來推算。

以此，貝氏定理利用上述這 3 點「假定」、「先驗知識」或「信念」來推算未知的 p(H= 麻疹 |E= 紅疹狀況) 機率或「後驗知識」。

貝氏網路（Bayesian network）即是基於貝氏定理，以圖形網路結構方式，將不確定的事件利用影響關係來建立機率推論關係。根據新的資訊或證據可隨時更新不確定事件的後驗知識。如圖 11-7 所示，建立得到抽菸與得到肺癌及支氣管擴張症與相關症狀因果關係圖。可以根據症狀與是否抽菸，運用先驗的統計數據與條件機率，推斷某病患得到肺癌的後驗機率。

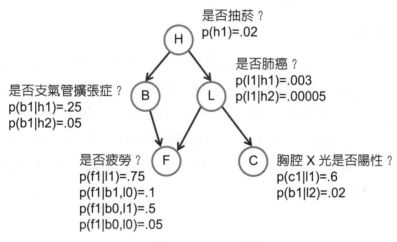

☆圖 11-7　貝氏網路概念

這種利用結構或數值建立事件順序、因果關係模型方法稱為「依賴關係模型」（dependency model）。利用圖形（Graph）方式展示這種依賴關係又稱為「圖形知識展現方法」（graphical representation）。其他常用的「依賴關係圖形」還有：隱馬可夫模型（Hidden Markov Model）、馬可夫網路（Markov Network）等。運用這些模型常用的情境在於具備某些已知的影響因素、關係等，可以更快速地、有結構地推論與預測。例如：預測人員是否離職，影響因素包含：最近三個月是否有加薪、最近考績是否優良、最近是否常請假等，即可運用類似「依賴關係模型」進行預測。

由此，我們可以知道現代預測分析模型乃至於人工智慧模型並不全然都是大數據挖掘出來的關係；更進一步將人類既有的知識（如：已知的依賴關係、已知的文法結構等）與大數據進行結合，以更有效率、更正確地發展預測模型並能動態地修正。

(二) 實作範例

在 Python 語言中，可以運用 "pgmpy" 套件包，建立貝氏網路以及進行推論。以下以 Python 語言為分析工具，示範進行考試成績、SAT 測驗成績、入學通過等機率的推論範例。

1. 業務理解

本例為簡單的考試成績的貝氏網路機率推論，依據學生的智力程度、考題難易度以推論學生的成績、是否會獲得入學通過等。透過依賴關係的推論，也可以運用在自駕車定位（試想自動駕駛車是否可以根據現有位置、目前速度、前方的障礙物距離來判斷方向、速度呢？）、疾病推論、離職預測、地震預測、民意調查等各類依據過去人類既有經驗的條件依賴關係而進行推論。

2. 資料準備與探索

本例 Ch11-2 利用 "pgmpy" 套件示範建立貝氏網路模型。首先，我們利用 !pip install pgmpy 安裝相關套件。利用 BayesianModel() 可以建立網路節點、TabularCPD() 建立兩個節點間的貝氏機率關係。如圖 11-8 所示，我們繪出本例的貝氏網路結構。其中，Grade 成績節點有 12 種組合，來自於 Diff 考題難（Hard）、易（Easy）的 2 種、Intel 智商平庸（Dumb）、聰明（Intelligent）的 2 種以及 Grade 成績 A、B、C 的 3 種類型進行相乘（2 X 2 X 3 = 12）。

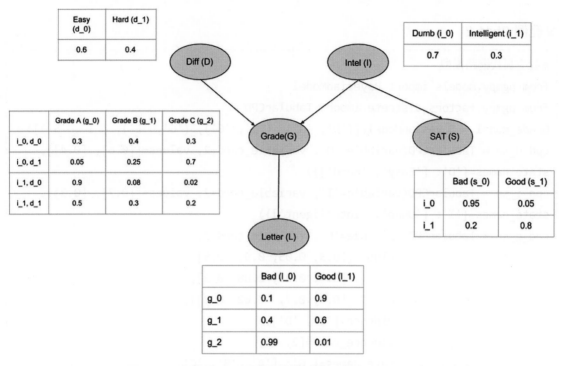

☆圖 11-8 本範例貝氏網路圖結構（資料來源：pgmpy 官方網站）

3. 模型建立

將結構設定完成後，利用 add_cpds() 即可建立該貝氏網路關係模型；check_model()
則可以驗證該模型建立是否成功 (成功為 "True")。模型建立成功後即可進行各項模型
的推論。

↘ **範例 Ch11-2**

```python
# 建立貝氏網路模型
from pgmpy.models import BayesianModel
from pgmpy.factors.discrete import TabularCPD
Grade_model = BayesianModel([('D', 'G'), ('I', 'G'), ('G', 'L'), ('I', 'S')])
cpd_d_sn = TabularCPD(variable='D', variable_card=2, values=[[0.6], [0.4]],
state_names={'D': ['Easy', 'Hard']})
cpd_i_sn = TabularCPD(variable='I', variable_card=2, values=[[0.7], [0.3]],
state_names={'I': ['Dumb', 'Intelligent']})
cpd_g_sn = TabularCPD(variable='G', variable_card=3,
                      values=[[0.3, 0.05, 0.9,  0.5],
                              [0.4, 0.25, 0.08, 0.3],
                              [0.3, 0.7,  0.02, 0.2]],
                      evidence=['I', 'D'],
                      evidence_card=[2, 2],
                      state_names={'G': ['A', 'B', 'C'],
                                   'I': ['Dumb', 'Intelligent'],
                                   'D': ['Easy', 'Hard']})
cpd_l_sn = TabularCPD(variable='L', variable_card=2,
                      values=[[0.1, 0.4, 0.99],
                              [0.9, 0.6, 0.01]],
                      evidence=['G'],
                      evidence_card=[3],
                      state_names={'L': ['Bad', 'Good'],
                      'G': ['A', 'B', 'C']})

cpd_s_sn = TabularCPD(variable='S', variable_card=2,
                      values=[[0.95, 0.2],
                              [0.05, 0.8]],
                      evidence=['I'],
                      evidence_card=[2],
                      state_names={'S': ['Bad', 'Good'],
                      'I': ['Dumb', 'Intelligent']})
Grade_model.add_cpds(cpd_d_sn, cpd_i_sn, cpd_g_sn, cpd_l_sn, cpd_s_sn)
# 測試貝氏網路模型是否正確
Grade_model.check_model()
```

如程式碼所示，我們可以推論不同情況下的考試等級機率或入學通知是否通過機率。例如：infer.query(['G'], evidence={'D': 'Easy', 'I': 'Intelligent'}) 代表要推論查詢在考試難度 D 是容易（'Easy'）、學生智力 I 是高（'Intelligent'）的考試等級機率 G。如圖 11-8 所示，可以看到不同條件下的考試等級機率 G、入學通過機率 L。以此，我們可以依據學生程度、考試難易度來預測學生是否會通過入學申請。

```
# 進行貝氏網路推論
from pgmpy.inference import VariableElimination
infer = VariableElimination(Grade_model)
print(infer.query(['G']))
print(infer.query(['G'], evidence={'D': 'Easy', 'I': 'Intelligent'}))
```

infer.query(['G'], evidence={'D': 'Easy', 'I': 'Intelligent'})

G	phi(G)
G(A)	0.9000
G(B)	0.0800
G(C)	0.0200

infer.query(['G'], evidence={'D': 'Hard', 'I': 'Dumb'})

G	phi(G)
G(A)	0.0500
G(B)	0.2500
G(C)	0.7000

infer.query(['L'], evidence={'D': 'Easy', 'I': 'Dumb'})

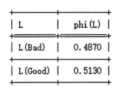

L	phi(L)
L(Bad)	0.4870
L(Good)	0.5130

☆圖 11-9　本範例貝氏網路推論結果

4. 模型評估

本範例僅是簡單地介紹簡化的貝氏網路模型。事實上，分析師必須調整與評估貝氏網路還有許多工作。例如：本範例中，透過已知的網路結構關係及計算好的機率來建立模型。然而，許多情況下模型是複雜的，可能有數十個節點與關係，是否能夠透過已知數據（亦即不同學生的智力狀況、考試成績、入學是否通過等歷史經驗），自動建立貝氏網路模型？如何評估模型的好壞？這些數據如果是連續型而非離散型（如：學生智力是分數而非本範例的 'Dumb'、'Intelligent' 的二元分類），如何計算機率值？或者是否有不同的推論方法？以更快速地推論複雜網路下的機率值？這些都有待數據分析師進一步發展與建立。

11-4　小結

　　從本章可以理解預測分析是基於探討事物間的關係，包括：群組分析、線性迴歸、時間序列等都是在尋找實例間關係法則並進行新實例的推論與預測。本章介紹的關聯分析與貝氏網路即是另一種思考事物間關係的分析方法。

　　關聯分析是一種發現實例數據出現頻率規則（共現）的預測分析方法。常用在購物籃分析以訂定商品共同銷售、鄰近貨物擺放等行銷策略，也常用在異常行為發現、醫療病徵關聯等分析。

　　貝氏網路是一種基於條件機率建立的依賴關係模型。貝氏網路以圖形網路結構方式，將不確定事件利用已知或假設的影響關係來建立機率推論關係，可以動態地結合先驗知識與事實數據，進行推論與預測。貝氏網路可用在自駕車定位、文字輸入預測、醫療診斷、人員離職預測等各個領域。

習題

1. 請舉出 2 種從關係進行思考的數據分析方式？
2. 請說明關聯分析的意義。
3. 請舉出 1 種關聯分析的應用案例。
4. 請說明條件機率的意義。
5. 請說明貝氏網路的意義。
6. 請上網搜尋 1 個貝氏網路分析的應用案例。

NOTE

Chapter

12

大數據分析：連結與網路

　　當事物間關係愈來愈複雜時，數據科學開始發展圖形結構來解析關係。本章延續前章，進一步介紹機率網路模型、社會網路分析的概念，提供讀者理解網路模型分析的基本概念。

　　本章在分析模型上，介紹隱馬可夫模型的概念與作法，以解決時序性的數據分析問題。進一步，介紹社會網路分析概念與作法，可以分析社群網路關係。透過本章，讀者不僅可以了解相時序性問題、社群網路關係的分析方法，也可以理解網路模型的基本概念。

本章大綱

12-1　問題解決方向

在前章，我們談論了利用條件機率結合依賴關係圖形建立的貝氏網路模型。也稍微提及了純粹從大數據中找出的關係不見得可靠，常常需要搭配人類既有的「知識」與「經驗」或透過「事實」調查不斷地驗證來確定關係。例如：「尿布」、「啤酒」的關聯關係仰賴事後調查原因；自駕車不斷地接受 GPS 訊號、路面影像接收等事實以確認現在位置與障礙物，作爲下一步決策判斷。

在貝氏網路中，我們建立具備方向的「有向無環」網路圖形結構（directed acyclic graph, DAG）。在這種結構中我們指明了箭頭的開始會推論箭頭結束事件（節點）的發生機率。但事實上，這些關係是不是絕對？是否事件間會影響相互而非單向影響？或者有些事件我們觀察不到（取不到數據），但對其他事件仍有影響？如圖 12-1 所示，馬可夫網路（Markov Network）是建立事件間具有互動影響關係的無向網路（undirected graph）圖形。隱馬可夫模型（Hidden Markov Model, HMM）假設具備未能觀察的不同狀態轉移順序機率關係（S1-S3），運用可觀察的事實（O1-O2）來進行推論與預測。例如：假設氣壓變化影響下雨、陰天或晴天；運用觀察天氣變化預測高低氣壓狀況與轉移機率。Siri 運用蒐集（觀察）人們語音的發音資料，來推論背後可能代表的文字。

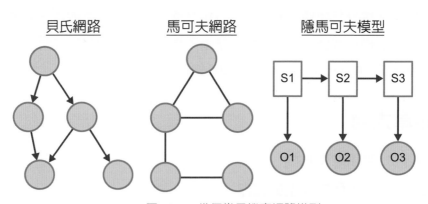

☆圖 12-1　幾個常見機率網路模型

上述這些網路模型都依據於機率推論產生的，稱爲「機率圖形模型」（probabilistic graphical models）。有些網路圖形不從機率來推論，例如：算出運送貨物要走的最短路徑或最短時間，運用路徑距離與其他限制條件作爲權重進行分析；Google PageRank 運用網頁被連結的數量與品質，計算網頁權威性來排名搜尋結果先後順序；社會網路運用連結密集度與形式作爲分析等。這些屬於傳統統計、作業研究（Operation Research, OR）方法，在許多分析問題上仍然有用，且利用現今大數據的數據蒐集與運算能力，能更加快速地計算結果。當然，傳統圖形分析與機率概念或機率圖形模型結合，能用更有效率的方式計算與推論。以下本章介紹隱馬可夫模型以及社會網路分析方法。

機率圖形 (貝氏網路)
推論：前後事件條件機率

路徑距離/時間圖形
推論：距離/時間長短

網頁鏈結權威性圖形 (PageRank)
推論：鏈結數與品質 (權威性)

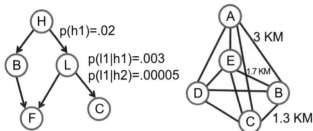 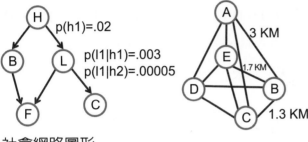 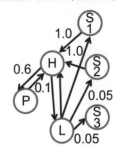

社會網路圖形
推論：連結強度、影響力 (中心性、中介性)

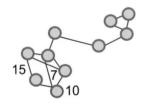

☆圖 12-2　各種圖形模型推論

12-2 隱馬可夫模型與實作

(一) 概念

　　馬可夫網路（Markov Network）、隱馬可夫模型（Hidden Markov Model, HMM）與貝氏網路一樣都是建構在條件機率上的機率圖形模型。然而，前兩者更重視事件發生的前後順序發展對可能結果預測或推論。例如：貝氏網路中，我們想透過陰天的狀況來預測或推論是否下午會下雨。馬可夫網路中，可能更想知道「根據前三天天氣狀況，預測明天是否會下雨」。以條件機率表示明天下雨機率如下：P(明天下雨機率 | 今天 = 雨天 , 昨天 = 多雲 , 前天 = 晴天) 等。

　　那麼，如何以機率圖形的方式來表示呢？馬可夫網路假設天氣只會受到前一天天氣的影響，可以列出如圖 12-3 兩兩機率表及馬可夫網路圖形方式。從這個馬可夫網路狀態轉移圖，就可以推論明天天氣狀況。例如：

1. 假設昨天是雨天、今天是陰天，那麼明天是晴天的機率爲何？列示如下：

   P(明天 = 晴天 | 今天是陰天 , 昨天是雨天) = P(明天 = 晴天 | 今天是陰天) [馬可夫假設僅受前一天影響] = 0.3。

2. 假設今天是陰天，明天與後天都是晴天的機率爲何？列示如下：

   P(明天 = 晴天 , 後天 = 晴天 | 今天是陰天) = P(後天 = 晴天 | 明天 = 晴天 , 今天 = 陰天) · P(明天 = 晴天 | 今天 = 陰天) [馬可夫假設僅受前一天影響]

   = P(後天 = 晴天 | 明天 = 晴天) · P(明天 = 晴天 | 今天 = 陰天)

   = 0.7 · 0.3

   = 0.21

今天天氣	明天天氣		
	晴天	雨天	陰天
晴天	0.7	0.1	0.15
雨天	0.3	0.6	0.2
陰天	0.3	0.3	0.5

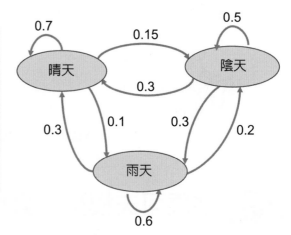

☆圖 12-3　馬可夫網路狀態轉移概念

　　隱馬可夫模型則進一步假設有些數據不容易蒐集或觀察，而無法瞭解關心事件的不同狀態轉移關係，運用可觀察的事實來進行推論與預測。例如：我們假設不容易觀察晴天、陰天、雨天（S1-S3），改用觀察溼度計的濕透、潮濕、乾燥、乾旱等可觀察事實（O1-O4）來進行明後天的天氣預測。如圖 12-4 所示，可以發現複雜的連結的關係。透過複雜的演算方法，可以從可觀察的「顯狀態」預測「隱狀態」的天氣狀況，例如：觀察到連續三天的「顯狀態」是乾旱、乾燥、潮濕，如果想預測未來三天的陰晴狀況呢？本書就不再進一步介紹演算法以及預測方式，有興趣讀者可以進一步參考相關書籍。

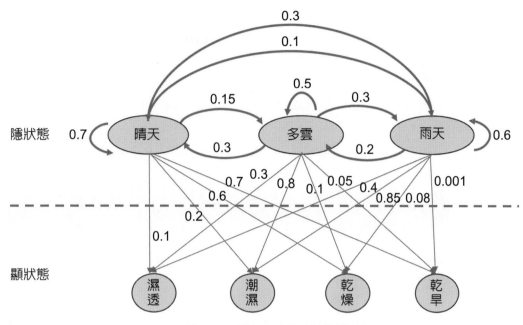

☆圖 12-4　隱馬可夫網路狀態轉移概念

　　由於馬可夫網路、隱馬可夫網路的模型牽涉到狀態轉移、時間循序及從觀察推論未能觀察等特性，可以應用在許多具備時間循序相關的數據分析，例如：語言具備字詞前後關係、行為 / 動作具備時間連續關係、生命科學 DNA 序列預測、醫學病症狀態轉移預測、社會經濟情勢時間與狀態影響推移、股票市場的股價變化等。甚至，消費者購物行為也可能受到循序影響，或者員工離職預測亦可觀察時序的行為模式。

　　以此，人類發現世界萬物、事件發展具備時間連續關係，但卻總有不確定發生。貝氏定理、條件機率、馬可夫網路、隱馬可夫等模型與演算法，可以用來協助這種狀況的模擬與預測。以下列舉幾個隱馬可夫模型應用的例子：

1. **語音辨識**：語音訊號可能會有噪音、變異、模糊的地方。透過字的發音具備連續性的特性，可以推論在某個聲音訊號所代表的文字可能性：P（文字 | 聲音訊號）。其中，聲音訊號代表可觀察顯性狀態、文字則是不可觀察的隱藏狀態。如圖 12-5 所示，建立常用字彙的數據機率的隱狀態模型，收到新的音訊檔時就可以根據隱狀態模型判定拼字順序機率，如圖 12-5 所示，「tahmeytow」=0.56 機率最高。

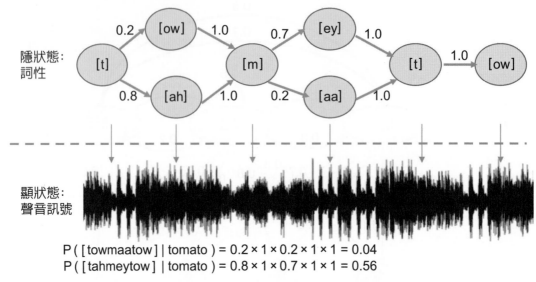

P ([towmaatow] | tomato) = 0.2 × 1 × 0.2 × 1 × 1 = 0.04
P ([tahmeytow] | tomato) = 0.8 × 1 × 0.7 × 1 × 1 = 0.56

☆圖 12-5　隱馬可夫網路文字辨識概念

2. **自然語言處理**：在語言中，不論字母拼字、用字文法詞性等均具備前後關係。運用隱馬可夫網路可以依據狀態轉移條件機率，分析可能字母、詞性的機率。如圖 12-6 所示，建立字句詞性的隱狀態模型，收到新的字句就可以根據機率判定字句的詞性機率。

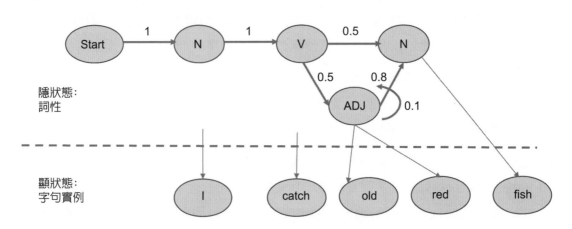

P (詞性 [N, V, ADJ, ADJ, N] | 字句) = 1 × 1 × 0.5 × 0.1 × 0.8 = 0.0016

☆圖 12-6　隱馬可夫網路字句判別概念

3. **動作預測**：人或機器的行為亦是一系列的時間連續關係。隱馬可夫網路可運用來分析面部表情、影片動作、機器人動作等推論與預測。例如：透過大量影片萃取網球運動員的動作，分解為幾個常見動作，預測下一步動作；建立駕駛人動作隱藏狀態機率，透過影片偵測駕駛動作，預警異常或不正常動作；預測交通壅塞、預測機器設備失效等。如圖 12-7 所示，偵測駕駛行為，可觀察車子的速度、前進狀況、車子間距、燈號狀況等，以推論駕駛人加速、減速、維持速度、停止等行為，以提前警告駕駛人或路人危險。

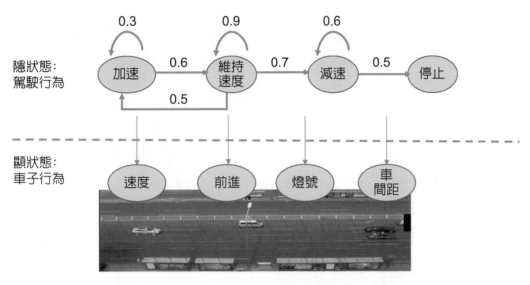

☆圖 12-7　隱馬可夫網路駕駛行為預測概念

　　回顧第五章的兩個商業應用情境：(1) 行銷經理小敏是否可運用多種政治、經濟、天氣等事件，分析今年周年慶業績影響？(2) 生產課長小剛是否可以蒐集設備馬達轉速、溫度的時序數據，預測設備失效可能性？

(二) 隱馬可夫實作範例

　　Python 常用的隱馬可夫模型為 hmmlearn，包含針對離散觀察狀態的 hmm.CategoricalHMM、連續數值的 hmm.GaussianHMM 以及混合型的 hmm.GMMHMM 等多種實現演算法。以下示範運用 hmm.GaussianHMM 函式，進行股票預測簡單範例。

1. 業務理解

　　本例為投資大眾最關心的股票預測實例。股價漲跌受到各種複雜因素影響，如：國內社經長期趨勢、國外股市連動影響、新聞事件以及各股表現等，使得股票預測並不容易。儘管股票受到時間推移影響，但並不僅僅是時間序列預測的景氣循環週期因素，還有許多複雜的干擾因素。因此，股票預測更適合利用隱馬可夫模型解析可能的隱狀態影響因素，進而預測。

2. 資料準備與探索

　　本例 Ch12-1 是直接安裝 Yahoo 財經的資料集 yfinance，可以讀取美國股票指數以及各股的歷史表現數據。在範例中，我們利用 yf.download("^GSPC", start="2010-01-01", end="2023-05-15")，取出 10 餘年的 GSPC S&P 500 股價指數歷史數據，包含：開盤價（Open）、最高價（High）、最低價（Low）、收盤價（Close）以及成交量（Volumn）等。繪圖觀察收盤價趨勢可以發現整體成上漲趨勢，但是漲跌變化不容易觀察變化模式。

☆圖 12-8　本範例 S&P 的收盤價趨勢

　　在範例中，我們將可觀察的顯狀態簡單設定為兩種：漲跌（GSPCdiff）、成交量（GSPCVolume）。我們設置顯狀態資料並設置為 X 觀察的資料框。X 觀察資料框並將超過 8 個標準差的漲跌指數利用平均值來替代。

↘ **範例 Ch12-1**

```
# 建立 2 種顯狀態，成交量，漲跌值
GSPCVolume = GSPCdf['Volume'][1:].values
GSPCClose=GSPCdf['Close'].values
GSPCdiff = np.diff(GSPCClose)
X=np.column_stack([GSPCdiff,GSPCVolume])
GSPCdate = GSPCdf.index.to_series().apply(datetime.toordinal)[1:].values
# 異常值設為均值
min= X.mean(axis=0)[0]-8*X.std(axis=0)[0]
max= X.mean(axis=0)[0]+8*X.std(axis=0)[0]
X = pd.DataFrame(X)
```

```
for i in range(len(X)):
  if (X.loc[i,0]<min)|(X.loc[i,0]>max):
    X.loc[i,0]=X.mean(axis=0)[0]
```

3. 模型建立

我們取近 30 天的資料為測試值，利用 hmmlearn 的 GaussianHMM 函式建立訓練模型：hmm_model=GaussianHMM(n_components=3,covariance_type='full',n_iter=100)。

其中，我們設置參數 n_components=3 表示我們猜測可能會有 3 個隱狀態，亦即漲、跌、平穩。進一步，利用 test_hidden_states = hmm_model.predict(test_features) 的函式，預測出測試集的隱藏狀態 test_hidden_states。

```
# 建立 hmm 隱馬可夫模型
!pip install hmmlearn
from hmmlearn.hmm import GaussianHMM
# 取近 30 天為測試值
train_features = X[:-30]
test_features= X[-30:]
print(" 測試集的大小：", test_features.shape)
print(" 訓練集的大小：",train_features.shape)
# 建立模型
hmm_model=GaussianHMM(n_components=3,covariance_type='full',n_iter=100)
hmm_model.fit(train_features)
test_hidden_states = hmm_model.predict(test_features)
print(" 隱藏狀態的個數 ",hmm_model.n_components)
print(" 均值矩陣 ",hmm_model.means_)
print(" 協方差矩陣 ", hmm_model.covars_)
print(" 狀態轉移矩陣 ", hmm_model.transmat_)
```

我們可以透過圖形化分析模型解析出的 3 個隱狀態為何。如程式碼，我們將日期、訓練集的隱狀態、訓練集的漲跌數值合成：np.column_stack([myDates, train_hidden_states, train_features])，以橫軸為日期、縱軸為漲跌數值。

```
# 圖形分析隱藏狀態模式
from matplotlib import pyplot as plt
from datetime import datetime
```

```python
import matplotlib.pyplot as plt
from matplotlib.dates import DateFormatter
myDates = [datetime.fromordinal(GSPCdate[i]) for i in range(len(train_
features))]
train_hidden_states = hmm_model.predict(train_features)
X_pic = np.column_stack([myDates, train_hidden_states, train_features])
fig, ax = plt.subplots(figsize=(8,6))
for i in range(len(X_pic)):
    if X_pic[i, 1] == 0:
        plt.plot_date(x=X_pic[i, 0],y=X_pic[i,2],color='gray')
    elif X_pic[i, 1] == 1:
        plt.plot_date(x=X_pic[i, 0],y=X_pic[i,2],color='g')
    else:
        plt.plot_date(x=X_pic[i, 0],y=X_pic[i,2],color ='r')
myFmt = DateFormatter("%Y-%m-%d")
ax.xaxis.set_major_formatter(myFmt)
plt.show()
```

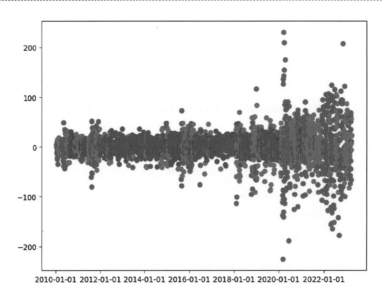

☆圖 12-9　本範例解析的三種隱狀態

　　如圖 12-9 所示，我們可以看到三種不同顏色的隱狀態，代表上漲、下跌以及變化不大的狀態。（讀者可參考範例檔中的圖片，以便看到三種不同的顏色。）

4. 模型評估

我們可以利用 np.dot(hmm_model.transmat_,hmm_model.means_)，利用平均來計算漲跌幅，如範例的漲跌幅算出三個狀態分別約為：1.9、-1.7、1.6（請見程式碼執行結果）。

再透過 hmm_model.predict() 來預測測試集的收盤價。進一步，將測試集的眞實值與收盤價進行繪圖，可以如圖 12-10 所示。從圖看來，預測的效果並不太好。有可能是隱狀態要設多一些以更細緻描繪各種變化、利用平均漲跌幅來計算並不是很恰當等諸多考量。當然，要是你能發展一個非常準的股市預測，那可就變成億萬富翁了！

```
# 進行收盤價預測
expected_returns=np.dot(hmm_model.transmat_,hmm_model.means_)
expected_diffs=expected_returns[:,0]
predicted_price=[]
current_price=GSPCClose[-30]
for i in range(len(test_features)):
    hidden_states = hmm_model.predict(test_features.iloc[i].values.reshape(1,2))
    predicted_price.append(current_price + expected_diffs[hidden_states])
    current_price = predicted_price[i]

# 分析測試集收盤價預測與眞實差異並繪出
x = myDates[-29:]
y_act = GSPCClose[-29:]
y_pre = pd.Series(predicted_price[:-1])
plt.figure(figsize=(8,6))
plt.plot_date(x, y_act, linestyle="-",color='g')
plt.plot_date(x, y_pre, linestyle="-",color='r')
plt.legend(['Actual', 'Predicted'])
plt.show()
```

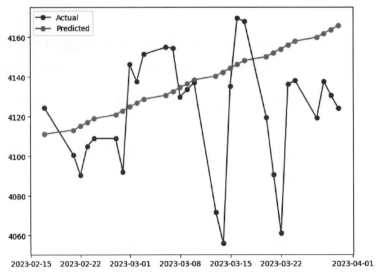

☆圖 12-10　本範例測試集的真實值與預測值比較

12-3　社會網路分析與實作

（一）概念

　　現在許多人際關係的連結都是運用網路進行，例如：Facebook 曬小孩照片、LinkedIn 進行職場連結、Line 組織同學會 / 親友團群組等。這些網路上的聯繫關係都已經數位化，可以取得並進行分析。許多的企業也看到這樣的網路聯繫關係，思考運用網路關係來進行顧客喜好挖掘、顧客社群分析。例如：從網路聯繫關係中尋找有影響力的意見領袖，直接對其進行促銷或邀請進行業配文撰寫。

　　社會網路分析（Social Network Analysis, SNA）即是分析人際間網路關係，進而獲得行銷策略的分析模型。1960 年代，社會學家即利用社會網路分析社群網路結構與人際間的互動。早期研究的做法是針對一群團體進行社會關係問卷調查，並透過訪談了解人際間的互動關係與內容。2000 年以後，由於網路社群媒體的發展，使得社會學家可以運用大量數據進行社會網路結構的建立與分析。

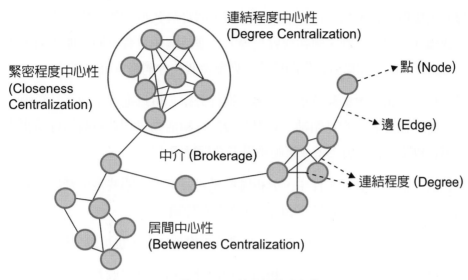

☆圖 12-11　社會網路分析概念

　　如圖 12-11 所示，社會網路分析由節點（node）與邊（edge）所組成的圖形結構（graph），其中節點所代表的是人，邊所代表的是人與人之間的各種互動關係。社會網路分析即是探討人與人之間的互動關係及所形成的網路圖形結構，亦即是團體或群組的結構形式。網路圖形結構可以分析 3 大類型分析：(1) 凝聚力（cohesion）：探討網路是否聚集或分散，顯示網路成員間的凝聚關係。(2) 中心性（centrality）：網路中是否具有中心點或有影響力者。(3) 群聚性（clustering）：網路中是否有次群體或者社群存在。如圖所示，列舉幾個衡量指標：

1. **緊密程度中心性**：網路成員內部連結緊密程度？

2. **連結程度中心性**：網路群組成員相互連結密集程度？

3. **居間連結中心性**：網路群組是否有關鍵成員連結到其他組？

4. **連結程度**：特定成員節點連結到其他節點的密集度？

5. **緊密程度**：特定成員節點連結到其他成員的緊密程度？

6. **居間程度**：特定成員節點是否具備連結到其他群組的中介性？

7. **關係強度**：節點連結到其他節點的次數或頻率強度？

8. **子群組**：可以形成多少個群組、子群組？

　　以此，社會網路分析透過節點與邊的連結關係以分析網路成員（節點）與其他成員關係及呈現的網路結構關係，可謂「見樹又見林」。當然，有些深入的分析則必須輔助其他數據的蒐集與分析，如：社會網路中個體不同身分類型（如：學生或老師；主管與職員等）或屬性（如：性別、興趣或專長等）。連結關係也有不同可能類型，如：朋友關係、家人關係、師生關係與合作關係等。列舉幾個社會網路分析的例子：

1. **行銷分析**：利用社會網路分析，將客戶進行分組，可以進行不同行銷活動。也可以找出群體中領導者或意見領袖，針對其設計行銷活動以創造更高的行銷報酬率、挽留領導者以降低客戶流失率或策動領導者進行行銷。

2. **詐欺偵測**：從眾多詐騙案件中，分析哪些是可疑案件、哪些是可疑群組成員、哪個成員是中心？運用各種網路分析圖，節省調查時間。

除此之外，運用社會網路分析與其他預測分析模型結合，也可以分析許多議題：

1. **社群連結預測**：利用社會網路分析結合相似性分析，可幫網友進行建議（預測）其交友對象。其背後的主要思考是許多人有較高的機率認識朋友的朋友或者傾向認識與自己興趣接近的人。或者，許多人與朋友有類似交友喜好，如：都是喜歡認識著名影星或科技圈的人。

2. **社群商品推薦**：利用社會網路分析結合推薦分析，更精準地分析相關成員的興趣、屬性及將商品推薦給社群成員。

3. **社群關係探索**：利用網友間聊天文字內容與社會網路分析，更精準探索成員間是甚麼關係？朋友或情侶？對話情緒為何？進一步可做更精準的動態廣告、推薦商品訊息發送。

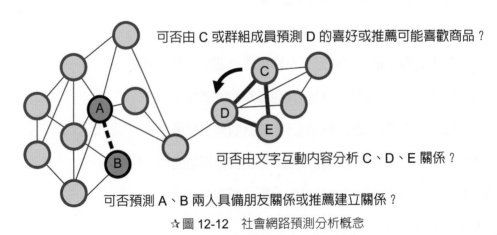

☆圖 12-12　社會網路預測分析概念

（二）實作範例

Python 常用的社會網路分析爲使用 networkx 套件，其他套件還有 igraph、pyvis 等。以下示範運用 networkx 套件，進行《星際大戰電影》的人物連結關係分析。

1. 業務理解

本例爲電影的角色人物對話連結關係。電影的角色人物對話連結如同社群網路中不同角色的互動一般，可以有趣地呈現角色網路的連結程度、緊密程度、關係強度、子群組等。以此，可以把本例延伸使用至社群網路的分析、詐騙電話網路分析等應用。

2. 資料準備與探索

本例 Ch12-2 爲從網站 github 網站取得的星際大戰電影人物互動數據 (https://github.com/pablobarbera/data-science-workshop/blob/master/sna/data/)，本書檔案名爲 StarWars_Scene.csv。

我們可以利用 networkx 函式庫的 from_pandas_edgelist(starwarsdf, 'source', 'target', ['weight']) 方式，將資料讀入 starwarsdf 資料框中。

首先，我們可以檢查星際大戰互動資料集資料狀況。運用 starwarsdf.info()，顯示資料中有 60 個數據、3 個變數。3 個變數分別爲 source：互動來源、target：互動對象、weight：互動權重。互動權重的計算來自於電影腳本中角色間在同場景對話及被指稱次數的權重計算。

其次，進行資料的數據探索，可以運用 nx.node(G)、nx.edges(G) 列出節點、邊的次數；nx.degree(G) 可以計算連結程度。進一步，還可以繪出直方圖觀察最重要的幾個角色，包含 Luke（天行者路克）、LEIA（莉亞公主）、C-3PO 機器人、HAN（韓索羅）等（如圖 12-13 所示）。此外，也可以計算強度 G.degree(weight='weight')、緊密度 closeness_centrality(G)、中介程度 betweenness_centrality(G) 等社會網路分析的計算，可以觀察似乎 Luke（天行者路克）具備關鍵的地位（如圖 12-14 所示）。

↘ **範例 Ch12-2**

```
# 繪出連結程度排名
import numpy as np
import matplotlib.pyplot as plt
names = list(d[0] for d in deg)
degrees = list(d[1] for d in deg)
y_pos = np.arange(len(deg))
plt.figure(figsize=(10,5))
plt.bar(y_pos, degrees, align='center', alpha=0.5)
plt.xticks(y_pos, names)
plt.ylabel('No of Degrees')
plt.xlabel('Characters Names')
plt.title('Degree Rank')
plt.show()
```

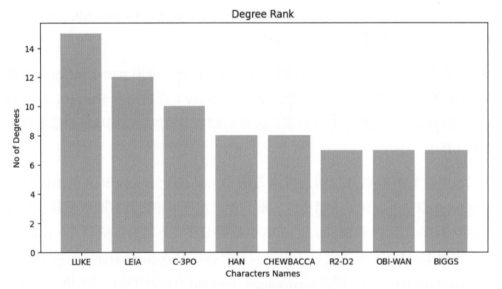

☆ 圖 12-13　連結程度直方圖

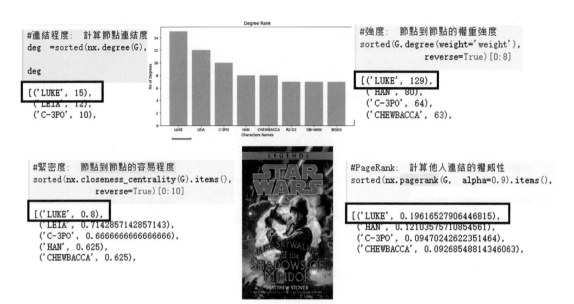

☆圖 12-14 本範例各種社會網路計算結果

3. 模型建立

利用 nx.draw_networkx(G) 的方式，可以將整個社會網路的連結關係繪出。如圖所示，觀察圖形呈現某些角色節點連結較為緊密、某些較為分散的狀況。其中，Luke（天行者路克）具備程度中心性、強度最強；LEIA（莉亞公主）則具備連結反抗軍、帝國軍的中介性。

```
# 建立模型：繪出網路圖
layout = nx.fruchterman_reingold_layout(G)
plt.figure(figsize=(15,10))
plt.axis("off")
nx.draw_networkx(G, layout, with_labels=True, node_color = 'red' )
```

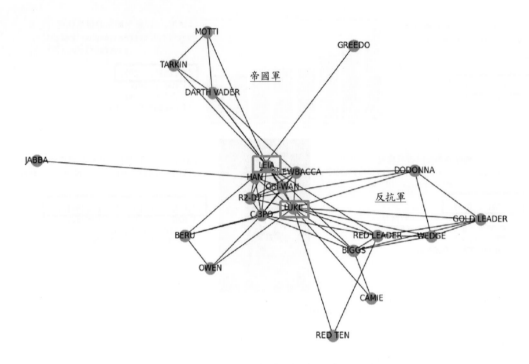

☆圖 12-15　本範例的社會網路分析圖形

4. 模型分析

我們可以利用 nx.core_number(G) 的方式計算出子群組有 6 組。其中，nx.draw(nx.k_core(G, 6), with_labels = True) 繪出以天行者 Luke 所在的第 6 的核心群組，包含：R2-D2 機器人、C-3PO 機器人、OBI-WAN（歐比王）、HAN（韓索羅）、CHEWBACCA（丘巴卡毛怪）以及 LEIA（莉亞公主）等。沒錯，這些是反抗軍的主角群組！

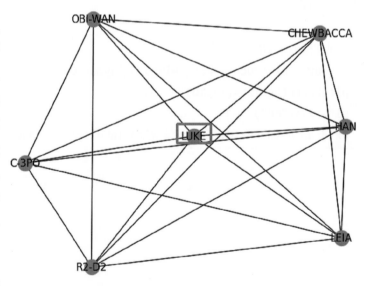

☆圖 12-16　本範例以天行者 Luke 為中心的子群組

12-4 小結

　　從本章可以理解機率圖形與其他圖形概念及隱馬可夫模型、社會網路分析的圖形模型概念、計算指標、應用方向以及 Python 實作方式。

　　圖形運用具有結構性的關係與推論方式，協助數據分析師進行更有效率地分析。機率圖形模型基於機率推論，協助各種大數據分析與推論，包括：貝氏網路、馬可夫網路、隱馬可夫模型等，在大數據、人工智慧發展上具有重要地位。傳統統計、作業研究基礎的分析，配合預測模型、大數據計算能力仍能分析許多關鍵問題，包括：路徑分析、社會網路分析、網頁鏈結分析等。

　　隱馬可夫模型探討不同事件狀態轉順序機率關係，運用可觀察的顯狀態來分析與推論隱狀態。隱馬可夫模型應用方向包括：語音辨識、動作時序預測、病症狀態轉移預測、股票市場股價預測、員工離職預測等可能受到時序影響的數據分析。

　　社會網路分析探討人與人之間的互動關係及所形成的網路圖形結構，包含：網路凝聚力、中心性、群聚性等，可探討社群結構與成員影響力。社會網路分析應用方向包括：網路行銷分析、詐騙分析、社群連結預測、社群商品推薦、社群關係預測等。

習題

1. 請說明 3 種機率網路模型。
2. 請說明馬可夫網路與隱馬可夫模型分析意義。
3. 請上網搜尋 1 個隱馬可夫模型分析的應用案例。
4. 請說明社會網路分析意義。
5. 請上網搜尋 1 個社會網路分析的應用案例。
6. 請舉出 1 個社會網路分析結合預測分析的應用案例。

13

數據驅動的人工智慧發展

　　大數據驅動思維與方法，使得人工智慧再度地復興。本章從人工智慧的概念、發展歷史、人工智慧學派發展、數據驅動思維、演算方法突破的探討開始，進而介紹機器學習、深度學習、生成式 AI 的基礎概念與程式運用。

　　從本章的閱讀，讀者可以了解人工智慧方法與概念，並連結與比較預測分析方法。最後，學習使用 Python 進行 ChatGPT OpenAI API 的呼叫。

本章大綱

13-1 人工智慧沿革

(一) 意義

近代計算機科學的發展其實就是人類對於人工智慧的追尋。1900 年代初期，數學家開始爭論數學 / 機械化運算是否能模擬世界現象，包括人類的智慧。1940 年代，數學家圖靈（Alan Turing, 1912-1954）嘗試發展機械化運算的電腦理論原型 - 圖靈機。1950 年，圖靈發表了「機器能思考嗎？」的文章，提出了「圖靈測試」的標準，以驗證機器是否具有智慧。1945 年，馮‧紐曼（John von Neumann, 1903-1957）從基礎數學理論轉向工程應用領域，進而發展了早期電腦 EDVAC 的原型設計。以此，人工智慧發展與計算機科學的發展一直是不可分離的。

人工智慧（Artificial Intelligence, AI）牽涉到複雜的數學、計算機科學、生物學的研究貢獻與發展，也各有其不同的出發點。簡單來說，「人工智慧指的是利用機器或電腦展現人的智慧」。所謂「人的智慧」指的是具有學習與解決問題的能力，包含三大能力：

1. **認知與互動**：人類具有語言理解、影像辨識、產生具體行為等能力。

2. **推理與規劃**：人類能夠建構邏輯、解釋世界現象、進行決策、處理不預期狀況等能力。

3. **學習與適應**：人類能夠不斷地學習並調適，以適應環境。例如：小孩不斷地學習辨認貓、狗的差異。

如何利用機械化的計算機達到各項人類的智慧能力，本身就是一個大挑戰。更何況，計算機應該要模擬人類腦中的運算過程或是模擬人類智慧的結果，亦是各方學派爭論不休的議題。

(二) 演進

早在 16、17 世紀，人類就在思索機器人協助人類進行各項智慧任務的可能性。1940-1950 年，McCulloch & Pitts 的布林邏輯概念以及圖靈的電腦理論模型，開始了近代人工智慧的探尋。但人工智慧的發展並不順暢，一方面來自於人類智慧的複雜性（人類是幾億年演化的結果！）、一方面則來自於學者對於人工智慧不同的路線爭辯。如表 13-1，簡單羅列歷年來人工智慧重要發展事件。

☆表 13-1　人工智慧發展的重要歷史事件（參考資料：Forbe、維基百科）

時間	事件說明	代表意義
1943 年	McCulloch & Pitts 認為布林邏輯 (0,1) 可以模擬人腦。	邏輯運算、類神經網路模擬人腦概念發展。
1950 年	Alan Turning 發表「機器能思考嗎？」及「圖靈測試」的標準。	電腦的理論原型、機器智慧的評斷標準。
1955 年	John McCarthy, Marvin Minsky,Nathaniel Rochester (IBM), Claude Shannon (Bell Telephone Laboratories) 等人達茅斯學術會議討論「人工智慧」。	「Artificial Intelligence」一詞被創造、人工智慧成為研究領域的一支。
1958 年	John McCarthy 發展 Lisp 程式語言，可發展人工智慧程式。	早期電腦程式語言，並運用於符號理論學派的人工智慧規則表述。
1961 年	第一個產業機器人：Unimate 在通用汽車組裝廠運作。	智慧（自動化）機器人實用化開始。
1964 年	第一個自然語言電腦程式系統：SUDENT 發展。	自然語言發展。
1965 年	第一個專家系統：DENDRAL 發展（利用 Lisp 語言），協助發現未知有機元素。	知識工程、專家系統發展。
1969 年	倒傳遞類神經網路（back propagation algorithm）演算法發明。	深度學習多層次類神經網路演算法奠基。
1970 年	第一個自動駕駛車，行走 5 個小時。	自動駕駛車發展夢想開始。
1984 年	人工智慧大老 Marvin Minsky 預測 AI 寒冬時期到來。	與 1970 年代一樣，因為 AI 停滯不前發展，研究投資減少。
1986 年	David Rumelhart 等人發表結合學習程序、倒傳遞演算法與類神經單元的學習方法。	確認深度學習的可行性。
1988 年	Judea Pearl 發表利用貝氏網路解決資訊不確定。	機率論用於人工智慧的發展確立。
1988 年	IBM 華生實驗室發表利用統計論協助語言翻譯。	數據驅動的人工智慧實用化發展開始。
1989 年	皮埃特斯基與其他學者發起 KDD-89 workshop、KDD Cup 競賽。	KDD（Knowledge Discovery in Databases）為數據挖掘、大數據分析研究基礎開始。

時間	事件說明	代表意義
1997 年	IBM 深藍（Deep Blue）打敗世界西洋棋冠軍。	人工智慧打贏人類棋藝冠軍開始。
2005 年	Google 翻譯評比得到美國國家標準與技術研究所最佳翻譯系統。	以數據驅動的人工智慧方法，開始獲得學界重視。
2009 年	Hinton 教授利用深度學習神經網路語音辨識突破錯誤率。	深度學習類神經網路的大受重視。
2010 年	Apple 併購 Siri 公司，將語音助理放置 iPhone 上。	語音助理為人工智慧新興產品應用。
2011 年	IBM 華生問答系統贏得益智節目冠軍。	自然語言問答、專家系統高峰之作。
2012 年	多倫多大學 Hinton 教授團隊利用深度學習方法取得 ILSVR ImageNet 影像辨識人工智慧競賽冠軍。	深度學習方法，成為新興人工智慧的必要方法。
2015 年	Google 自動駕駛車獲准一般道路測試。	無人自動駕駛發展新里程碑。
2016 年	Google DeepMind 團隊發展 AlphaGo 打敗韓國圍棋冠軍。	人工智慧發展，成為家喻戶曉的顯學。

　　從表 13-1 可以發現人工智慧子領域或觀點在演進過程中不斷的競爭與發展。在人工智慧在相互辯證與發展過程中，也因為無法突破許多關鍵點，而導致政府或私人機構投資減少，經過幾次發展起伏期（松尾豐，2016），如圖 13-1 所示：

1. **第一次熱潮**：1950 後半至 1960 年代，主要針對特定問題，如：迷宮、河內塔等，進行問題探索與解決。人工智慧研究者主要利用程式語言、演算法進行規則式的命令，以解決特定問題。例如：設計規則，讓機器人根據許多「IF THNE ELSE」條件執行命令。但由於無法解決複雜的、整體的人類智慧問題，1970 年代即進入寒冬期。

2. **第二次熱潮**：1980 年代，主要以「專家系統」發展為首順。專家系統概念是將許多「專家知識」放入電腦系統中，透過推理方式，模擬專家的問題解決。例如：醫療診斷系統、電腦交談系統等。專家系統主要問題是如何萃取專家知識（許多知識是專家經驗，無法口語表述）、知識展現問題，使得 1995 年左右，人工智慧研究又進入寒冬期。

3. **第三次熱潮**：2000 年之後，網際網路發展而累積大量資料，使得 Google 等網路服務商利用大數據的數據驅動方式發展人工智慧，而有了近期人工智慧的再度發展。

此外，深度學習（Deep Learning）的多層次類神經網路的技術發展，使得機器學習（Machine Learning）、深度學習（Deep Learning）成為新的人工智慧發展方向。

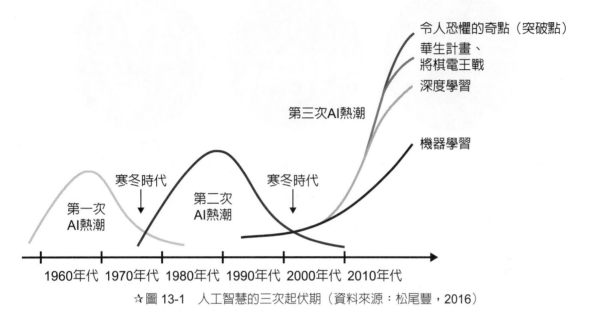

☆圖 13-1　人工智慧的三次起伏期（資料來源：松尾豐，2016）

(三) 認知運算時代

由人工智慧的演進與發展過程中，我們可以知道不論是電腦系統、軟體程式、數據挖掘、預測分析乃至於語音助理、語言翻譯、智慧圍棋、自動駕駛、機器手臂 / 機器人等都是人類模擬「人類智慧」的人工智慧技術與產品。近期，由於大數據的發展，使得人工智慧可以突破以往，協助人們、企業解決複雜、模糊不清的電腦視覺、語音辨識、自然語言等認知問題。

在人工智慧演進中，扮演重要推手的 IBM，認為電腦計算已經進入新的時代，稱為「認知運算」（cognitive computing）。如圖 13-2 所示，IBM 根據人與電腦關係，區分為三個電腦時代：

- **1900 年代表格系統**：人類將設計好的表格資料輸入至電腦中。
- **1950 年代程式系統**：人類設計程式，將資料進行計算與處理。
- **2011 年代認知系統**：人類利用認知系統，進行建議與預測。

☆圖 13-2　IBM 認知運算時代（資料來源：IBM）

　　IBM 認為 1990 年代電腦為處理與計算資料、2011 年代認知系統則為感知資料（make sense），亦即如同人類般能根據資料群的蛛絲馬跡進行判斷、建議與預測。IBM 認為認知運算系統具有三大能力：

1. **互動參與能力**：認知運算系統蒐集各項專業領域的結構化與非結構化資料，並能進行學習、理解人類語言的系統。例如：IBM Watson 系統為協助美國退伍軍人協會輔導退伍軍人適應正常社會，讓退伍軍人可利用一系列自然語言詢問系統並獲得具有洞見的回答。

2. **決策能力**：認知系統具有決策能力，能將蒐集到的事實經過分析與探索，提供人類最終決策。

3. **發現能力**：認知系統具有洞見發現能力，能夠根據蒐集到的大量資料進行理解、推估、發現並產生洞見，將比人類更具有效率。例如：IBM Watson 系統協助 WellPoint 醫療機構分析病歷、醫生紀錄、病人回饋、用藥紀錄等，協助醫護人員進行醫療諮詢決策。

　　IBM 的認知運算系統主要強調人工智慧系統協助人們進行決策的能力。有些人工智慧專家則更重視自主自動化能力，諸如：客戶服務機器人、自動駕駛車、工廠自動化機器人等。如圖 13-3 所示，自動化演進將會從過去一直做重複工作的傳統機器人自動化，演進到能夠思考的自動化，進一步可以自主學習與調適的智慧自動化階段。此時，人類將逐步發展陪伴讀書的「哆啦 A 夢」機器人、「大英雄天團」的照護機器人「杯麵」以及能根據環境變化自駕車等智慧自動化機器。

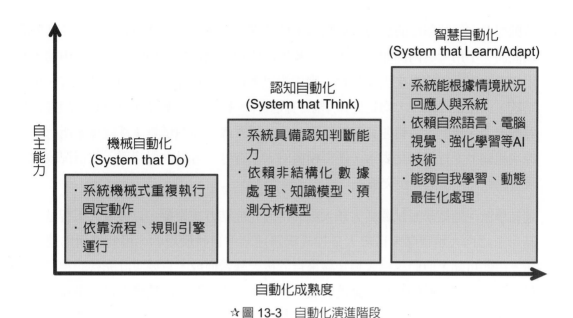

☆圖 13-3 自動化演進階段

13-2 人工智慧方法演進

(一) 學派發展

從人工智慧的演進與發展中,可以發現人工智慧領域多樣性與複雜性,包括:電腦科學、統計學、生物學等領域。人工智慧研究過程也產生不同觀點與爭論,包括:

1. 人工智慧的目的是取代人類還是輔助人類?

2. 完全模擬人類智慧的強人工智慧或擁有部分能力的弱人工智慧(如:下棋、手寫辨識)。

3. 機器要模擬人類思考過程?還是從圖靈測試的結果論來驗證機器具備人類智慧能力即可?

4. 先驗知識邏輯(指已經學得的經驗或知識)重要還是後天環境學習重要?

5. 機器是否會有意識?有了意識後是否有道德問題?

基於研究者對於人工智慧的本質、研究途徑與方法差異,人工智慧可粗略分為三大學派:

1. **符號學派**：符號學派的思想與觀點繼承於圖靈，認為人工智慧的表現來自於外顯的功能面，不用考慮內部如何建置。符號學派假設知識是先驗地儲存在黑箱中的，利用知識的表示與搜尋來表達真實人腦內的思考過程。以此，早期的規則語言、專家系統、深藍西洋棋等，均是此類學派的代表作。符號學派擅長利用現有知識進行複雜的推理、規劃、邏輯運算與判斷等。符號學派最大問題是無法萃取專家所有的知識與經驗並進行結構化表示，使得模擬的人工智慧不容易面對複雜、依情況改變的現實問題而無法進一步突破。

2. **連結學派**：連結學派試圖從人類大腦的神經元連結方式模擬，以發展人工智慧。連結學派認為人類智慧來自於大量神經網路連結中自我發現的，因此被稱為連結學派。由此可知，他們認為人類知識來自於後天學習而成，只要設計完善的神經元結構，理當能讓電腦的智慧不斷地發展。連結學派的優點是能讓機器從大量知識、環境資訊中不斷地學習，但缺點是研究者無法確定其學習運作過程是否正確。連結學派擅長解決模式識別、聚類、關聯等非結構化問題。

3. **行為學派**：行為學派從人類身體運作的行為面來模擬智慧行為。行為學派強調人類進化的作用，試圖讓人工智慧模擬人類基因、生殖的模式（例如：基因演算法），以繁衍更具智慧的下一代。行為學派常常關注低階的昆蟲生物（如：螞蟻）的環境互動行為、集體社會行為，而發展仿生機器人。例如：模擬生物行走、攀爬、奔跑並根據環境以調整動作。波士頓動力公司的「大狗」，能夠模擬四足動物在複雜地形的行走、奔跑、負重物即是一個著名案例（圖 13-4）。行為學派發展的人工智慧擅長解決適應性、學習、快速行為反應等低階行為，但對於推理、規劃等高階智慧問題則較難解決。

☆圖 13-4　波士頓公司的「大狗」（資料來源：波士頓動力公司）

　　事實上，人類本來即具備生物行走行為、結構化知識表現（如：書本傳遞知識、口語結構化表述）、規劃推理、學習等能力。許多人工智慧學者亦致力結合各個學派優點，以更能模擬人類的智慧。

（二）數據驅動思維

　　從人工智慧沿革來看，數位化技術及網際網路，造成大數據積累及大數據處理、軟硬體技術的提升，造成此波人工智慧再度成為顯學。更重要的是，產學界開始將「數據驅動」思維運用在人工智慧研究與產品發展上。騰訊前副總裁吳軍即說 (2017)：「在有大數據之前，電腦並不擅長解決需要人類智慧來解決的問題，但今天這些問題換個思路就可以解決了，核心就是將智慧問題轉為數據問題」。那麼，如何將智慧問題轉為數據問題呢？以下列舉 3 個案例。

1. **Google 翻譯服務**：早期機器翻譯使用語法規則進行翻譯，光是英文與中文翻譯就要上萬條規則。2005 年開始，Google 運用大量數據與統計技術，讓英文與中文翻譯評比高於其他傳統翻譯 17% 以上。Google 翻譯服務運用大量網路上累積的各國文章翻譯數據配對，進而學習、比對與分類，使得快速地翻譯。Google 翻譯配對結果並不是最為優雅或正確翻譯，但卻是最快速且通俗用法，且能夠不斷地進行學習並予以修正。

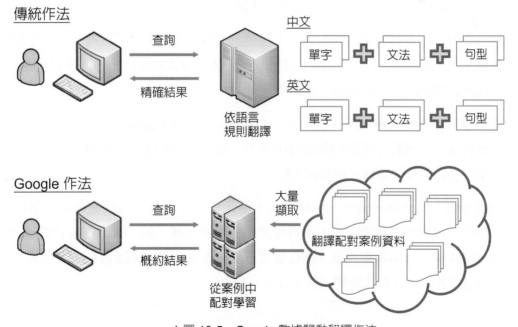

☆圖 13-5　Google 數據驅動翻譯作法

2. **Apple Siri 語音助理服務**：早期語音對話系統運用數萬條規則仍無法與人流暢的應對與對話。2007 年，Siri 創辦人思考運用網際網路上累積的用戶查詢數據與糾正，以不斷地學習與強化 Siri 語音辨識能力。例如：根據網友曾經搜尋與對話數據，進而透過語音辨識中推測可能為哪一個關鍵字與用語的機率。

3. **Alpha Go 人工智慧圍棋**：1997 年，IBM 人工智慧西洋棋競賽打敗人類冠軍，憑藉是深藍電腦大量運算能力以運行數萬種可能下棋規則與棋路。然而，面對圍棋更複雜的棋路與盤面，即使大型電腦也無法快速地運算出每一格盤勢後應該走的棋路進而贏過人類高手。2016 年，Alpha Go DeepMind 團隊思考運用眾多既有人類高手棋盤對弈的盤勢與棋路，讓人工智慧程式學習如何針對不同盤勢進行攻防。DeepMind 團隊並創造程式間相互對弈，在不斷對戰過程中，給予勝敗不同分數，以不斷地強化下棋能力。

以此，在這些數據驅動思維的人工智慧產品成功發展下，使得人工智慧再度成為顯學。

(三) 演算方法突破

當然，人工智慧產品的突破不僅僅仰賴數據、數據驅動思維即可，演算法更是突破的關鍵。各個學派研究者及科技產業界紛紛運用數據驅動相關方法，以突破傳統人工智慧方法遭遇的挑戰。可以舉例如下（但不在此限）：

1. **符號學派**：結合貝式網路、隱馬可夫模型，不斷運用數據累積以補充過去的知識與經驗，如：Apple Siri 運用網路上積累眾多詞彙的知識並配合即時更新網友運用 Siri 前後語詞對映統計機率的隱馬可夫模型。

2. **連結學派**：發展多層次類神經網路 - 深度學習（Deep Learning）方法，進一步提高圖像辨識、自然語言等認知問題的精確率，如：Google 圖片辨識運用大量數據與深度學習技術來辨識貓臉、狗臉與人臉。

3. **行為學派**：結合統計機率、深度學習、強化學習方法及電腦視覺技術，讓機器人（動物）或自駕車規避障礙，並可從錯誤中學習改進。如：Google X 實驗室利用 7 個機器手臂，運用電腦視覺、強化學習方法，在 4 個月中不斷地嘗試與學習，最後可辨認並抓取不同形狀物體（圖 13-6）。

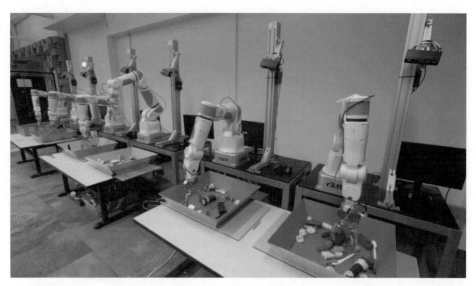

☆圖 13-6　Google 強化學習機器手臂物件抓取（資料來源：Google）

　　事實上，前面章節敘述的大數據分析、預測分析也是人工智慧連結學派、數據驅動思維的一個分支方法。1989 年，正當人工智慧第二次熱潮 - 專家系統，無法解決諸多問題，正逐漸衰退時，俄國學者皮埃特斯基與其他學者發起 KDD-89 workshop（Knowledge Discovery in Databases, KDD），以統計機率方法、實務導向發展數據挖掘技術與應用。皮埃特斯基成功號召來自 21 國家的學者共同研究以下主題：專家知識庫系統、科學發現、模糊規則、運用領域知識、從結構式關聯資料學習、處理文本及其他資料、發現工具、更好的視覺展現方法、整合系統、隱私問題等。當年，KDD 所討論的企業數據僅有 1MB 的儲存，如今動輒數百 GB 的數據可以拿來進行分析。此外，當時大多討論關聯資料庫交易數據，現今，網際網路累積大量文字、圖片乃至於聲音等各種類型數據可以進行挖掘。

　　以此，當大量數據加上數據驅動方法，所產生的人工智慧數據模型，提高各項複雜認知問題的正確率，使得人工智慧得以再次復興。如圖 13-7 所示，物件辨識率錯誤率已經降到 2.5%，高過於人的能力；語音辨識率也接近人的標準；問答能力、文章分詞精確率均有大幅成長。

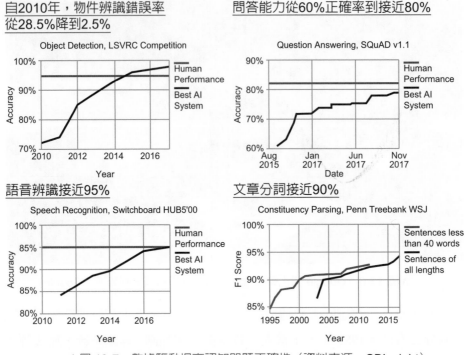

☆圖 13-7　數據驅動提高認知問題正確性（資料來源：CBInsight）

　　這種數據驅動方法由大量數據中進行分析與學習，又統稱爲「機器學習」（Machine Learning）方法。其中，多層次類神經網路 - 深度學習（Deep Learning）方法更是提高複雜認知問題正確率的主要方法。如圖 13-8 所示，我們可以將人工智慧演算方法簡單劃分爲傳統的邏輯演算法、規劃方法、專家系統等及數據驅動爲主的機器學習與深度學習方法。事實上，現今許多成功人工智慧應用，如：Apple Siri、AlphaGo 人工智慧圍棋系統，均結合了統計機率、預測分析、機器學習、深度學習等數據驅動方法及傳統專家知識庫、邏輯演算法而成功地發展。以下段落，著重介紹數據驅動的人工智慧演算方法，包含：機器學習、深度學習、強化學習等重要概念。

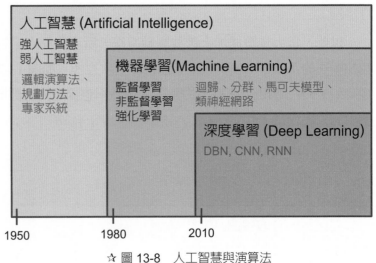

☆圖 13-8　人工智慧與演算法

13-3 機器學習方法

(一) 機器學習概念

不論是人工智慧或大數據分析、預測性分析，其背後均仰賴機器學習（Machine Learning）的數據驅動方法。究竟機器學習是甚麼方法？爲何會在大數據時代產生這麼重大的影響？

從字面上的解釋，「機器學習」就是「讓機器或程式，從大量資料中學習各種人類行爲、機器運作的模式，進而建立規則或分類」。將新的行爲／運作資料輸入時，就可以進行分類或預測（亦即推論）。例如：發現顧客買尿布亦會常買啤酒的機率很高，就可以在將尿布與啤酒擺在貨櫃鄰近，增加購買機率。根據過去幾季的銷售成長數據，歸納季節銷售變化規則，就可以預測（推論）下一季銷售金額。綜合來說，機器學習就是一種將大量數據進行歸納、分類進而進行預測（推論）的方法。前面章節所談論的迴歸分析、決策樹、聚類分析、時間序列、貝式網路、隱馬可夫模型及本章提到的深度學習（Deep Learning）都屬於機器學習的實現演算方法。

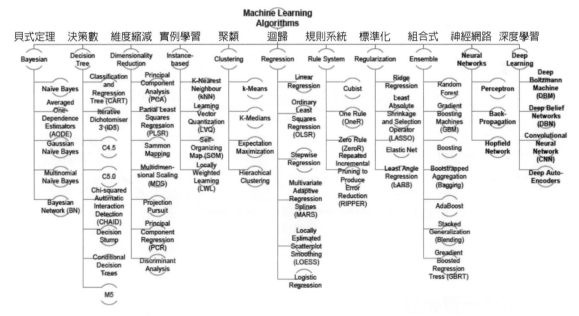

☆圖 13-9　各種機器學習演算法（資料來源：Frost & Sullivan）

如同第五章的預測模型建立程序，機器學習的訓練程序如圖 13-10 所示，可粗分爲四個步驟：

1. 將蒐集來的資料分為訓練資料集與測試資料集，通常利用隨機抽樣或分層抽樣方式來進行。

2. 將訓練資料集放入模型演算法進行訓練，分析師可適時根據結果校調參數，並完成訓練模型。

3. 將測試資料集放入訓練模型，驗證訓練模型預測結果的可靠度與誤差程度。

4. 若驗證結果仍有改善空間，分析師進一步校調參數、比較表現較佳的模型演算法並重新建立模型與評估。

當評估可行的訓練模型建立後，即可運用新的資料進行分析、預測或者讓機器人執行各項任務。以現在機器學習發展狀況而言，研究者或系統發展者，仍需根據不同的問題與資料蒐集狀況，運用不同的訓練模型，甚至整合或搭配其他規則演算法、知識庫輔助以解決各種領域問題。以此，AlphaGo 演算法僅能解決智慧圍棋算法、Apple Siri 演算法實現語音助理功能。亦有研究者持續開發能解決更多領域問題的通用算法，例如：AlphaZero 為 AlphaGo 進階版，不僅能下圍棋、也能下象棋、西洋棋；DeepMind 公司發展可以學習打多種電腦遊戲的人工智慧電玩遊戲程式。

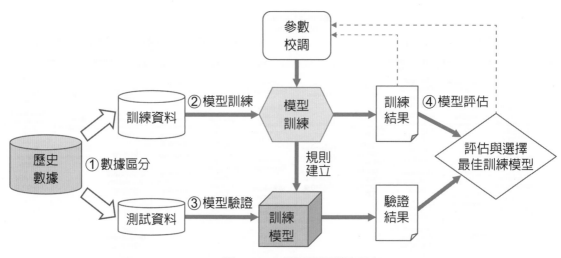

☆圖 13-10　機器學習訓練程序

(二) 機器學習類型

機器學習途徑可被分類為兩大類型：「監督式機器學習」（supervised learning）、「非監督式機器學習」（unsupervised learning）。前章所述迴歸分析、決策樹分析模型，必須先輸入因變數（或稱屬性、特徵）與預測變數（或稱目標變數、標籤）的配對數據作為訓練，被稱為「監督式機器學習」。如：針對設備進行剩餘壽命預估，需要一系列設備溫度、馬達轉速、設備參數等特徵及設備實際年限結果組合數據進行訓練與預測。過濾垃圾郵件，將被歸類被人們在「垃圾郵件箱」的許多郵件標題文字（文字作為特徵）組合，進行訓練與分類。

聚類分析、關聯法則等模型則不需針對因變數、預測變數進行配對，讓資料從演算法中自動歸納發現規則，稱為「非監督式機器學習」（unsupervised learning）。例如：從顧客屬性、購買商品紀錄，區分不同市場顧客分群；從一群設備狀況，分析哪些是異常設備；從顧客信用卡交易狀況，分析哪些詐騙可能性高。

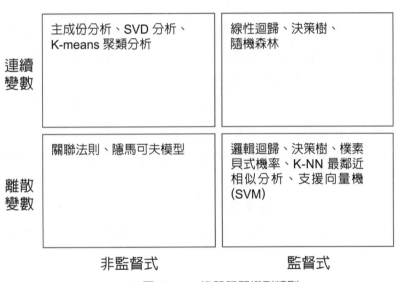

☆圖 13-11　機器學習模型類別

如圖 13-11 所示，利用非監督式 / 監督式、連續變數 / 離散別變數（如：男、女等分類稱為離散變數），可以畫分 4 種類型機器學習模式，各有數種演算法以解決不同類型分析問題。運用大量數據歸納的機器學習方法最大的困擾來自於數據累積是否足夠及完整。如果累積數據不足或不完整，可能會使得訓練模型無法準確分類或者不足以預測新的實例。例如：銷售分析預測僅有去年第 1 季到第 3 季資料，若要預測今年第 4 季的銷售，可能會欠缺第 4 季聖誕假期銷售資料（通常與第 1 季第 3 季銷售模式不一樣），而不具備完整預測性。此外，究竟需要蒐集哪些因變數、屬性（或稱特徵）與預測變數的配對數據作為預測，則必須仰賴數據分析師或資料科學家，依據不同領域問題進行數據蒐集、清理、轉換等，是建立機器學習模型最大的障礙。特別是人臉辨識、語音辨識、自然語言分析等複雜的認知問題，資料科學家要如何去界定數萬種可能的屬性或特徵呢？深度學習即思考如何把這一段特徵建立過程自動化。

13-4 深度學習方法

(一) 深度學習概念

深度學習的演算法來自於模擬人類大腦神經元的運作。大腦由數十億神經元平行接受刺激、反應，而產生各種記憶、思考、創造。深度學習模擬人腦，將各個神經元設計為小型電子轉換功能，透過大量電子神經元的平行運算，能解決許多複雜的認知問題。深度學習最主要突破來自於解決傳統專家系統或機器學習不易進行的特徵萃取、知識表現、層次概念等問題。

一般機器學習將數據蒐集、清洗、整合、轉換為可適用於特定機器學習演算法的訓練樣本時，需要數據分析師、資料科學家的人為介入。如圖 13-12 所示，機器學習的步驟分為：數據蒐集、數據探索、數據清洗/轉換、特徵選取、模型建立等。中間 2-4 步驟稱為「特徵工程」，亦即將雜亂的資料，轉換成可表達的知識概念，進而運用模型進行學習與預測。例如：預測體脂重，需要將人的生理特徵：腰圍、臀圍、手肘寬度等進行感測、衡量，並轉換為適當單位，進一步運用迴歸分析模型進行預測。預測房貸提前還款的風險機率，需取得房貸利率、貸款人所得、房貸金額等房貸資料，並進行特徵選取進而訓練與學習。從電信業顧客關係管理系統資料，預測客戶流失的可能性，需要選擇顧客電信方案種類、顧客性別、顧客年資、顧客通話頻率等特徵，而將地址、Email 等資料捨去，建立模型。

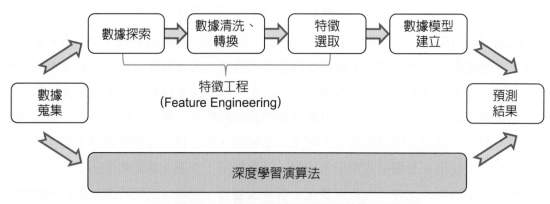

☆圖 13-12　機器學習與深度學習特徵工程過程

數據分析師或資料科學家不僅需要熟悉資料轉換方法和模型演算法，還需要理解哪些特徵足以影響標的物或預測目標？例如：在某一類型的工廠中，哪些設備參數和材料變數會影響產品的品質和良率？這類型的「特徵工程」工作需要具備領域知識、機器學習技術雙方面具備的專家協助處理。

　　如果涉及較爲明確的商業問題，領域資料科學家更容易識別和評估特徵變數；但如果需要從影像中辨別動物、從文字中辨認語意等認知問題，情況就變得更加模糊和複雜。例如：辨別動物，人類專家要如何確認動物的眼睛位置、耳朵大小範圍、身體形狀等特徵以區分貓和狗？辨認語句意圖時，如何從單詞、句子、整篇文章，進行語意判讀？傳統機器學習運用規則、機率統計方式來定義影像、語言的特徵變數進行訓練，預測結果的正確率差強人意。

(二) 深度學習原理

　　深度學習演算法希望讓系統從訓練樣本中自動抽取特徵，並藉由模擬大腦神經元運作方式，多層次地不斷地抽象化特徵概念。例如：圖 13-13 顯示 Google 從大量圖檔中辨認貓的概念，即時從辨識線 / 角、圓形 / 矩形，乃至於貓臉、人臉的不斷地特徵抽象化的過程，讓人工智慧系統能持續學習與辨識。人類專家可適度地輸入結構化知識（告訴她何種就是人臉、貓臉），以提升辨別率。

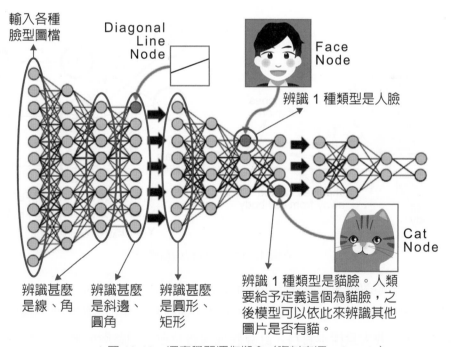

☆圖 13-13　深度學習運作概念（資料來源：Google）

　　事實上，人類感知或行動本來也是利用這種多層次特徵抽象。例如：辨別一個人，我們從臉型、眼睛、嘴巴乃至於背影進行辨認。理解說話意涵從單詞、句子、前後文乃至於說話情境。穿襯衫例行行動會自我形成固定步驟的動作等。科學家亦從神經生物學中發現，人類大腦神經中樞的運作即是從原始信號，做低級抽象，逐漸向高級抽象的疊代過程。人類的邏輯思維，是高度抽象化後的概念。

　　以此，學者運用多層次的類神經網路的深度學習（Deep Learning）來模擬人類大腦特徵萃取、多層次的特徵概念抽象化、辨識乃至於認知的過程。事實上，單層次的類神經網路（artificial neuron network, ANN）在 1980 年代，就受到矚目。類神經網路的主要原理是模擬人類大腦神經元（細胞）接收到來自樹突的不同刺激而觸發，利用軸突傳遞訊息，進而產生視覺、聽覺等感知原理。如圖 13-14 所示，類神經網路每個類神經元模擬為具備資料轉換函數（能力）的處理單元（processing element, PE）。每個類神經元受到不同類型、程度的刺激而產生處理單元的運作，運用權重 $(W_1,...W_n)$ 進行調節刺激大小；處理單元則運用激活函數（activation functions），以控制輸出結果；最後輸出刺激結果 $(Y_1,...Y_n)$。類神經網路即在給定期望輸出結果、給予輸入資料下，計算出各個處理單元的函數、權重等。

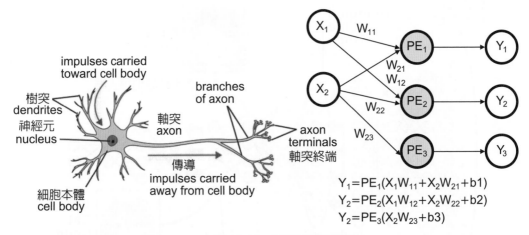

☆圖 13-14　類神經網路概念

　　1980 年代，辛頓教授等學者進一步提出倒傳遞誤差（back propagation, BP）演算法，進一步從輸出層回頭修正權重、減少誤差的方法，使得當時類神經網路受到矚目。然而，由於訓練困難、需要大量樣本資料、計算處理複雜及愈多網路層愈無法尋找到最小誤差等問題，使得 1990 年代沉寂，成為冷門人工智慧方法。2006 年，辛頓教授提出多層次類神經網路特徵學習方法，並透過「逐層初始化」的方式有效克服多層類神經網路的訓練複雜度與誤差問題。

　　2012 年，辛頓教授與學生 Ilya Sutskever 和 Alex Krizhevsky 提出深度卷積神經網路（Convolutional Neural Networks, CNN）結構：AlexNet，參與超大型規模視覺競賽（Large Scale Visual Recognition Challenge, LSVRC）奪得冠軍，分類錯誤率大幅降到 15.3%，較第二名團隊低了 10.8%。LSVRC 是著名人工智慧科學家李飛飛等人於 2010 年發起的圖像辨識競賽，運用大量蒐集的 1,400 多萬張、2 萬個已標記分類的圖片構成 ImageNet 數據集；學者發展演算法，透過數據集進行圖像辨識進行年度競賽。辛頓教授團隊 AlexNet 的深度卷積神經網路結構一鳴驚人，帶來深度學習方法的熱潮並推升近期人工智慧的發展。

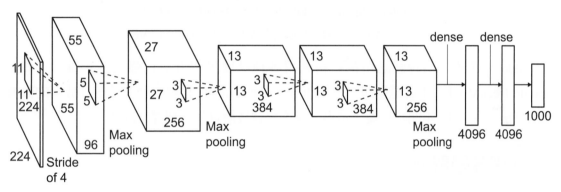

☆圖 13-15　AlexNet 深度學習網路結構（資料來源：AlexNet）

　　深度學習網路包含輸入層、輸出層以及多個處理單元（PE）的隱藏層（hidden layer），每個隱藏層結果可以是下一個隱藏層的輸入。透過隱藏層間層層轉換，將特徵逐步學習並層次性概念化發展。如圖 13-16 所示，AlexNet 具備 7 個隱藏層處理單元的類神經網路，每一層包含 1,000 至 25,000 共 65 萬個神經元、6,000 萬個參數、6.3 億個連結進行分析運算。最後，AlexNet 運用 2 個 NVIDA GPU 耗時兩星期訓練完成。後續 LSVRC 競賽持續地挑戰，2015 年圖像分類錯誤率已經低於 5% 的人類水準。2018 年起，LSVRC 不再進行挑戰賽，改由其他團隊發起的 WebVision 挑戰，其測試圖像數據集使用沒有經過人工處理與標籤，以提高挑戰難度。

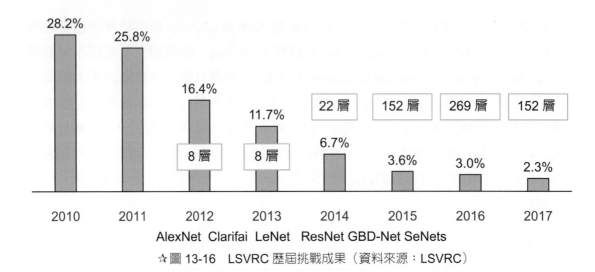

☆圖 13-16　LSVRC 歷屆挑戰成果（資料來源：LSVRC）

　　至此，許多人工智慧應用都紛紛利用各種深度學習方法以強化其正確性，如：Google DeepMind 人工智慧圍棋、自駕車等。早期 Google 翻譯服務基於統計機率的數據驅動方法，在 2016 年開始也進一步導入深度學習技術以強化翻譯正確性。

(三) 深度學習類型

　　深度學習的訓練方式，大體分為 (1) 由資料往上特徵生成、概念化發展的無監督學習模式。(2) 由目標結果，往下微調函式、權重的監督式學習模式。研究者基於不同特徵自動化擷取 / 生成方式、深度學習網路結構（各層間如何連接？如何進行權重微調？），發展不同深度學習演算法，協助影像、語音、自然語言等應用領域，解決辨識與認知問題。

　　以下列舉幾個著名深度學習 / 類神經網路演算法：

1. **深度信念網路（Deep Beliefs Networks, DBN）**：2006 年辛頓教授與其學生提出的無監督、逐層訓練的特徵生成深度學習模型。運用 contrastive divergence 訓練方法，而非倒傳遞方法，以解決誤差隨多層而無法尋求全域最佳解問題。深度信念網路常用來搭配各種深度學習系統，進行預訓練（pre-training）建立初始特徵值，取代過去運用隨機方法選取特徵值的方法。

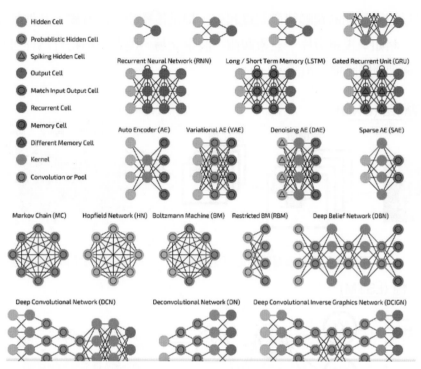

☆ 圖 13-17　不同類型類神經網路（資料來源：https://towardsdatascience.com/）

2. **卷積神經網路（Convolutional Neural Networks, CNN）**：卷積神經網路主要用來辨識圖片的深度學習網路，是目前最重要的深度學習網路之一。利用卷積經網路在圖片辨識上已經可以比人類更精準。卷積神經網路主要利用卷積的數學模式方法來卷積提取圖形特徵、池化（pooling）方法精簡圖片特徵數，卻又不喪失其關鍵處。卷積神經網路常用來搜尋相似圖片、辨識相似人臉、辨識人臉年紀等用途，如前述 Google 運用卷積神經網路進行貓臉、人臉辨識。2012 年，辛頓教授帶領團隊參與 LSVRC ImageNet 競賽領先群雄，即以此方法打開深度學習知名度。AlphaGo 人工智慧圍棋也運用 CNN 來訓練各種圍棋盤勢圖像判斷，語音辨識也可以運用圖像化音頻來進行辨識訓練。

3. **遞歸神經網路（Recurrent Neural Networks, RNN）**：遞歸神經網路是一種具備有序式的深度學習神經網路，特別可以運用來進行語言翻譯、語音助理、文字評論等特徵間具有前後關係的狀況。例如：產品評論「我常用 ABC 品牌的洗髮精。它洗起來讓頭髮柔順、不乾澀。」，「它」指涉 ABC 品牌洗髮精。「我要訂飛抵上海 5 點的機票」或「我要訂從上海起飛 5 點機票」，因為前面「飛抵」、「從」等字不同而影響上海代表目的地或出發地。好的設計者可以架構此種網路關係，讓遞歸神經網路進行訓練、記憶與學習。長短期記憶模型（Long-Short Term Memory, LSTM）進

　　一步可以把更長期的關聯特徵記錄起來，提供後續學習的基礎。其他與時間序相關的應用，諸如：視訊影片、氣象觀測、股票交易、消費者購物行爲亦可以運用這種時序相關神經網路進行預測。

卷積神經網路 (CNN)

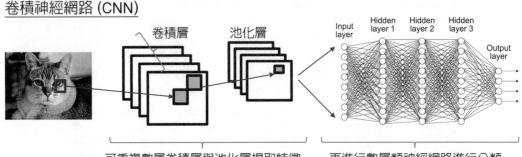

可重複數層卷積層與池化層提取特徵　　再進行數層類神經網路進行分類

長短期記憶 (LSTM)

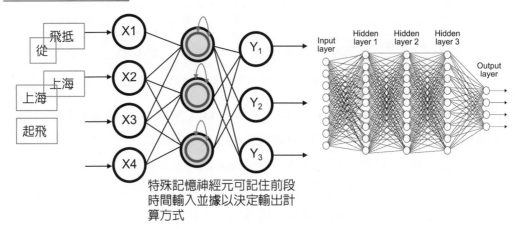

特殊記憶神經元可記住前段
時間輸入並據以決定輸出計
算方式

☆圖 13-18　卷積神經網路與長短期記憶概念圖

　　事實上，各種類型類神經網路通常堆疊起來，以完成複雜的人類認知問題，這正也是深度學習多層次網路的精神（圖 13-18）。其他深度學習網路還包括深度波茲曼機（DBMS）、深度自動解碼器、深度記憶網路等，有興趣讀者參考深度學習相關教材。深度學習常常應用在：圖形辨識、語音辨識、自然語言處理、語音辨識與生物資訊學等領域具備複雜特徵或人類不易定義的特徵處理上。然而，深度學習仍有其問題，包括：需要大量機器進行運算、過度擬合（亦即產生的模型無法進行普遍性的推論）等。此外，深度學習僅是人工智慧重要突破，但仍不能完全模擬人腦，例如：因果關係、邏輯推理、整合各種抽象概念、行爲與結果的連結乃至於創造力、情感等，仍有待與各種人工智慧演算方法進行整合。此外，深度學習等類神經網路計算結果複雜性，很難解釋給企業決策者或開發者理解其推論過程。

最後，運用深度學習演算法需要具備大量資料進行訓練，企業必須運用方法去取得大量資料並為資料設計標籤。許多新興演算法正在發展，以減輕大量資料訓練的困難。例如：「強化學習」（reinforcement learning）運用獎勵 / 懲罰的方式取代資料類型標籤；「遷移學習」（transfer learning）方法可以透過知識累積，不斷地累加知識。「生成對抗網路」（generative adversarial networks）則自己創造資料、標籤，自我訓練，減少原始資料不足問題。AlphaGo 即結合傳統蒙地卡羅邏輯演算推導方法、卷積神經網路深度學習、強化學習方法等，以達到審視盤勢、深度思考、回饋與強化學習等結果。

13-5 生成式 AI 發展

自從 ChatGPT 受到追捧以來，「生成式 AI」成為人工智慧的新興發展方向。所謂的「生成式 AI」（generative AI, GAI）或 AIGC（AI Generated Content），顧名思義就是利用 AI 來產生諸如文字、對話、影像、音頻、影片、程式碼等內容。

事實上，生成式 AI 是深度學習中的一種 AI 模型。前述的大數據分析、傳統機器學習、深度學習方法，主要用來協助分類、預測，如：市場區隔、銷售預測、預測維護或者協助具備大量特徵影像與語言進行辨識，如：自然語言理解、圖像辨識等（請見後兩章）。生成式 AI 更專注於大量數據累積所代表的知識，進行學習與推論並產生內容。這使得生成式 AI 可以跨越學科，創造化學公式、程式撰寫、繪圖、寫作等內容，當然也會深刻地影響人類溝通、商業運作。因為，我們人類就是運用文字、語言、圖像等知識展現，進行每日溝通。

生成式人工智慧有兩個著名神經網路架構模型：生成式對抗網路（GAN）和生成式預訓練轉換器（GPT）。

1. **生成對抗網路（GAN）**：GAN（Generative Adversarial Network）生成式對抗網路顧名思義是自動產生兩個神經網路進行相互競爭，以獲得更準確的預測。其中一個神經網路稱為「生成模型」（generative model），透過原始數據與隨機或特定噪音數據，不斷生成偽造數據。另一個神經網路則為「判別模型」（discriminative model）。「判別模型」不斷地檢視「生成模型」產生的偽造數據，最後達到最佳結果，產生幾可亂真的生成數據。生成對抗網路可以透過反覆地評估以產生與真實或目的最相似的新數據。GAN 廣泛應用於圖像、影片和語音生成，例如：將照片轉換畫作不同的風格、將不清晰的影像轉換高解析度、將圖片壓縮、利用文字描述產生圖片等。在企業的大數據、人工智慧應用，特別可以解決數據量少的品質瑕疵問題或者需要利用人工標註大量資料的問題，以快速地補足資料、自動標註以產生較大的數據量以方便訓練與學習。

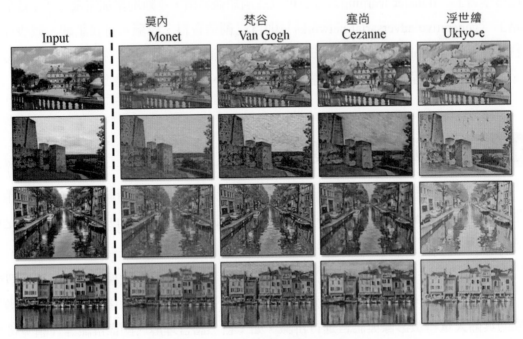

☆ 圖 13-19　利用生成式對抗網路產生不同風格照片

（資料來源：Jun-Yan Zhu etc al.,2017）

2. **生成式預訓練轉換（GPT）**：ChatGPT 就是仰賴「GPT」的基礎模型進而發展的對話生成模型。GPT 透過稱之為「Transformer」架構的自迴歸語言模型，透過生成、非監督的預訓練模型，產生良好的效果。「Transformer」是一種具自注意力機制的神經網路架構，可以將每次每個輸入單詞都進行考慮。回顧之前談的 RNN、LSTM 模型，它們僅能將少數訊息或單詞進行考慮，Transformer 將整個詞句的所有訊息、單詞都一起考慮前後出現的關係。以此，Transformer 可發展成超複雜的訊息參數及層次。ChatGPT 基礎的 GPT-3 版本預訓練模型就有 1,750 億個參數、96 個注意力層，具備單詞數為 4,990 億個。GPT-3 訓練模型成本為 460 萬美元，訓練時間可不是前述實作練習的幾分鐘而已，而要運算數個月。ChatGPT 的總投資成本亦超過 290 億美元。許多應用，如：ChatGPT 對話文本生成或 DALL-E2 圖像生成工具都是基於 GPT-3 預訓練模型之上再利用不同企業、行業或特殊需求的數據與模型，發展微調模型以產生不同的應用。因此，「GPT」被稱為「預訓練模型」（pre-trained model），亦即事先訓練好可以再微調使用。

　　GPT 上發展的生成式 AI 應用可以是文本生成、文本摘要、語言翻譯、問答對話等，也可以利用文字輸入生成圖形、生成程式碼、生成化學公式、解數學題目等。據測試，利用 ChatGPT 進行考試測驗，成績甚至達到美國律師考試作答、SAT 入學考試的前百分之十。

　　然而，生成式 AI 產生的內容亦產生著作權、藝術無價或詐騙等問題。例如：2021 年，台灣的網紅利用來移花接木的深偽科技（Deepfake）而引起問題，就是一種利用生成式 AI 以合成圖片、聲音、影像等媒體資訊，進行移植臉部、偽造聲音的應用。2022 年，美國一位畫家利用圖像生成工具 Midjourney 生成作品，在藝術比賽中獲得了第一名，產生人工智慧生成的圖片是否是藝術的爭議。Midjourney 工具即是讓畫作者輸入文字，不斷地校調文字精確性，以自動產生畫作。

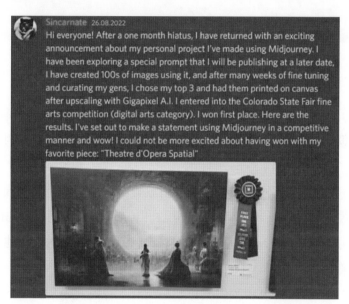

☆圖 13-20　Midjourney 生成繪畫作品獲得冠軍

（資料來源：Jason M. Allen Twitter, 2022）

生成式 AI、ChatGPT 也逐漸地應用在各個行業，以下列舉：

- **教育應用**：生成式 AI 為教師提供一種快速開發大量獨特材料的方法，可以從現有資訊產生測驗問題、概念、解釋等，並可為不同班級乃至於個人，創建多樣化、個性化的教材。例如：線上教育服務可汗學院即利用 GPT-4 結合本身的教材、數據進行模型微調，發展 Khanmigo 虛擬助理應用，可以協助教師編寫課堂提示或創建教學材料並能協助指導學生解題。如圖 13-21，可汗學院 GPT 服務導引學生算數學題目。

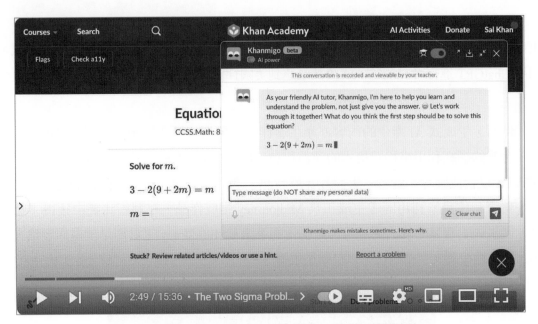

☆圖 13-21　Khanmigo 生成式 AI 助理的教學協助

（資料來源：可汗學院）

- **醫療應用**：利用生成式 AI 以尋找潛在的候選藥物並通過電腦模擬測試效果，加快新藥發現過程。例如： Absci Corporation 醫藥公司宣布使用生成式 AI 來創建新抗體。

- **金融服務、會計、法務**：生成式 AI 可用於分析財務數據並識別模式和趨勢，或比對各種法規是否合規。例如：摩根史坦利財富管理公司開發由 GPT-4 支持的聊天機器人，可以搜索其公司財富管理內容庫，協助財務顧問快速地獲取知識以提供客戶更專業服務。

- **製造生產**：生成式 AI 可用於生成新產品設計，以滿足客戶需求、法規需求、綠色需求等。例如：通用汽車利用生成式 AI 設計，為座椅支架創造了 150 個新設計理念，最後選擇了一個作為最終設計。該設計被證明比原始零件輕 40%、強度高 20%。

- **行銷與銷售應用**：生成式 AI 可以協助行銷人員生成各種新的行銷內容，例如：影片、文字敘述、設計和示意圖等，或協助活動企劃建議等，以吸引新客戶。

13-6 ChatGPT 實作

（一）概念

　　OpenAI 公司的 ChatGPT 除了可運用 Web 介面或是 APP 進行免費試用外，也可以利用 Python 程式呼叫 OpenAI 的 API 來實現。不過，運用程式呼叫是要付小額費用的。

　　首先，要進入 OpenAI 平台網頁（https://platform.openai.com/）進行註冊。其次，在計費（billing）的功能上，輸入信用卡號。每一組織 / 帳戶可以 1 個月最多 120 美金的額度進行扣款。第三，每個帳戶必須建立一個 API 密鑰以供 API 呼叫時的身分辨認（密鑰創建後請立即複製起來，否則完成後將看不到完整碼）。

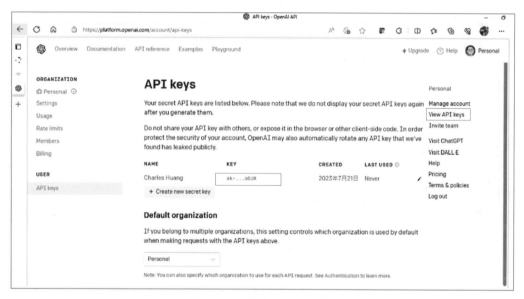

☆ 圖 13-22　建立 OpenAI 的 API Key

（二）實作範例

　　當設置好帳戶後，使用 OpenAI 的 API 進行生成式內容的創造將十分簡單。您可以參考 OpenAI 平台的 API 使用參考（https://platform.openai.com/docs/api-reference/introduction），之中也有 Python 程式範例可以參照。

　　Ch13-1 是問答及透過文字創建圖形的 OpenAI 程式範例。如程式碼，首先要安裝 openai 的 API，其次輸入您創建的 API Key。第一個生成類型是問答，運用 openai. ChatCompletion.create() 函式進行。其中，model 是運用 3.5 版本。messages 參數指出 ChatGPT 的角色，以及您要詢問的問題，亦即是所謂的「提示詞」（prompt）；temperature 參數控制生成文本的隨機性 0-1，愈高代表愈有創意，但可能語句不連貫；max_tokens 參數限制回覆的詞元數（OpenAI 的 API 計價以詞元數計算，一個繁體中文字約 2.03 的詞元量，可以限制以降低回答長度花費的成本）。

以此，當執行完成後，將回應 response 印出，即得到回答結果，例如這樣的回答：「生成式 AI（Generative AI）是一種人工智能技術，它能夠生成新的、原創的內容，如圖像、音樂、文本等。生成式 AI 通常基於深度學習模型，如生成對抗網路（GAN）或變分自編碼器（VAE）」。

↘ 範例 Ch13-1

```
!pip install openai
import openai
openai.api_key = "your API key"
response = openai.ChatCompletion.create(
  model="gpt-3.5-turbo",
  messages=[
    {"role": "system", "content": " 你是一個有幫助的助理 !!"},
    {"role": "user", "content": " 生成式 AI 是甚麼 ?"},
  ],
  temperature=0,
max_tokens=100
)
print(response['choices'][0]['message']['content'])
```

我們也可以用一段描述提示詞來讓 OpenAI 生成圖形。如程式碼，利用 openai.Image.create() 函式進行。其中，prompt 提示詞參數代表您要給的文字描述；n 參數代表要生成幾個圖形；size 代表圖片解析度，可以有 512x512 或 1024x1024。

```
import IPython
response = openai.Image.create(
  prompt=" 一隻白色貓在家裡的沙發上 ",
  n=1,
  size="512x512"
)
IPython.display.HTML("<img src =" + response.data[0].url + ">")
```

如圖 13-23，我們創建了一隻
白貓的圖形！您可以嘗試輸入別
的動物、不同的場景（例如：太
空中）等提示詞文字，看看創造
出甚麼有趣的圖形？

☆ 圖 13-23　本範例生成的圖形

13-7　小結

本章的介紹可以了解人工智慧的概念、演進以及人工智慧的學派、數據驅動思維與方法以及機器學習、深度學習等重要技術概念。

近期，人工智慧再度受到矚目來自於大數據的發展及深度學習技術的突破，提高視覺、語音、自然語言等人類認知問題上的辨識正確率。

人工智慧的學派包含符號學派、連結學派、行為學派等不同的研究途徑與實現方式。受到大數據發展的影響，產學界開始運用數據驅動思維並發展相關演算法進行人工智慧研究與發展。其中，深度學習技術突破，提高視覺、語音、自然語言等人類認知問題上的辨識正確率，使得人工智慧發展大爆發。

深度學習方法是以多層次類神經網路堆疊方式，進行特徵萃取、層次性概念化等，而能進行複雜人類認知問題的學習。科學家已發展數十種深度學習演算法，包含：深度信念網路、卷積神經網路、遞歸神經網路等。科學家亦將各種類神經網路、機器學習方法堆疊起來，完成複雜人類感知問題。運用深度學習演算法需要具備大量資料進行訓練，許多研究者正發展減輕大量資料訓練困難的演算法。

生成式 AI 是一種減輕大量資料訓練的深度學習方法。透過生成式 AI，如：ChatGPT、Midjourneye 工具還可以產生文本、圖形、程式碼等，協助人類各種知識內容的創作，但也帶來數據隱私、著作權等爭議。

習題

1. 請說明人工智慧的三大學派。
2. 請舉例數據驅動思維的人工智慧應用案例。
3. 請說明人工智慧、機器學習、深度學習的關係。
4. 請說明 CNN、RNN 的應用重點有何不同？
5. 請說明生成式 AI 的概念為何？
6. 請嘗試變化範例中的提示詞，可以發現甚麼樣不同的文本或圖形生成？
7. 討論以下案例，說明可能使用傳統機器學習或深度學習的原因？
   A. 零售業利用人臉辨識顧客性別、年齡。
   B. 電子商務業運用顧客屬性、瀏覽行為、購買紀錄，推薦商品。
   C. 製造業運用機器設備參數、天氣狀況、物料狀況及生產品質，預測每一批產品的可能良率。
   D. 銀行業利用線上客服機器人進行顧客問答服務。
   E. 運籌業根據天氣狀況、顧客訂單與地址、倉庫地址與庫存，進行最佳貨車派送路徑分析。
   F. 汽車業利用自動駕駛晶片，進行自動駕駛服務。
   G. 航空引擎業分析飛機引擎使用年限、引擎轉速、引擎溫度，協助航空公司進行預測維修。
   H. 廣告行銷平台，根據業主產品在網路平台上的討論區、臉書、Google 搜索等文字記錄，分析業主產品的行銷方向。

Chapter

14

AI 探索：文本挖掘分析

　　語言是人類獨有的智慧。運用大數據、預測分析來解決自然語言的問題，使得人們可以更容易地萃取、解析知識乃至於智慧決策與行動。本章介紹自然語言發展沿革，並簡介如何將文字數字化、預測分析的概念，協助讀者理解文本挖掘分析，並帶入實作範例。

　　透過本章，讀者可以了解自然語言概念、文本挖掘分析基本作法，並實作簡單文字雲、TFIDF、文件生成等範例。

本章大綱

14-1 自然語言發展沿革

　　不論聲音溝通或文字書寫，語言是人類獨有的認知智慧。即使是與人類演化相近的人猿，其語言運用能力仍與人類差之千里。以此，語言是判別人類智慧能力的重要特徵。早在 1930 年代，即有研究者思考如何地掌握人類語言，運用機器來協助進行不同語言翻譯等問題。例如：Georges Artsrouni 在 1932 年建立的機械式機器，可以將四種語言進行逐字或逐詞的翻譯。Peter Troyanskii 在 1933 年亦建立機械式的機器，運用文法、詞性的規則，嘗試可以從 1 個語言，同時翻譯成多種語言。

☆圖 14-1　1930 年代的機械式翻譯機器

（資料來源：John Hutchins：http://ourworld.compuserve.com/homepages/WJHutchins, 2018 年）

　　1940 年代，二次世界大戰以及後來的美蘇冷戰，歐洲與美國均投入不少經費進行語言翻譯，進行戰爭中的語言解密以獲取情報。1950 年代，艾倫・圖靈發表了「智慧機器與人工智慧」，其中指出判斷電腦是否能模擬人的智慧，來自於人們是否能判別是電腦或人類回應的「圖靈測試」方法，成了人工智慧的標準。1957 年，在人工智慧的達茅斯會議後，語言學家荷姆斯基（Noam Chomsky）發表「句法結構」一書，認為說話方式遵循一定的句法，這種句法是以形式語法為特徵。普遍性語法規則理論，激勵了人工智慧學家運用當時電腦規則語言，發展電腦翻譯或對話系統。

　　1964 年第一套人工智慧對話系統 ELIZA 系統由 MIT 教授維森鮑姆（Joseph Weizenbaum）發展，運用 IBM 7094 電腦及建立語法規則知識庫，以進行人機對話。ELIZA 扮演醫生的角色，與病人進行聊天式諮詢。ELIZA 主要在有限話題庫中，在對話過程中從病人的回應中找到關鍵字，找出可能回應方式。例如：病人說「你好」，ELIZA

就會說「我很好。請跟我說說你的情況」。病人說「我不高興」，ELIZA 就會說「請你說說為何你不高興」。ELIZA 透過關鍵字，並以引導式的方式與病人進行對話。

☆圖 14-2　ELIZA 人工智慧對話系統（資料來源：Wikipedia）

1982 年，卡本特教授（Rollo Carpenter）發展 Jabberwacky 專案是聊天機器人（chatbot）的開端。Jabberwacky 專案開始運用機器學習的概念，讓聊天機器人能夠學習。1996 年，Jabberwacky 開始上線蒐集對話語料，2007 年改名為 Cleverbot。至今，Cleverbot 已經累積超過 140 億的對話語料。

1980 年代，IBM 以康乃爾大學賈里尼克（Frederick Jelinek）領導語音辨識小組開始轉向以統計機率為主，來解決語音辨識的問題。賈里尼克教授是通訊專家，運用當時在通訊領域降低雜亂噪音的編碼技術 - 隱馬可夫模型（Hidden Markov Model, HMM）來解決，並運用 IBM 的大量電子傳真文件為數據源。IBM 語音辨識從 70% 左右辨識率提升到 90% 以上。這樣統計學基礎取得成功，激發許多人工智慧學研究者轉往統計模型、大量數據研究。然而，由於大量數據的缺乏，使得數據驅動的自然語言研究仍僅在小規模以及實驗室中進行研究。

2005 年，美國國家標準與技術研究所（NIST）的機器翻譯研究機構的每年評鑑，Google 第一次參加評鑑，竟在許多語言翻譯上取得 5% 以上翻譯正確領先；在中文與英語的翻譯正確率更領先第二名 17%。Google 憑藉大量的網路蒐集的語料，建立六元字詞間關係模型，因而領先其他團隊。至此，許多研究機構開始運用大量的網路數據、統計機率方式來改善機器翻譯。

2011 年，IBM 的華生系統參加了一個名爲「危險邊緣」的機智問答節目，獲得第一次人機問答比賽的冠軍。華生系統在深藍伺服器中儲存了大量的資料，它能夠提取問題中的關鍵詞，然後在儲存的資料中進行全面搜尋，以查找相關資訊及其上下文、分類名、答案類型、時間、地點等。當它 " 認爲 " 某個答案比較肯定時，它就會按搶答器。華生系統的大部分資料來源來自研究員蒐集的百科全書、字典、詞典、新聞和文學作品等資料。華生系統的主軸雖然不是統計機率而是搜尋、語言學、知識分類等大量專家系統結構知識，仍成功地挑戰了人類，但也凸顯專家系統的一些限制。

2010 年，蘋果（Apple）併購了 Siri 公司，將其人工語音助理整合到 Apple 智慧手機上，使用者可以透過自然的對話與手機進行互動，執行搜尋資料、查詢天氣、設定手機日曆、設定鬧鈴等許多服務，也開啓了新一波語音助理的競爭。Siri 公司的前身是美國國防部於 2003 年資助的計畫，主要目的是協助軍人可以運用虛擬助理進行辦公作業。當時的研究者設計即是運用網路上大量的資料進行學習。Siri 在語音辨識上採用了隱馬可夫模型，利用使用者累積的詞彙組合數據來判定下一個詞的機率，以判別用戶的語音是代表什麼詞彙。

近期，電腦語音辨識已經達到了高過人類辨識能力的 95% 正確率，問答能力也接近80%，逼近了人類的水準。總的來看，1980 年代開始，研究者開始運用大量數據，結合統計學、類神經網路乃至於深度學習網路等技術，讓自然語言產生新的發展。更進一步利用大語言模型（LLM）發展了 ChatGPT 等生成式 AI 應用，使人工智慧不僅理解知識還能創造知識。

14-2　問題解決方向

簡單來說，自然語言處理（Natural Language Processing, NLP）就是讓電腦能處理、分析與模擬人類語言的技術。依據不同應用需求，產生各種自然語言處理應用發展：

1. **文章分類**：將大量的網頁、電子文件進行有系統的歸類、分類，以便進行摘要、指出趨勢等。

2. **輿情分析**：搜尋網路上的網頁文字資料、社群顧客言談，藉以分析市場、產品趨勢與消費者意見。

3. **情緒分析**：根據社群顧客文字訊息、語音音調，進一步評估他們對於品牌、產品的情緒、喜好程度。

4. **語音查詢 / 命令**：根據語音命令進行網路查詢或命令執行動作。

5. **語音助理**：模擬人類助理，協助進行購物、手機操控、資料查詢或業務處理等。

6. **聊天機器人**：提供諮詢服務，讓消費者透過文字或語音進行問答與回應。

7. **文章翻譯**：進行不同語言間的翻譯，包含文本翻譯或語音即時口譯等。

　　從上述的應用來看，自然語言技術至少有幾個不同處理方式：

1. **語音辨識轉換**：辨識語音，進行文字轉換。

2. **自然語言理解**：理解人類的自然語言對話或文字，乃至於理解語意、上下文及文化意義。

3. **文本挖掘分析**：從文字中分析文章、文句、字詞的關係，以進行分類、關鍵字分析、主題分析、趨勢分析等。

4. **自然語言生成**：產生語言的輸出、對話等。

　　那麼，如何運用數據驅動思維、機器學習方法以進行自然語言處理呢？如圖 14-3 所示，常見文本與自然語言處理方式，包括：文本前處理、自然語言特徵工程、文本特徵工程、文本預測分析等。

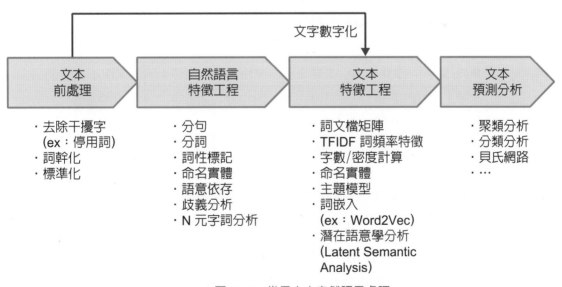

☆圖 14-3　常見文本自然語言處理

　　其中，特徵工程就是自然語言處理中，運用機器學習中最爲獨特的處理方法。這是因爲文字要如何分辨屬性、特徵進而進行學習預測呢？自然語言特徵工程就是把文本中的句子、單詞、詞性、名詞（命名實體）、語意關係、同義詞等進行剖析，並根據應用來決定特徵為何？例如：「我要拿鐵，去冰、微糖。」語音助理第一步就是要把這段話剖析為「我」、「要」、「拿鐵」、「去冰」、「微糖」然後再去分析其中的意義，包含主詞、動詞、形容詞等。而「拿鐵」到底代表的是純牛奶還是牛奶加咖啡？則要根據同義詞或所在文化民情而有不同（在歐洲，如果你點拿鐵會給你一杯純牛奶！）。

在目前的自然語言特徵工程中，比較常運用語料庫（字典以及大量報紙、文章建構）＋貝式網路／隱馬可夫模型＋其他機器學習／深度學習方法結合來發展。許多學術研究機構也釋出相關函式庫來協助開發，如：中研院、史丹佛大學自然語言處理開源函式庫等。

文本特徵工程的重點通常不深入考慮語言理解，而將文字數字化進行處理，亦即運用統計機率、機器學習去處理。應用上，可能是已經先由自然語言特徵工程進行處理或是不用太深入理解語意的應用情境下。例如：想要分類哪些新聞寫的事情是類似的？是屬於哪些類別（財經類、娛樂類）？那麼，我們可以想辦法將每個新聞關鍵字取出，並計算哪幾篇新聞關鍵字數量上是「相似的」、「同類的」。這是否又可以回到前述預測分析的問題解決方法進行思考？

TF(t,d) = t 單詞出現在 d 文件的出現次數／d 文件詞數目
IDF(t) = 1 + log (文件總數量／t 出現的文件數)

TFIDF(t,d) = TF(t,d) * IDF(t)

單詞／文件	文件 1	文件 2	文件 3	文件 4	文件 d
單詞 1	0.46	0.03	...	...	0.25
單詞 2	0.02	0.36	...	...	0.07
單詞 3	0.04	0.06	...	...	0.12
單詞 4	...	...	...	...	...
單詞 t	0.22	0.33	...	...	0.04

☆圖 14-4　TFIDF 文本特徵工程

如圖 14-4 所示，著名的 TFIDF 文本特徵工程作法就是運用單詞在某文件中出現的頻率及該單詞在全部文件出現的重要性，計算每一個單詞在某文件的 TFIDF 值，將單詞數字化。亦即，每個詞就是一個特徵，TFIDF 值就是特徵值（或屬型值）。以此，就可以將這些特徵值進行聚類分析、分類分析等相似、分類的預測分析處理方式。

　　此外，Word2Vec 詞嵌入（word embeddings）是著名的文字意義分析深度學習模型。Word2Vec 利用大量語料庫中常被提及的詞進行空間上相似意義計算，以「推論」哪些詞相似性較高？如圖 14-5 所示，建立不同「國家」與「首都」詞間的相似距離關係，可以說每個配對間「嵌入」了「首都關係」。是不是類似預測分析提到的關聯分析（常一起出現）、K- 鄰近相鄰（空間上距離相近）的想法？這就是運用數據驅動思維方法去解決傳統專家規則的方式。

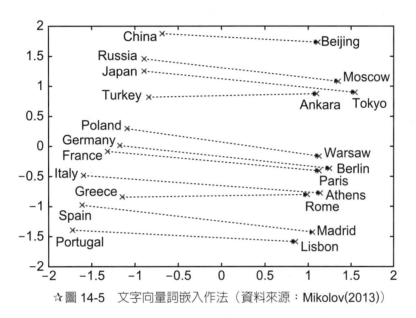

☆圖 14-5　文字向量詞嵌入作法（資料來源：Mikolov(2013)）

　　事實上，OpenAI 就是運用詞嵌入的作法將龐大語詞紀錄在 LLM 大型語言模型 GPT 中，成為 ChatGPT 或其他應用的基礎，以作為自然語言理解、自然語言生成之用。文本是人類知識紀錄的基礎，藉由大型語言模型、生成式 AI 的發展，結合圖像、語音、物聯網以及其他機器學習、深度學習演算法，讓人工智慧邁向新的境界。

　　自然語言與文本挖掘處理牽涉許多複雜的人工智慧、預測分析方法，我們就不再往下討論。有興趣讀者可以深入進行研究或修習相關課程。

14-3 文本挖掘分析 - 文字雲

（一）概念

　　將文字數字化最為簡單的想法就是將每份文件中視為個別獨立詞彙組合，即所謂的「詞袋」（bag of words）方法。這種方法忽略文法、詞彙順序、複合詞彙、句子結構，把每一個詞單純的當作「特徵」來思考。最簡單數字化的作法就是就是將詞彙在文件出現次數（頻率）加以計算，轉化為該詞彙在文件中重要性，稱為「單詞頻率」（term frequency）。

　　詞彙在文字中頻率數字化後，就可進行各種統計分析，如：前述的 TFIDF 就是一種「詞袋」作法的變形。在本章，我們介紹更為基礎的作法：把詞彙頻率用文字大小代表繪出，就是我們常在網路上看到文字雲（word cloud）展示方式。文字雲可以讓讀者快速了解某篇文章或新聞中最常出現的詞彙，從而推測文章的重點或趨勢。

　　然而，在進行詞袋或文字數字化之前有一個與其他預測分析或機器學習一樣的重點，就是將數據清洗，以避免干擾計算結果。最基礎的文字數據清洗，至少包含幾個重點：

1. **分詞**：甚麼才代表 1 個詞呢？以英文來說，可以用空白區隔兩個字，如："word cloud" 表示 "word" "cloud"。以中文來說，則沒有那麼簡單，如：" 文字雲 " 是分成 " 文字 " 與 " 雲 " 或 " 文 " 與 " 字雲 " 就需要較複雜的考量。

2. **符號**：文字的抓取可能來自社群網站、網頁、PDF 文件，其中可能有無意義的符號需要去除。例如：網頁 HTML 檔中的 "//"、"@"、":)" 以及空白、標點符號等。

3. **大小寫**：英文中有大小寫，代表同一個詞，所以要先將其改為小寫（或大寫）。

4. **停用詞（stop words）**：有些字是常見的語助詞、連接詞等，並不見得有意義，將其去除以避免干擾。例如：英文中的 "the"、"and"、"of"。中文中的 " 和 "、" 及 "、" 是 " 等。

5. **詞幹提取（stemming）**：在英文中有詞性或複數，例如：listen、listened、listening、doctors、teachers 等，其實代表同一個詞，要想辦法把它轉變為同一個詞。

　　在數據清洗完成後，將其轉換成如圖 14-6 所示的「詞文檔矩陣」（document-term matrix），就可以開始進行文字統計、數據分析了。

單詞/文件	文件 1	文件 2	文件 3	文件 4	文件 d
單詞 1	5	11	...	...	12
單詞 2	10	4	...	...	9
單詞 3	3	6	...	...	11
單詞 4	...	...	...	...	...
單詞 t	6	3	...	...	7

☆圖 14-6　詞文檔矩陣

（二）實作範例

1. 業務理解

本例為簡單的文字雲範例，利用 Python wordcloud 函式庫進行詞文檔矩陣轉換、文字雲函式庫。文字雲可以運用在文章、新聞的解讀，以理解文本主要在談論哪些關鍵字？以下示範運用 wordcloud 函式庫，將餐廳評論進行文字雲分析的範例。

2. 資料準備與探索

本例 Ch14-1 為從 kaggle 社群取得的餐廳評論資料集（https://www.kaggle.com/datasets/d4rklucif3r/restaurant-reviews）。利用 reviewsdf.head() 檢視資料框架，可以看到資料主要為兩個欄位：評論文字（Review）、是否喜歡（Liked）。

利用 text = " ".join(cat for cat in reviewsdf.Review) 的作法，將 Review 欄位的所有文字整合到 text 變數中。

3. 建立模型

如範例 Ch14-1，使用 WordCloud().generate(text) 即可計算 text 文字中的單詞頻率。其中，WordCloud() 有幾個重要參數：(1)background_color：背景顏色。(2)colormap：單詞的顏色。(3)collocations：是否將兩個搭配詞當作一組。(4)stopwords：停用詞的列表，使用 STOPWORDS 則運用預設的停用詞。

最後，使用 plt.imshow(word_cloud)、plt.show() 把單詞頻率繪出文字雲的樣式，如圖 14-7 所示。

↘ 範例 Ch14-1

```
# 產生文字雲圖形
from wordcloud import WordCloud, STOPWORDS
text = " ".join(cat for cat in reviewsdf.Review)
word_cloud = WordCloud(
     width=3000,
     height=2000,
     random_state=1,
     background_color="chocolate",
     colormap="Pastel1",
     collocations=False,
     stopwords=STOPWORDS,).generate(text)
```

☆ 圖 14-7　本範例的文字雲結果

14-4　文本挖掘分析 - TFIDF 文本相似查詢

(一) 概念

　　除了文字雲外，另外一種利用詞彙頻率進行文本挖掘的作法就是前面提到的 TFIDF 文本特徵工程。其中，TF（Term Frequence）即是「詞頻」，是指某單詞出現在某文件的

出現次數 / 該文件的單詞數目；IDF（Inverse Document Frequency）即是「逆文檔頻率」，指的是文件數總量 / 該詞出現的文件數目。TFIDF 就是 TF X DF 的值，代表該文件的某個特徵值或屬性的值。

　　舉例來說：詞語 t 在包含 100 個單詞的文件 d 中出現了 20 次。t 在文件的詞頻（TF）可以計算如下：TF=20/100=0.2。若總共有 10,000 個文件集合。如果 10,000 個文件中，有 100 個文件包含詞語 t，則 t 的逆文檔頻率（IDF）可以計算如下：IDF=log(10000/100)=2。以此，文件 d 的詞語 t 的 TFIDF 分數：TF-IDF=0.2×2=0.4。

　　以此，每個文件具備各個單詞屬性的 TFIDF 分數，形成單詞 / 文件的詞文檔矩陣。若文件 a、b 愈多相同語詞的 TFIDF 分數接近，則這兩個文件具有相似關係。這樣一來，我們就可以如同前面的大數據分析概念來分析，例如：我們可以判定某些文件是屬於同一類或者判定使用者喜歡文件 a 也會喜歡文件 b 而進行推薦等。

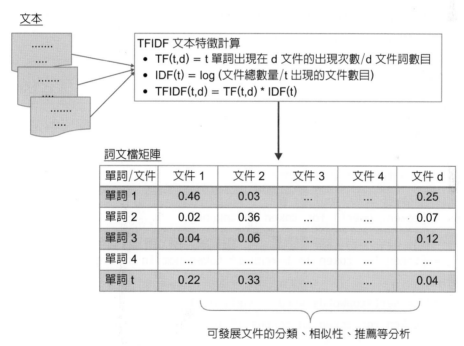

☆ 圖 14-8　TFIDF 的文本特徵轉換過程

（二）實作範例

1. 業務理解

　　本例為 TFIDF 特徵轉換範例，並進一步利用相似性判別來分析新實例與哪些文件內容相似。在 Python 中，主要處理自然語言的為 nltk 套件。利用 nltk 套件可以進行建立分詞、停用詞、詞幹提取、詞性標記等自然語言的文字前處理，也具備文字的統計分析、文本分類等。不過，由於中文的分詞或詞性等與英文不同，如果我們要更精確地進行中文分詞或特徵工程等，可以另外運用 jieba 語言套件。利用 nltk 進行分詞、文字前處理後，可以運用 sklearn.TFIDFTfidfVectorizer 的函式庫進行 TFIDF 特徵轉換，進一步計算文件間的 cosine_similarity 相似性。這種相似性常常可以運用在文章、部落格網站，以推薦讀者看類似的文章或部落格。

以下示範運用 Pyhon 相關套件，將一段文字進行查詢相似的文件為何。

2. 資料準備與探索

本例 Ch14-2 為自行建立文本陣列，以進行 TFIDF 計算。之後，透過 nltk 套件中的 word_tokenize()、token.lower()、string.punctuation、stopwords、PorterStemmer() 等 進行文件的前置處理以便去除標點符號、停用詞以及詞幹提取等。我們可將 set(stopwords.words("english") 印出，查看預設的英文停用詞有："she's", 'their', 'some', 'our', 'and', 'ours', 'did', 'there' 等。如圖 14-9 也可以比較原始文件與文件前置處理後的結果。

↘ **範例 Ch14-2**

```
# 文件前置處理
def preprocess_document(document):
# 分詞
  tokens = word_tokenize(document)
# 轉換成小寫
  tokens = [token.lower() for token in tokens]
# 去除標點符號
  tokens = [token for token in tokens if token not in string.punctuation]
# 去除停用詞
  stop_words = set(stopwords.words("english"))
  tokens = [token for token in tokens if token not in stop_words]
# 詞幹提取
  stemmer = PorterStemmer()
  tokens = [stemmer.stem(token) for token in tokens]
  return " ".join(tokens)
preprocessed_documents = [preprocess_document(document) for document in
documents]
print(preprocessed_documents)
```

☆圖 14-9 本範例文件前置處理比較

3. 建立模型

如程式碼所示，運用 vectorizer.fit_transform () 可以將整理過的文件檔進行詞文檔矩陣的轉換；之後，再將其轉換為資料框 tfidf_df。如圖 14-10 所示，中間的數值即是某文件某個單詞的 TFIDF 特徵值。

```
# 計算 TFIDF 值
vectorizer = TfidfVectorizer()
tfidf_matrix = vectorizer.fit_transform(preprocessed_documents)
feature_names = vectorizer.get_feature_names_out()
tfidf_df= pd.DataFrame(tfidf_matrix.toarray(), columns=feature_names)
# 建立 TFIDF 詞文檔矩陣
print("\nTFIDF document-term matrix:")
print(tfidf_df)
```

```
TFIDF document-term matrix:
        bike  bodi  exercis    hobbi    learn   listen     love  mind \
0   0.000000   0.0      0.0  0.000000  0.00000  0.57735  0.57735   0.0
1   0.000000   0.0      0.0  0.000000  0.00000  0.00000  0.00000   0.0
2   0.000000   0.5      0.5  0.000000  0.00000  0.00000  0.00000   0.5
3   0.000000   0.0      0.0  0.000000  0.57735  0.00000  0.00000   0.0
4   0.707107   0.0      0.0  0.707107  0.00000  0.00000  0.00000   0.0

       music     open   passion  research  stretch   vision
0   0.57735  0.00000  0.000000  0.000000      0.0  0.00000
1   0.00000  0.00000  0.707107  0.707107      0.0  0.00000
2   0.00000  0.00000  0.000000  0.000000      0.5  0.00000
3   0.00000  0.57735  0.000000  0.000000      0.0  0.57735
4   0.00000  0.00000  0.000000  0.000000      0.0  0.00000
```

☆圖 14-10 本範例 TFIDF 詞文檔矩陣

進一步，我們將新的文件檔計算 TFIDF，轉換成詞文檔矩陣。我們利用 cosine_similarity() 即可計算新文件與其他文件的相似性分數。最後，利用 similarity_scores.

argsort() 將相似分數 >0 的排列列出。如圖 14-11 所示，我們查詢新的文件，可以發現與 "I Love to listen music." 文本最相近，相似性分數為 0.66。以此，我們可以推薦這個文本給閱讀過新文本的讀者這份文本。

```python
# 比較新文件與其他文件的詞文相似性
similarity_scores = cosine_similarity(new_tfidf_vector, tfidf_matrix)
print(similarity_scores)

# 排列與新文件最相似的文件
similarity_scores = similarity_scores.flatten() # 轉為 1 維陣列
document_indices = similarity_scores.argsort()[::-1] # 由大至小排列

# 列印相似的文件
print("New document: " + new_document)
print("Most similar documents are:")
for index in document_indices:
  if similarity_scores[index] > 0: # 只列出 >0 的相似文件
    print(documents[index], "| Similarity Score:",
          similarity_scores[index])
```

```
New document: I am a researcher. I like to listen music in my room.
Most similar documents are:
I love to listen music. | Similarity Score: 0.6666666666666669
Research is my passion. | Similarity Score: 0.4082482904638631
```

☆圖 14-11　本範例相似性文本查詢結果

4. nltk 其他練習

　　程式後半段，列出了一些 nltk 的應用，包含：nltk.word_tokenize() 分詞、nltk.pos_tag() 詞性標記以及進行 nltk 預設文本 text8 的詞頻率計算 nltk.FreqDist()、關鍵詞查詢 concordance()、雙詞 collocations() 等，讀者可以嘗試看看。

　　運用 text8.dispersion_plot()，可以將 text8 幾個常見的單詞出現段落繪出。事實上，text8 是一個交友網站的文本，可以發現最多內容竟然是 "drink"，可能是希望尋找的另一半是可以一起小酌一杯的吧！最後，text8.generate() 可以根據原文本內容生成一個交友資訊。

繪出單詞的各文章段落出現狀況

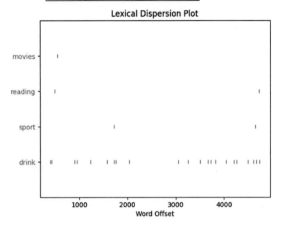

生成新的交友文字

```
text8.generate(30, random_seed=8)
```

```
60s , 55 , slim - medium build , fit , n - s , elegant , articulate ,
seeks employed 28 - 40 year old boy . ? Seeks
'60s , 55 , slim - medium build , fit , n - s , elegant , articulate ,\nseeks employed 28 - 40 year old boy . ? Seeks'
```

☆圖 14-12　本範例其他 nltk 應用

　　有興趣讀者，可以進一步查看 python nltk 各種自然語言處理的函式，相信可以看到許多有趣的應用方式。

14-5 小結

　　從本章可以理解自然語言概念、文本挖掘分析基本作法以及利用 Python 進行文字雲、文章相似性查詢等簡單文本挖掘分析。

　　自然語言處理是讓電腦能處理、分析與模擬人類語言的技術，可以運用在語音助理、文章翻譯、輿情分析等各種應用。傳統人工智慧在自然語言處理上，以語言文法規則方式解析與理解，效率低且正確性低。引進大數據、預測分析、機器學習乃至於深度學習方法後，使得自然語言處理提高正確性與可用性。

　　自然語言大數據方法就是把文字予以特徵化，然後進行各種分類、關聯、相似等預測方析作法。著名文字數字化方法包括：詞袋、TFIDF、詞文檔矩陣、詞嵌入等作法。要深度理解人類語言意義乃至於情緒是未來人工智慧持續發展方向，必須結合語言知識、規則以及自然語言大數據方法來共同發展。

習題

1. 請說明自然語言的意義。
2. 請舉出 2 個自然語言的應用案例。
3. 請說明常見文本自然語言處理步驟。
4. 請說明文本特徵工程的意義。
5. 請說明詞嵌入字詞關係處理方法與傳統規則方法不同之處。
6. 請搜尋網路，舉出 1 個網站使用文字雲的分析。
7. 請搜尋網路，看看哪些網站有使用文章推薦的功能，思考一下有可能是用協同過濾推薦或 TFIDF 嗎？思考利基點有甚麼不同？

AI 探索：圖像辨識分析

視覺是地面上脊椎動物的強項，用以逃避危險、捕抓獵物等。運用大數據、預測分析來電腦視覺問題，可以輔助人們進行視覺辨識、理解乃至於圖片生成等。本章介紹電腦視覺發展沿革，並簡介運用預測分析、機器學習與深度學習，如何協助人臉辨識、圖像辨識，並帶入實作範例。透過本章，讀者可以了解電腦視覺概念、圖像辨識分析基本作法，並實作 CNN 深度學習的圖像辨識。

本章大綱

15-1　電腦視覺發展沿革

　　視覺是許多生活在地面上脊椎動物賴以生存的重要感官，舉凡：逃避危險、捕抓獵物、求偶繁衍等。人類更是運用 3 維的立體視覺區分遠近、顏色、光線、移動、前景與背景，乃至於辨識熟悉的人事物、情緒等。電腦視覺（Computer Vision）即是在嘗試運用軟硬體技術，協助電腦、機器能夠模擬人類的視覺系統。

　　電腦視覺的發展可以回溯到 1970 年代，科學家們雄心壯志想要運用電腦或機器人模擬人類的智慧。最有名的例子來自於 1966 年，人工智慧之父馬文・閔斯基（Marvin Minsky, 1927-2016），要求其碩士班學生的暑假作業，將電腦連結照相機，讓電腦能夠描述它看到了甚麼？當然，早期的技術並不容易達成，但成為電腦視覺的經典定義：「電腦視覺的研究就是運用工具與理論，讓電腦或機器抽取影像或視訊中的資訊，以解釋世界」。

　　1970 年代開始，電腦視覺可以針對選擇的影像進行辨識，例如：倫敦警察開始運用電腦視覺辨識車牌。1980 年代，電腦視覺運用幾何學、數學的模式來解析影像。洛克馬丁、卡內基美隆大學嘗試運用電腦視覺來進行車輛自動行走，大約時速 3 英里。此時，類神經網路發展，科學家運用類神經網路來解決電腦視覺問題，但無法突破。1990 年代，卷積類神經深度學習網路（CNN）開始發展，開始有學者思考運用統計學、機器學習的方法來解決物件辨識、人臉辨識的問題。

☆圖 15-1　2000 年代美國火星計畫探測車影像處理

　　2000 年代，愈來愈多學者運用大量數據、統計學協助電腦視覺處理。例如：2003 年，美國火星探測漫遊計畫（Mars Exploration Rover, MER）運用電腦視覺技術與探測車登陸火星，遠端探測與辨識岩石土壤的水活動跡象、地貌、地質活動等。其中所使用的電腦視覺技術包括：環景圖拼接、3D 地面圖形建立、障礙物偵測、位置追蹤等。

2010 年代，電腦視覺更廣泛運用在 Web、智慧手機上，協助影像處理、辨識。2010 年，微軟發展 Kinect 技術與電視遊樂器，利用動態感測攝影機可以偵測人的輪廓與動作，多達每秒 30 次。2010 年，大規模視覺識別挑戰賽 ILSVR 開辦。2012 年，深度學習之父辛頓教授的學生 Alex Krizhevsky 運用 CNN 深度學習架構 AlexNet 參與 ILSVR 競賽，以極大的差距擊敗了其他競賽團隊。至此，深度學習成了近期人工智慧蓬勃發展的關鍵方法。

2012 年，Google 運用雷達技術、電腦視覺以及其他人工智慧技術，進行無人輔助駕駛車測試。2014 年，Apple 在智慧手機 App 上運用人臉辨識、物件辨識技術。2016 年，AlphaGo 運用 CNN 深度學習，辨識人類棋譜盤勢特徵，打敗韓國圍棋高手李世乭而聲名大噪。

自 2012 年運用深度學習方法後，影像錯誤辨識率不斷地降低，2017 年已經降到 2.3% 錯誤率，低於人類的辨識錯誤率。2018 年開始，由蘇黎世聯邦理工、Google Research、卡耐基美隆大學等組織所支持的 WebVision 競賽取代 ILSVR 競賽，挑戰來源更廣、沒有標示的圖像資料。從此來看，電腦視覺及深度學習方法的確是近期人工智慧蓬勃發展主因。

15-2　問題解決方向

電腦視覺嘗試運用軟硬體技術，以模擬人類的視覺系統。人工智慧之父閔斯基對電腦視覺的定義：「電腦視覺的研究就是運用工具與理論，可以讓電腦或機器抽取影像或視訊中的資訊，以解釋世界」。其中，視覺資訊（information）包含：視覺線索（表面、顏色、材質）、3D 結構、動態流程。視覺解釋（interpretation）包含：辨識物件、感知、情緒、行動、事件等。電腦視覺很常與影像處理（image processing）混淆。影像處理的重點在於建構或復原 2D/3D 的影像，著重視覺資訊處理。電腦視覺不僅包括影像處理，更著重在辨識與認知影像 / 影片背後意義的視覺資訊解釋。

電腦視覺的應用十分廣泛，以下列舉幾個常見的應用：

1. **拼貼**：將不同影像拼貼在一起成爲完整影像。

2. **變形**：將影像變形成另一個影像，如：人臉變成貓臉形象。

3. **3D 影像建構**：建構房間或房子的 3D 影像。

4. **光學文字辨識（OCR）**：辨識影像中車牌、郵遞區號等印刷體字辨識並轉成數位文字。

5. **臉部偵測**：照相機偵測臉部而給予打光。

6. **人臉登入**：辨識人臉或指紋授權進入。

7. **物件辨識**：透過物件辨識搜索相關產品型錄或新聞。

8. **人臉辨識**：運用不同照片，辨識是否為同一人。

9. **機器視覺**：與機器設備結合，進行視覺檢測、控制或導引機器等。

10. **影像摘要**：將影像 / 視訊內容摘要為簡短片段，甚至轉換為文字。

11. **影像生成**：根據影像 / 視訊的大量數據，生成新影像 / 視訊。例如：預測下一個動作、生成新的人臉等。

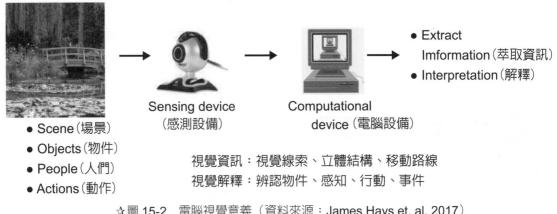

● Scene（場景）
● Objects（物件）
● People（人們）
● Actions（動作）

Sensing device（感測設備）

Computational device（電腦設備）

● Extract Imformation（萃取資訊）
● Interpretation（解釋）

視覺資訊：視覺線索、立體結構、移動路線
視覺解釋：辨認物件、感知、行動、事件

☆圖 15-2　電腦視覺意義（資料來源：James Hays et. al, 2017）

　　第 1~3 點的應用屬於影像處理技術，第 4 點以後的應用則屬於電腦視覺人工智慧研究。事實上，電腦視覺應用已經存在於各種日常生活與產業中，隨著人工智慧技術進步，進一步解決更複雜的影像辨識、影像生成乃至於影像意義解析等。例如：許多智慧型監控攝影機（或稱 IP Camera），已具備人流 / 車流量判別、移動物件警示、跨越紅線警示等具備簡單影像處理。現在，進一步透過監控攝影機與人工智慧技術，進行顧客臉部辨識、性別辨識、年紀辨識等。

　　那麼，如何運用數據驅動的機器學習、深度學習方法讓電腦視覺愈來愈能夠解釋影像背後意義呢？與其他機器學習一樣，首先，必須尋找影像特徵或屬性。數位影像最小組成單位是像素（Pixel），而特徵就是像素的排列方式、位置、大小等。以人臉辨識為例，2000 年左右，科學家就開始將人臉特徵擷取成特徵數據庫。進一步，運用機器學習或預測分析的分類方法（如：決策樹、SVM 等），分類與比對影像是否符合人臉特徵的排列規則，以判定是否人臉。這樣的缺點是光線、臉的角度、表情（如：嘴笑開的大小）等不同，就會影響判定。如圖 15-3 所示，運用幾個特定人臉特徵（如：Haar 算法特徵），將影像中人臉特徵擷取與比對。

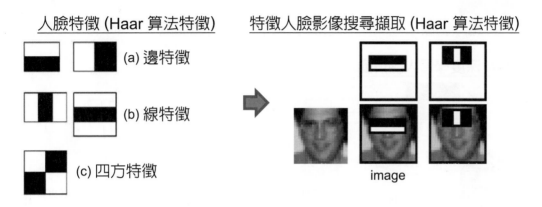

☆圖 15-3　傳統機器學習人臉特徵擷取方法（資料來源：OpenCV）

前面章節所談到的卷積神經網路等深度學習，就是希望從影像中，自動的擷取多層影像特徵，而不需從既定人臉特徵模式或人臉特徵數據庫中取用。如圖 15-4 所示，比較傳統機器學習（又被稱為「淺層學習」）與深度學習的人臉辨識方式。傳統機器學習必須從特定人臉特徵（如：Haar 算法特徵）進行比對與擷取，然後進行預測分析訓練以建立人臉預測模型；深度學習（如：CNN 卷積神經網路）則從大量影像中，自動抽取可能的特徵進行分析。如圖 15-5 所示，深度學習將圖像特徵以層次化的抽取方式。

深度學習不需限定特定人臉特徵擷取，也可從混雜圖片中，自動擷取貓、狗、飛機、貨車等各種不同物件的特徵，較為彈性。不過，深度學習缺點是需要大量影像進行抽取與學習，傳統機器學習依賴既定特徵抽取，則僅需數百、數千張圖像，端視應用情境來思考選擇運用。

淺層機器學習人臉辨識

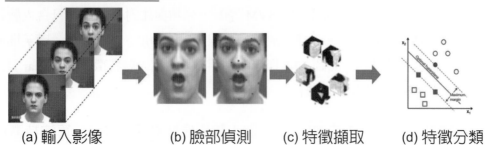

(a) 輸入影像　　　　(b) 臉部偵測　　(c) 特徵擷取　　(d) 特徵分類

CNN 深度學習人臉辨識

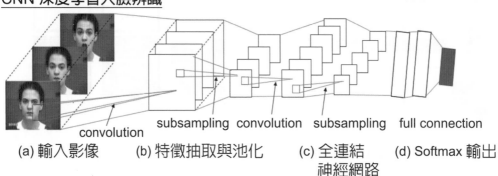

convolution　　subsampling　convolution　subsampling　full connection

(a) 輸入影像　　　　(b) 特徵抽取與池化　　(c) 全連結　　(d) Softmax 輸出
　　　　　　　　　　　　　　　　　　　　　　神經網路

☆圖 15-4　淺層與深度學習人臉辨識方式（資料來源：Byoung Chul Ko, 2018）

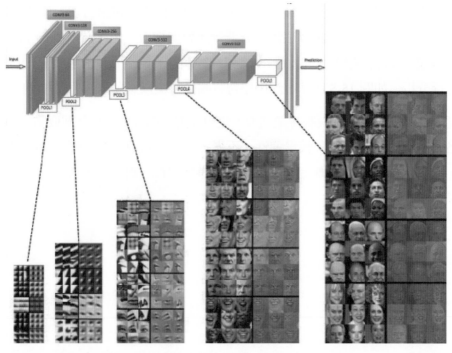

☆圖 15-5　深度學習層層自動擷取影像特徵（資料來源：Mei Wang & Weihong Deng, 2019）

電腦視覺牽涉複雜的影像處理、人工智慧方法，我們就不再更深入探討，有興趣的讀者可以自行深入進行研究或修習相關課程。

15-3　圖像辨識分析 - CNN 深度學習

(一) 概念

從上一段落介紹人臉辨識的傳統作法與卷積神經網路 CNN 深度學習的作法可以知道，關鍵來自於 CNN 深度學習運用特殊演算法進行特徵自動化擷取。這使得我們不僅僅可以掌握人臉特徵，也可以從圖片中擷取各種動物的特徵。所以，當我們有足夠的圖片時，就可以運用人為標記分類好訓練圖片（指出哪個是人？哪個是狗？哪個是貓？），讓 CNN 模型自動抽取人類、各種動物的特徵。進一步，透過多層類神經網路建立分類訓練模型。當未標記圖片輸入時，即可透過訓練模型判定屬於哪一個動物的機率。如圖 15-6 所示為主要的作法。

已標記大量圖片訓練

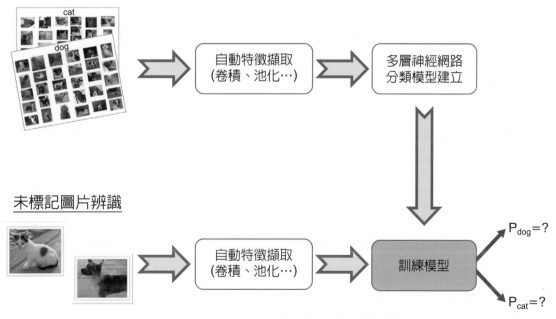

未標記圖片辨識

☆圖 15-6　卷積神機網路訓練與辨識概念

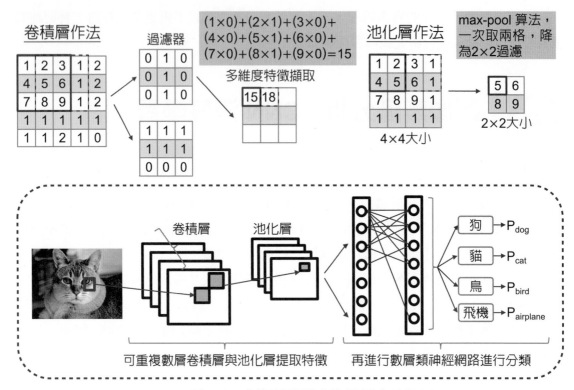

☆圖 15-7　卷積神經網路卷積與池化作法概念

那麼，卷積神經網路如何將圖片的特徵自動地擷取呢？卷積神經網路有三個主要演算法來進行模型訓練：

1. **卷積**：卷積（convolution）像濾鏡（filter）一樣，將圖片以不同的濾鏡濾出特徵來。如圖 15-7 所示，發展 3X3 維度的濾鏡，運用數學向量矩陣的相乘相加的算法，將不同數值算出，抽出不同特徵。以此，數據科學家可以設計許多個卷積層，抽出大量的特徵。

2. **池化**：池化（pool）的目的在於將圖片進行壓縮，以減少運算的空間。池化壓縮有不同作法，以常見的 max-pool 為例，是取出壓縮大小（如：2X2）中的最大值。

3. **多層類神經網路訓練**：當卷積與池化抽取出圖片的大量特徵時，就可以運用多層類神經網路進行訓練。此時，就像預測分析一樣，已經具備多個 X 特徵（每一個 X 特徵是多維度矩陣圖片特徵），對映 Y 預測變數（該圖片已標記是狗或是貓）等進行訓練，最後產生訓練模型。

展望未來，圖像辨識與電腦視覺將朝向深度圖像意義解析、圖像自動生成及減少大量圖像數據訓練的方向發展。此外，如同 ChatGPT 所展示的，AI 除了能自動生成圖形外，文字、視覺、語音之間也能相互結合產生多模態（Multi-modal）的交互運用乃至於學習。如下圖所示，透過圖像可以轉換成文字性描述，即是結合了卷積神經網路 CNN 與遞歸神經網路 RNN 而發展的成果。

A woman is throwing a frisbee in a park.
（一個女人正在公園丟飛盤）

A dog is standing on a hardwood floor.
（一隻狗站在硬木頭地板）

A stop sign is on a road with a mountain in the background.
（一個停止的標示在路上背景是山）

A little girl sitting on a bed with a teddy bear.
（一個小女孩與泰迪熊坐在床上）

A group of people sitting on a boat in the water.
（一組人坐在水中的船上）

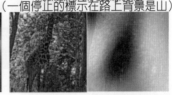
A giraffe standing in a forest with trees in the background.
（一個長頸鹿站在有樹為背景的森林中）

☆ 圖 15-8　圖片的自動文字描述

（資料來源：Xu et al.(2016)）

（二）實作範例

1. 業務理解

本例 Ch15-1 主要運用 Python 進行 CNN 卷積神經網路的深度學習圖像辨識。本例利用 CIFAR-10 圖片數據集中，Alex Krizhevsky 貢獻的 60,000 張 32X32 像素、10 種具備標記類別的圖片，包含：飛機、汽車、鳥、狗、貓等類別（https：//www.cs.toronto.edu/~kriz/cifar.html）進行深度學習訓練。

圖像辨識可以運用在交通執法、資安監控、動物保護、物件搜尋等各種領域，以下示範運用 Keras 套件，將 CIFAR-10 圖片集進行訓練以及辨識的範例。

2. 資料準備與探索

在 Keras 函式庫中已具備 CIFAR-10 資料集，利用 datasets.cifar10.load_data() 可將數據載入，可以分為訓練集 X_train, Y_train 以及測試集 X_test, Y_test。訓練集有 50,000 筆 32X32 像素、RGB 3 原色的圖片 (X_train) 以及各圖片的 10 種分類標記；測試集則有 10,000 筆。

　　首先進行資料轉換，先將 X_train/255、X_test/255，讓圖片的數值在 0-1 之間。我們也可以利用 plt.imshow() 顯示幾張訓練集圖片以及標記的類別，如圖 15-9 所示。

☆圖 15-9　本範例部分訓練集圖片

3. 建立模型

　　接下來，利用 Keras 套件的 models.Sequential() 建立一層層堆疊的線性堆疊 CNN 深度學習模型。如下程式，建立卷積層、池化層以及平坦類神經層。最後，可以運用 cnn_model.summary() 查看模型設計狀況。

↘ **範例 Ch15-1**

```
# 建立模型
# 建立線性堆疊方式
cnn_model = models.Sequential()
# 建立捲積層與池化層
cnn_model.add(layers.Conv2D(32, (3, 3), activation='relu', input_shape=(32,
32, 3)))
cnn_model.add(layers.MaxPooling2D((2, 2)))
cnn_model.add(layers.Conv2D(64, (3, 3), activation='relu'))
cnn_model.add(layers.MaxPooling2D((2, 2)))
cnn_model.add(layers.Conv2D(64, (3, 3), activation='relu'))
# 建立一般類神經網路
```

```
cnn_model.add(layers.Flatten())
cnn_model.add(layers.Dense(64, activation='relu'))
cnn_model.add(layers.Dense(10))
```

　　如下圖模型的摘要，可以看出運用卷積層和池化層，將每一個影像產生成 64 個特徵圖，再利用平坦層產生 1,024 個位元特徵進行計算。最後，產生輸出 10 個位元的輸出，即是目標變數或預測變數 y 的分類。以此，也可以看到計算的複雜性，僅僅幾層就產生高達 12 萬個以上的參數。因此，這也解釋了為什麼需要大量的計算資源來進行這項工作。

```
Model: "sequential"   線性推疊模型
_____
 Layer (type)                Output Shape              Param #
=================================================================
 conv2d (Conv2D)             (None, 30, 30, 32)        896          產生30×30影像32個

 max_pooling2d (MaxPooling2D (None, 15, 15, 32)        0            壓縮成15×15影像32個
 )

 conv2d_1 (Conv2D)           (None, 13, 13, 64)        18496

 max_pooling2d_1 (MaxPooling (None, 6, 6, 64)          0
 2D)

 conv2d_2 (Conv2D)           (None, 4, 4, 64)          36928

 flatten (Flatten)           (None, 1024)              0            產生4×4×64=1024個
                                                                    向量位元為特徵
 dense (Dense)               (None, 64)                65600

 dense_1 (Dense)             (None, 10)                650          輸出分類為10個0-9個數字

=================================================================
Total params: 122,570
Trainable params: 122,570
Non-trainable params: 0
_____
```

卷積層 1
池化層 1
平坦層
輸出層

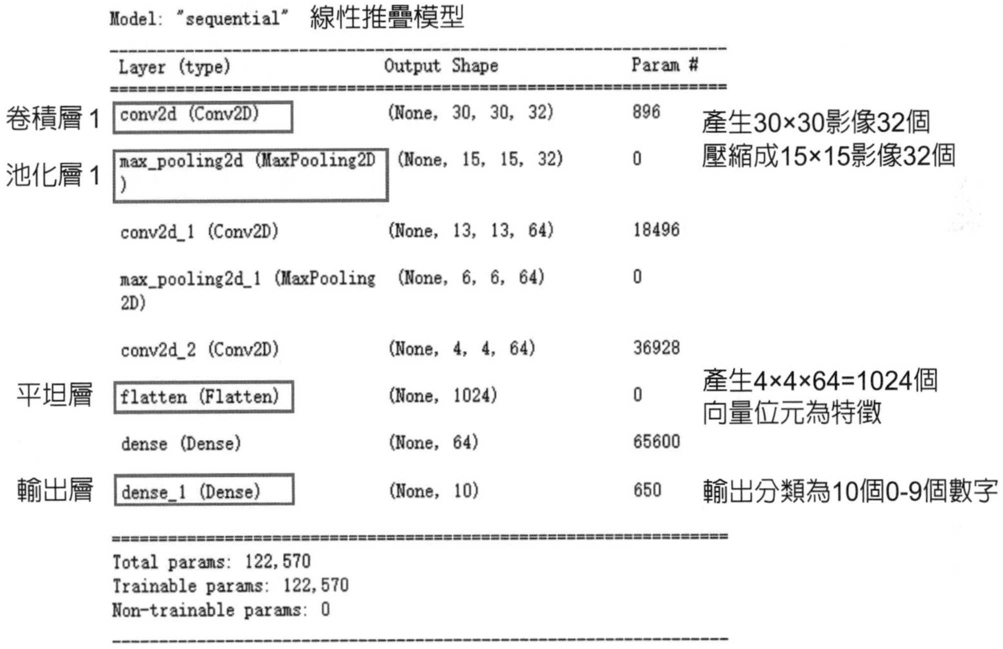

☆圖 15-10　本範例 CNN 模型的模型摘要

```
# 模型訓練
cnn_model.compile(optimizer='adam',
            loss=tf.keras.losses.SparseCategoricalCrossentropy
            (from_logits=True),metrics=['accuracy'])
trainhistory = cnn_model.fit(X_train, Y_train, epochs=10,
                validation_data=(X_test, Y_test))
```

　　設計完模型就可以進行編譯（compile）以及進行訓練（fit），如程式碼所示。其中，在訓練（fit）的參數 batch_size 指的每一批次同時訓練多少筆資料（以因應電腦記憶體不足問題），epochs 則是指反覆訓練多少次。理論上，epochs 愈多、愈耗資源，訓練結果

會越好，但最後也會到達一定的極限值；batch_size 值愈小，每批訓練佔記憶體小，但耗時也會愈長。本範例不設定 batch_size，預設為每一批同時訓練所有資料。

執行後，可以發現螢幕出現進行訓練的進度顯示，可能需要 15 分鐘左右。在進度中，也會顯示觀察損失（loss）值愈來愈低、正確率（acc）慢慢提高。最後，可以看到本範例正確率大約達到 80% 左右。

4. 模型評估

進一步，利用運用 plot() 繪圖的方式，可以繪出模型訓練的歷史紀錄，可以看到隨著訓練次數愈多，正確率愈來愈高，但可能達到約 0.8 的極限。利用 cnn_model.evaluate() 計算此次訓練模型的整體正確率約 0.71 左右。這表示利用測試數據集來驗證模型，10 張圖片中約有 7.1 張是辨識或預測正確的。

當然，我們可以試著調整訓練次數 epochs、不同卷積層 / 池化層 / 平坦層的堆疊方式以及其他參數調整，以提高正確率。

```
# 模型評估
plt.plot(trainhistory.history['accuracy'], label='accuracy')
plt.plot(trainhistory.history['val_accuracy'], label = 'val_accuracy')
plt.xlabel('Epoch')
plt.ylabel('Accuracy')
plt.ylim([0.5, 1])
plt.legend(loc='lower right')
evaluation = cnn_model.evaluate(X_test, Y_test, verbose=2)
print(evaluation[1])
```

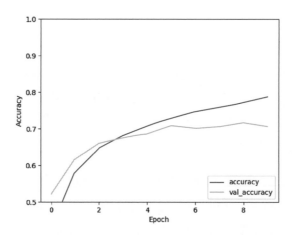

☆圖 15-11　本範例訓練歷史正確率曲線

　　我們也可以利用前幾章介紹的混淆矩陣來看看圖片分類的狀況。如圖 15-12 所示，可以看到狗 / 貓或汽車 / 卡車之間最容易被誤認。卡車辨識度有 882 筆辨識正確，正確率有 88% 以上（測試集總共 10,000 筆，每個類型有 1,000 張圖片）。

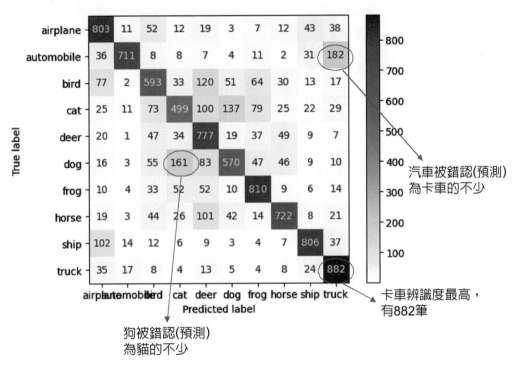

☆圖 15-12　本範例混淆矩陣

　　最後，我們可以利用模型預測來隨機看看本次訓練的分類預測狀況。如下程式碼，我們可以隨機從測試集挑選 1 張圖片，利用模型預測看看是否準確。試試看，到底是人的眼睛厲害，還是這個 AI 訓練模型智慧呢？

```
# 模型預測
import random
imagenum = random.randint(1, 1000)
my_image = X_test[imagenum]
plt.imshow(my_image)
my_pred = np.argmax(cnn_model.predict(my_image.reshape(1, 32, 32, 3)))
print('The model predict is:' ,class_names[my_pred])
```

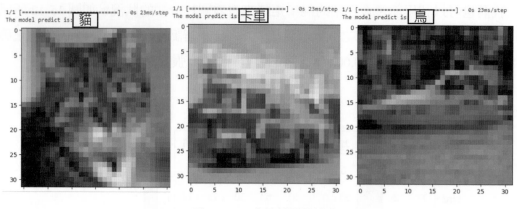

☆圖 15-13　本範例圖像辨識預測

15-4　小結

　　從本章可以理解電腦視覺概念、卷積深度學習網路分析基本作法以及利用 Python 進行簡單圖片識別分析。

　　電腦視覺是讓電腦或機器抽取影像或視訊，以處理與解釋視覺資訊。電腦視覺可以運用在 3D 影像建構、光學文字辨識（OCR）、人臉辨識、物件辨識或圖片生成等。傳統機器學習電腦視覺技術運用人工設定特徵，進一步分類，較受圖片品質影響且不彈性。運用深度學習方法後，讓演算法自行抽取圖片特徵，可以較彈性辨認各種圖像物件且提高正確率。CNN 卷積深度學習網路即透過卷積、池化等方法，將圖片的特徵自動抽取，進一步透過多層類神經網路進行學習與訓練。未來電腦視覺的發展將朝減少大量圖片數據輸入、更彈性地辨識及圖像深度解釋、圖片自動生成以及混合文字、語音的多模態方向發展。

習題

1. 請說明電腦視覺的意義。
2. 請舉出 2 個電腦視覺的應用案例。
3. 請說明深度學習人臉特徵擷取方法與傳統機器學習差異與優點。
4. 請說明 CNN 卷積深度學習網路訓練與辨識概念。
5. 請簡單說明 CNN 卷積深度學習網路中的卷積、池化作法概念。

NOTE

23671 新北市土城區忠義路21號

全華圖書股份有限公司

行銷企劃部　收

廣告回信
板橋郵局登記證
板橋廣字第540號

歡迎加入 全華會員

● **會員獨享**
會員享購書折扣、紅利積點、生日禮金、不定期優惠活動…等。

● **如何加入會員**
掃 QRcode 或填妥讀者回函卡回郵寄回（02）2262-0900 或寄回，將由專人協助登入會員資料。待收到 E-MAIL 通知後即可成為會員。

全華書籍　全華書號

如何購買

1. 網路購書
全華網路書店「http://www.opentech.com.tw」，加入會員購書更便利，並享有紅利積點回饋等各式優惠。

2. 實體門市
歡迎至全華門市（新北市土城區忠義路21號）或各大書局選購。

3. 來電訂購
(1) 訂購專線：(02) 2262-5666 轉 321-324
(2) 傳真專線：(02) 6637-3696
(3) 郵局劃撥（帳號：0100836-1　戶名：全華圖書股份有限公司）
※ 購書未滿 990 元者，酌收運費 80 元。

全華網路書店 www.opentech.com.tw
E-mail: service@chwa.com.tw

※ 本會員制度如有變更則以最新修訂制度為準，造成不便請見諒。

讀者回函卡

掃 QRcode 線上填寫 ▶▶▶

姓名：　　　　　　　　生日：西元　　　年　　　月　　　日　性別：□男 □女

電話：（　　　）　　　　　　　手機：

e-mail：(必填)

註：數字零，請用 Φ 表示，數字 1 與英文 L 請另註明並書寫端正，謝謝。

通訊處：□□□□□

學歷：□高中・職 □專科 □大學 □碩士 □博士

職業：□工程師 □教師 □學生 □軍・公 □其他

學校/公司：　　　　　　　　　　科系/部門：

・需求書類：

□ A. 電子 □ B. 電機 □ C. 資訊 □ D. 機械 □ E. 汽車 □ F. 工管 □ G. 土木 □ H. 化工 □ I. 設計
□ J. 商管 □ K. 日文 □ L. 美容 □ M. 休閒 □ N. 餐飲 □ O. 其他

・本次購買圖書為：　　　　　　　　　　　　　　　　書號：

・您對本書的評價：

封面設計：□非常滿意 □滿意 □尚可 □需改善，請說明

內容表達：□非常滿意 □滿意 □尚可 □需改善，請說明

版面編排：□非常滿意 □滿意 □尚可 □需改善，請說明

印刷品質：□非常滿意 □滿意 □尚可 □需改善，請說明

書籍定價：□非常滿意 □滿意 □尚可 □需改善，請說明

整體評價：請說明

・您在何處購買本書？

□書局 □網路書店 □書展 □團購 □其他

・您購買本書的原因？(可複選)

□個人需要 □公司採購 □親友推薦 □老師指定用書 □其他

・您希望全華以何種方式提供出版訊息及特惠活動？

□電子報 □ DM □廣告 (媒體名稱)

・您是否上過全華網路書店？(www.opentech.com.tw)

□是 □否 您的建議

・您希望全華出版哪方面書籍？

・您希望全華加強哪些服務？

感謝您提供寶貴意見，全華將秉持服務的熱忱，出版更多好書，以饗讀者。

填寫日期：　　　/　　　/

2020.09 修訂

親愛的讀者：

感謝您對全華圖書的支持與愛護，雖然我們很慎重的處理每一本書，但恐仍有疏漏之處，若您發現本書有任何錯誤，請填寫於勘誤表內寄回，我們將於再版時修正，您的批評與指教是我們進步的原動力，謝謝！

全華圖書　敬上

勘　誤　表

書　號			
頁　數	行　數	書　名	作　者
		錯誤或不當之詞句	建議修改之詞句

我有話要說：（其它之批評與建議，如封面、編排、內容、印刷品質等⋯⋯）